湖北省学术著作出版专项资金资助项目

3D打印前沿技术丛书

丛书顾问◎卢秉恒　丛书主编◎史玉升

3D反求技术

梁　晋　史宝全◎编著

3D FANQIU JISHU

中国·武汉

内 容 简 介

反求技术用于获得实物的三维数据模型,其与3D打印技术紧密配合,可有效缩短产品的开发周期,提高产品更新换代的速度,增强企业竞争力。本书从数据采集、数据处理及数据建模三个方面对3D反求技术所涉及的各种理论与方法进行了系统性的阐述,尤其是详细介绍了各种先进的光学三维测量理论与方法,并介绍了一些典型案例,以使读者了解3D反求技术在工业、医学等各个领域的应用前景。

本书可作为高等院校机械工程专业本科和专科学生的实践教材、培训教程或参考书,对于相关领域的专业工程技术人员和研究人员也具有很高的参考价值。

图书在版编目(CIP)数据

3D反求技术/梁晋,史宝全编著. —武汉:华中科技大学出版社,2019.1
(3D打印前沿技术丛书)
ISBN 978-7-5680-4828-6

Ⅰ.①3… Ⅱ.①梁… ②史… Ⅲ.①立体印刷-印刷术 Ⅳ.①TS853

中国版本图书馆CIP数据核字(2018)第294516号

3D反求技术 梁 晋 史宝全 编著
3D Fanqiu Jishu

策划编辑:	张少奇
责任编辑:	姚同梅
封面设计:	原色设计
责任监印:	周治超
出版发行:	华中科技大学出版社(中国·武汉) 电话:(027)81321913
	武汉市东湖新技术开发区华工科技园 邮编:430223
录 排:	武汉楚海文化传播有限公司
印 刷:	湖北新华印务有限公司
开 本:	710mm×1000mm 1/16
印 张:	17.5
字 数:	348千字
版 次:	2019年1月第1版第1次印刷
定 价:	138.00元

本书若有印装质量问题,请向出版社营销中心调换
全国免费服务热线:400-6679-118   竭诚为您服务
版权所有 侵权必究

3D 打印前沿技术丛书

顾问委员会

主 任 委 员　卢秉恒（西安交通大学）
副主任委员　王华明（北京航空航天大学）
　　　　　　聂祚仁（北京工业大学）

编审委员会

主任委员　史玉升（华中科技大学）
委　　员　（按姓氏笔画排序）
朱　胜（中国人民解放军陆军装甲兵学院）
刘利刚（中国科学技术大学）
闫春泽（华中科技大学）
李涤尘（西安交通大学）
杨永强（华南理工大学）
杨继全（南京师范大学）
陈继民（北京工业大学）
林　峰（清华大学）
宗学文（西安科技大学）
单忠德（机械科学研究总院集团有限公司）
赵吉宾（中国科学院沈阳自动化研究所）
贺　永（浙江大学）
顾冬冬（南京航空航天大学）
黄卫东（西北工业大学）
韩品连（南方科技大学）
魏青松（华中科技大学）

About Author
作者简介

梁 晋 西安交通大学教授,博士生导师。主要从事跨学科的机械电子和信息技术研究,将近景工业摄影测量、三维光学测量、计算机视觉、图像处理等技术与机械学科的模具技术、CAD 技术、数值模拟技术、变形应变分析技术等相结合,实现了复杂结构与材料的三维变形与应变检测与分析。先后主持 863 计划项目、国家自然科学基金项目、国家机床重大科技专项子项目、江苏省攻关项目等 20 个项科研项目;发表论文 60 多篇(其中 SCI/EI 收录 40 多篇),出版著作 10 多本,获中国发明专利授权 7 项,参与制定国家标准 1 项;获得国家科学技术奖(技术发明奖)二等奖 1 项(第一完成人),获得陕西省科技进步奖一等奖和二等奖各 1 项(均为第一完成人)。

史宝全 西安电子科技大学副教授,硕士生导师。主要从事三维光学精密检测仪器和人工智能(AI)与智能机器人技术的研究。先后主持国家自然科学基金项目、陕西省自然科学基金项目、航空科学基金项目等多个科研项目;发表学术论文 20 余篇,获中国发明专利授权 10 余项,参与制定国家标准 1 项;获陕西省科技进步奖一等奖 1 项(第三完成人),2018 年入选陕西高校"青年杰出人才"。

总序一

"中国制造2025"提出通过三个十年的"三步走"战略,使中国制造综合实力进入世界强国前列。近三十年来,3D打印(增材制造)技术是欧美日等高端工业产品开发、试制、定型的重要支撑技术,也是中国制造业创新、重点行业转型升级的重大共性需求技术。新的增材原理、新材料的研发、设备创新、标准建设、工程应用,必然引起各国"产学研投"界的高度关注。

3D打印是一项集机械、计算机、数控、材料等多学科于一体的、新的数字化先进制造技术,应用该技术可以成形任意复杂结构。其制造材料涵盖了金属、非金属、陶瓷、复合材料和超材料等,并正在从3D打印向4D、5D打印方向发展,尺度上已实现8 m构件制造并向微纳制造发展,制造地点也由地表制造向星际、太空制造发展。这些进展促进了现代设计理念的变革,而智能技术的融入又会促成新的发展。3D打印应用领域非常广泛,在航空、航天、航海、潜海、交通装备、生物医疗、康复产业、文化创意、创新教育等领域都有非常诱人的前景。中国高度重视3D打印技术及其产业的发展,通过国家基金项目、攻关项目、研发计划项目支持3D打印技术的研发推广,经过二十多年培养了一批老中青结合、具有国际化视野的科研人才,国际合作广泛深入,国际交流硕果累累。作为"中国制造2025"的发展重点,3D打印在近几年取得了蓬勃发展,围绕重大需求形成了不同行业的示范应用。通过政策引导,在社会各界共同努力下,3D打印关键技术不断突破,装备性能显著提升,应用领域日益拓展,技术生态和产业体系初步形成;涌现出一批具有一定竞争力的骨干企业,形成了若干产业集聚区,整个产业呈现快速发展局面。

华中科技大学出版社紧跟时代潮流,瞄准3D打印科学技术前沿,组织策划了本套"3D打印前沿技术丛书",并且,其中多部将与爱思唯尔(Elsevier)出版社一起,向全球联合出版发行英文版。本套丛书内容聚焦前沿、关注应用、涉猎广泛,不同领域专家、学者从不同视野展示学术观点,实现了多学科交叉融合。本套丛书采用开放选题模式,聚焦3D打印技术前沿及其应用的多个领域,如航空航天、工艺装备、生物医疗、创新设计等领域。本套丛书不仅可以成为我国有关领域专家、学者学术交流与合作的平台,也是我国科技人员展示研究成果的国际平台。

近年来,中国高校设立了3D打印专业,高校师生、设备制造与应用的相关工程技术人员、科研工作者对3D打印的热情与日俱增。由于3D打印技术仅有三十多年的发展历程,该技术还有待于进一步提高。希望这套丛书能成为有关领域专家、学者、高校师生与工程技术人员之间的纽带,增强作者、编者与读者之间的联系,促进作者、读者在应用中凝练关键技术问题和科学问题,在解决问题的过程中,共同推动3D打印技术的发展。

我乐于为本套丛书作序,感谢为本套丛书做出贡献的作者和读者,感谢他们对本套丛书长期的支持与关注。

西安交通大学教授
中国工程院院士
2018 年 11 月

总序二

3D打印是一种采用数字驱动方式将材料逐层堆积成形的先进制造技术。它将传统的多维制造降为二维制造,突破了传统制造方法的约束和限制,能将不同材料自由制造成空心结构、多孔结构、网格结构及功能梯度结构等,从根本上改变了设计思路,即将面向工艺制造的传统设计变为面向性能最优的设计。3D打印突破了传统制造技术对零部件材料、形状、尺度、功能等的制约,几乎可制造任意复杂的结构,可覆盖全彩色、异质、功能梯度材料,可跨越宏观、介观、微观、原子等多尺度,可整体成形甚至取消装配。

3D打印正在各行业中发挥作用,极大地拓展了产品的创意与创新空间,优化了产品的性能;大幅降低了产品的研发成本,缩短了研发周期,极大地增强了工艺实现能力。因此,3D打印未来将对各行业产生深远的影响。为此,"中国制造2025"、德国"工业4.0"、美国"增材制造路线图",以及"欧洲增材制造战略"等都视3D打印为未来制造业发展战略的核心。

基于上述背景,华中科技大学出版社希望由我组织全国相关单位撰写"3D打印前沿技术丛书"。由于3D打印是一种集机械、计算机、数控和材料等于一体的新型先进制造技术,涉及学科众多,因此,为了确保丛书的质量和前沿性,特聘请卢秉恒、王华明、聂祚仁等院士作为顾问,聘请3D打印领域的著名专家作为编审委员会委员。

各单位相关专家经过近三年的辛勤努力,即将完成20余部3D打印相关学术著作的撰写工作,其中已有2部获得国家科学技术学术著作出版基金资助,多部将与爱思唯尔(Elsevier)联合出版英文版。

本丛书内容覆盖了3D打印的设计、软件、材料、工艺、装备及应用等全流程,集中反映了3D打印领域的最新研究和应用成果,可作为学校、科研院所、企业等单位有关人员的参考书,也可作为研究生、本科生、高职高专生等的参考教材。

由于本丛书的撰写单位多、涉及学科广,是一个新尝试,因此疏漏和缺陷在所难免,殷切期望同行专家和读者批评与指正!

华中科技大学教授

2018 年 11 月

前　言

3D反求技术亦称逆向工程（reverse engineering，RE）技术。3D反求是指采用一定的反求手段或反求设备对产品实物或模型进行反求测量，获得测量数据，然后在三维逆向设计软件中重构出产品的三维CAD数字模型，并在此基础上进行生产加工、改型或再创新，是一个从产品到三维CAD数字模型再到新产品的设计过程。利用3D反求技术，在消化、吸收先进技术的基础上，设计和开发各种新产品，可有效缩短产品开发周期，提高产品更新换代的速度，增强企业竞争力。

本书从数据采集、数据处理及数据建模三个方面对3D反求技术所涉及的各种理论与方法进行了系统性的阐述。第1章对3D反求的基本原理，3D反求与正向设计及3D打印的关系，3D反求的基本流程、关键技术及应用领域进行了概述。第2章至第7章介绍了各种先进的点云数据采集理论与方法，包括近景工业摄影测量理论与方法、三维激光扫描测量理论与方法、光栅投影式面结构光测量理论与方法等。第8章介绍了各种点云数据处理理论与方法。第9章与第10章论述了点云数据建模理论与方法。第11章围绕人体三维快速反求、大型雕塑建模、零件修复等案例展开，介绍了3D反求技术在工业、医学等各个领域的应用前景。

本书由西安交通大学梁晋教授和西安电子科技大学史宝全副教授编著。此外，西安交通大学的博士研究生千勃兴参与了第4、5章的撰写，博士研究生冯超参与了第8、9章的撰写，硕士研究生梁瑜参与了第10章的撰写，研究生魏斌、龚春园、刘世凡、赵蒙、张铭凯、牌文延等参与了校稿。本书在梁晋教授团队多年从事光学三维非接触式测量技术研究与应用的基础上撰写而成，课题组多位博士和硕士研究生参与了相关工作，相关研究也得到国家自然科学基金（项目编号：51675404、51421004、51405363）的资助，在此表示衷心的感谢。此外，为了使本书内容尽量全面覆盖3D反求技术所涉及的各种理论与方法，在撰写过程中也借鉴了国内外同行在3D反求理论与技术方面的研究成果，在此一并致谢。最后，感谢华中科技大学出版社对本书出版工作的鼎力支持。

由于作者水平有限，书中疏漏及不足在所难免，恳请广大读者批评指正，提出宝贵意见。

作　者
2018.09

目 录

第1章 概论 ··· (1)
  1.1 3D反求基本原理 ··· (1)
  1.2 3D反求基本流程及关键技术 ··· (3)
  1.3 3D反求应用领域 ··· (15)
  1.4 本章小结 ··· (17)
  参考文献 ··· (18)

第2章 光学三维测量的视觉几何基础 ··· (19)
  2.1 人类视觉的形成 ··· (19)
  2.2 Marr视觉理论 ··· (21)
  2.3 相机模型 ··· (23)
  2.4 空间几何变换 ··· (26)
  2.5 视觉几何 ··· (31)
  2.6 本章小结 ··· (34)
  参考文献 ··· (35)

第3章 人工标志点识别技术 ··· (36)
  3.1 人工标志点类型 ··· (36)
  3.2 人工标志点识别 ··· (41)
  3.3 人工标志点在光学三维测量中的应用 ··· (57)
  3.4 本章小结 ··· (62)
  参考文献 ··· (62)

第4章 相机标定技术 ··· (64)
  4.1 标定方法概述 ··· (64)
  4.2 相机畸变模型 ··· (66)
  4.3 标定靶标 ··· (70)
  4.4 Tsai两步法标定法 ··· (75)
  4.5 张正友平面标定法 ··· (77)
  4.6 基于近景工业摄影测量的相机标定方法 ··· (81)
  4.7 基于消隐点的相机自标定方法 ··· (85)
  4.8 本章小结 ··· (88)
  参考文献 ··· (89)

第 5 章　近景工业摄影测量技术 (91)
- 5.1　近景工业摄影测量基本原理 (91)
- 5.2　近景工业摄影测量关键技术 (94)
- 5.3　典型的近景工业摄影测量系统 (106)
- 5.4　近景工业摄影测量技术的应用 (108)
- 5.5　本章小结 (120)
- 参考文献 (121)

第 6 章　三维激光扫描测量技术 (122)
- 6.1　激光 (122)
- 6.2　脉冲式激光测距技术 (128)
- 6.3　相位式激光测距技术 (131)
- 6.4　激光三角法测距技术 (135)
- 6.5　三维激光扫描技术 (140)
- 6.6　典型的三维激光扫描系统及其应用 (143)
- 6.7　本章小结 (149)
- 参考文献 (149)

第 7 章　光栅投影式面结构光三维测量技术 (151)
- 7.1　结构光编码方法 (151)
- 7.2　结构光三维重建 (155)
- 7.3　光栅投影式面结构光扫描策略 (161)
- 7.4　典型面结构光三维重建系统的应用 (164)
- 7.5　本章小结 (169)
- 参考文献 (169)

第 8 章　点云处理技术 (172)
- 8.1　点云初始化 (173)
- 8.2　点云配准 (178)
- 8.3　点云融合 (180)
- 8.4　点云去噪 (184)
- 8.5　点云采样 (186)
- 8.6　孔洞修补 (189)
- 8.7　三角化 (191)
- 8.8　本章小结 (193)
- 参考文献 (194)

第 9 章　三角网格处理技术 (198)
- 9.1　三角网格光顺 (198)

9.2 三角网格简化 ……………………………………………………………… (200)
9.3 三角网格细分 ……………………………………………………………… (202)
9.4 三角网格孔洞修补 ………………………………………………………… (204)
9.5 重新网格化 ………………………………………………………………… (207)
9.6 三角网格修复 ……………………………………………………………… (209)
9.7 开源点云处理软件 ………………………………………………………… (215)
9.8 本章小结 …………………………………………………………………… (217)
参考文献 ………………………………………………………………………… (218)

第10章 曲面建模技术 ……………………………………………………… (224)
10.1 曲面重构 ………………………………………………………………… (224)
10.2 曲面品质评价 …………………………………………………………… (235)
10.3 常用建模软件 …………………………………………………………… (238)
10.4 本章小结 ………………………………………………………………… (241)
参考文献 ………………………………………………………………………… (242)

第11章 3D反求应用案例 …………………………………………………… (243)
11.1 人体3D反求 ……………………………………………………………… (243)
11.2 3D反求技术在大型雕塑制作中的应用 ………………………………… (247)
11.3 3D反求技术在零件修复中的应用 ……………………………………… (253)
11.4 3D反求技术在产品质量检测中的应用 ………………………………… (256)
11.5 3D反求技术在医学上的应用 …………………………………………… (259)
11.6 本章小结 ………………………………………………………………… (261)

第1章 概 论

1.1 3D反求基本原理

1.1.1 3D反求技术

3D反求技术亦称逆向工程(reverse engineering,RE)技术[1-5]。如图1-1所示,3D反求采用一定的三维反求设备或反求手段对产品实物或模型进行反求测量,获得测量数据(通常为三维离散点云数据),然后在三维逆向设计软件(如Geomagic Studio、Imageware等软件)或三维正向设计软件包含的逆向设计模块中重构出产品的三维CAD数字模型,并在此基础上进行生产加工、改型或再创新,是一个从产品到三维CAD数字模型再到新产品的设计过程。

图1-1 产品3D反求流程

利用3D反求技术,在消化、吸收先进技术的基础上,设计和开发各种新产品,可有效缩短产品开发周期,提高产品更新换代的速度,增强企业竞争力,因此发展3D反求技术具有重要的工程意义。据不完全统计,3D反求技术作为吸收先进技术的一种手段,可使新产品开发周期缩短40%以上。以保时捷RIVAGE的设计制造为例,通过采用3D反求技术,保时捷RIVAGE从概念设计到新车上市仅用了7个月的时间。

1.1.2 3D反求与正向设计

正向设计也称为正向工程或顺向工程(forward engineering,FE)技术[1-5]。如图1-2所示,正向设计是指设计师面向市场需求,分析产品的功能描述,然后进行概念设计、总体设计和零部件设计,形成三维CAD数字模型及二维图形,最后制定工艺流程并进行加工制造的过程。根据产品正向开发的流程可知,正向设计是一个从需求到二维图样再到产品的设计过程,每个零部件都有相应的设计图,并按确定的工艺文件进行加工制造。

图1-2 产品正向设计流程

3D反求与正向设计的区别在于:3D反求是利用三维反求设备或手段进行逆向建模,即由产品实物或模型建立产品的三维CAD数字模型及二维图形;而正向设计是设计师从概念设计和功能设计出发进行正向建模,即在正向设计软件(如UG、Pro/E等)中构建出产品的三维CAD数字模型及二维图形,是一个从无到有的设计过程。由于3D反求与正向设计的建模过程刚好相反,二者相结合可以构成闭环的产品设计制造过程,即形成二维图样到产品再到二维图样的闭环设计过程。因此,在产品实际开发过程中,通常将3D反求和正向设计结合使用,从而大大提高新产品开发的效率。

1.1.3 3D反求与3D打印

3D打印(3D printing)技术也称为增材制造(additive manufacturing,AM)技术或快速原型(rapid prototyping,RP)技术[3]。它以三维CAD数字模型(通常为STL格式的三角网格模型)为基础,在软件中根据工艺要求将待打印的三维CAD数字模型切割成一系列厚度较薄的层片,然后对各层片的轮廓信息进行处理,生成数控加工代码,并控制3D打印机逐层打印,最终得到产品实物。3D打印技术基于"离散—堆积"的成形原理,将三维产品的加工过程离散成一系列二维层片的加工,一方面降低了加工制造的难度,另一方面也实现了无模制造,降低了加工成本。与传统材料加工方式相比,3D打印技术不仅制造速度快(往往只需要几个小时到几十个小时便可以完成从设计到零件制造的全过程),而且可实现任意复杂形状零件的加工制造。此外,3D打印机通常操作简单,用户不需任何相关技术知识都可使用,如图1-3所示的M3D公司生产的"The Micro 3D"(M3D)打印机,只需与计算机连接,然后在网络上下载或设计相应的三维CAD数字模型,按"打印"键,便可打印出任意复杂形状的零件。

3D反求作为一种逆向设计技术,可以快速获取产品实物或模型的三维CAD数字模型,提供3D打印所需STL文件数据。3D反求与3D打印相结合可以提高新产品研制的速度。在新产品研制过程中,设计师往往要根据初始设计图制作缩小比例模型(通常为油泥模型或黏土模型),然后在缩小比例模型上进行修改,修

图 1-3　M3D 打印机及部分 3D 打印产品

改后再进行测绘，重新绘制图形，最后制作等比例模型或样件，并做进一步的修改完善。如图 1-4 所示，在缩小比例模型修改完成后，可以采用 3D 反求技术进行逆向建模，快速建立缩小比例模型的三维 CAD 数字模型，并在软件中按比例放大三维 CAD 数字模型，再结合 3D 打印，快速加工出等比例的模型或样件，用于检查并发现设计中存在的问题。此外，在产品更新换代过程中，也可以采用 3D 反求技术快速建立现有产品的三维 CAD 数字模型，并在软件中进行改型设计，改型完成后通过 3D 打印加工制造出新产品，实现产品的快速更新换代。

图 1-4　3D 反求与 3D 打印相结合进行产品的快速设计与生产

1.2　3D 反求基本流程及关键技术

1.2.1　3D 反求基本流程

3D 反求主要包括三维逆向建模及产品（或实物原型）加工制造两个环节，其中逆向建模最为关键。如图 1-5 所示，逆向建模主要包括三个步骤：点云数据采集、点云数据预处理及点云数据建模。点云数据采集是指采用反求设备获取物体表面的点云数据[4-6]。反求设备的测量视场大小有限，一次测量往往只能获得一个视角的点云数据，为了构建被测物体完整的三维 CAD 数字模型，需要移动反求设备或被测物体，从多个视角进行点云数据的采集，获得多视角点云数据。点云数据预处理是指对采集的多视角点云数据进行对齐、融合、去噪与采样等处理，去除所采集点云数据中的冗余与噪声，获得完整的、单层的、光顺的、保持细节特征的点云数据模型[4,5]。点云数据建模是指根据预处理后的点云数据构建流形的多边形（三角形、四边形等）网格模型或 NURBS 曲面模型[6]。

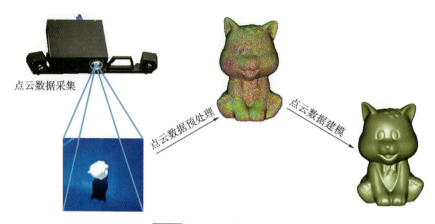

图 1-5 逆向建模基本流程

1.2.2 点云数据

点云(point cloud)数据是指采用各种反求设备采集的物体表面离散点数据的集合。每个点数据包含的基本信息是它的三维坐标(X、Y、Z 坐标)及法向量,此外,也可以包含离散点处物体表面的其他属性如颜色、光照强度、纹理特征等。通常,将使用三坐标测量机等测量设备采集的数量较少、点间距较大的点云数据称为稀疏点云数据,如图 1-6(a)所示,而将使用三维激光扫描仪或照相式扫描仪得到的数量较多、点间距较小的点云数据称为密集点云数据,如图 1-6(b)所示。

图 1-6 采集的某汽车钣金件点云数据
(a)稀疏点云数据;(b)密集点云数据

按照是否包含栅格线信息,点云数据又可以划分为结构化点云数据及散乱点云数据。栅格线信息即采集点云数据时的扫描线信息,一条扫描线上的点数据位于一个平面内。结构化点云数据即采集的点数据有序地位于系列栅格线上,如图 1-7(a)所示,采用激光线结构光或光栅投影式面结构光扫描设备采集的点云数据通常为结构化点云数据。散乱点云数据中点数据呈现无序分布状态,如图 1-7(b)所示。

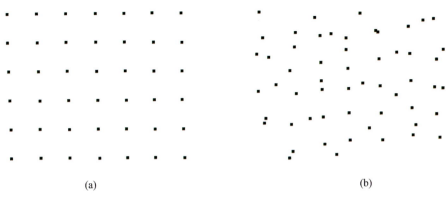

图 1-7 结构化点云数据与散乱点云数据
(a)结构化点云数据;(b)散乱点云数据

1.2.3 点云数据采集

逆向建模的首要任务是采集产品实物或模型表面的三维点云数据,只有获得三维点云数据,才能实现自由曲面的重构。如图 1-8 所示,近年来出现了各种各样的三维点云数据采集技术。根据点云数据采集过程中测量设备是否接触被测量物体表面,三维点云数据采集技术可分为接触式采集技术和非接触式采集技术两大类[1-11]。

1. 接触式三维点云数据采集技术

接触式三维点云数据采集方法利用连接在测量设备上的探针接触被测物体表面,根据测量设备的空间几何结构得到探针的三维坐标,计算出被测物体表面上各个待测点的三维坐标。典型的接触式三维点云数据采集设备包括三坐标测量机(coordinate measuring machine,CMM)及关节臂(articulated arms)等[1-3],这些设备都属于精密测量仪器,具有测量精度高、数据处理相对简单等优点,是一类非常有效、可靠的三维点云数据采集设备,被相关领域的技术人员广泛使用。然而,这类设备也存在价格昂贵、对操作人员经验及技术水平要求高、对环境要求高、测量效率低下等缺点。

1)三坐标测量机

三坐标测量机是 20 世纪五六十年代发展而来的一种精密测量仪器,一般由机械系统及电子系统两部分构成[1-3]。其中,机械系统一般由三个相互正交的运动轴(X 轴、Y 轴及 Z 轴)组成,探针安装在 Z 轴的端部。电子系统由光栅尺及计算机等组成。测量时,伺服装置驱动探针沿 X 轴、Y 轴与 Z 轴方向移动,当探针碰到被测物表面时,电子系统会记录探针在三个方向的位移,从而确定物体表面测点的三维坐标。三坐标测量机按照最长一个坐标轴方向上的测量范围可分为小型(测量范围小于 500 mm)、中型(测量范围为 500~2000 mm)及大型(测量范围

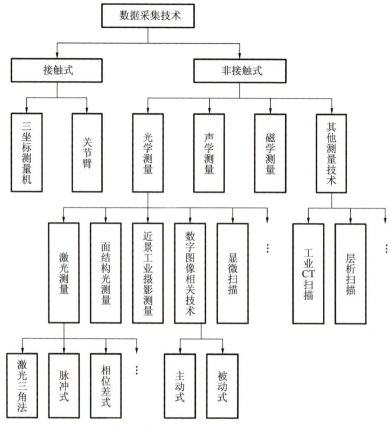

图 1-8 三维点云数据采集技术

大于 2000 mm)三种。按照机械结构,三坐标测量机又可分为龙门式(见图 1-9)、固定桥式、移动桥式、悬臂式与立柱式等。三坐标测量机测量精度高,其单轴测量精度可达 $1\times10^{-4}\sim1\times10^{-6}$ mm。目前,三坐标测量机广泛应用于机械制造、航空航天、汽车、电子及国防军工等行业。

2)关节臂

如图 1-10 所示,关节臂主要由测量臂、码盘、测头、计算机等组成,是一种便携的接触式三维坐标测量仪。它通过模拟人手臂的运动来接触被测物表面不同的测点,利用空间支导线的原理实现测点三维坐标的测量。关节臂中各测量臂的长度是一定的,测量臂之间的转动角可通过光栅编码度盘实时读取,测量臂的端部安装与三坐标测量机探针类似的探针。关节臂的测量范围与各段测量臂的长度有关,最长可以达到 4 m,但采用公共点坐标转换的方式(也称为蛙跳)或附加扩展测量导轨支架的方法可以增加关节臂的测量范围。关节臂测量精度较低,一般为 0.01~0.05 mm。然而,由于其结构轻巧、方便携带、价格便宜、测量适应性好,目前也被广泛使用。

图 1-9　Leader Navigator 型三坐标测量机

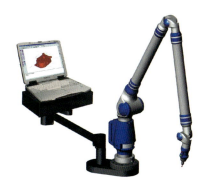
图 1-10　FARO 关节臂

2. 非接触式点云数据采集技术

虽然接触式测量设备(三坐标测量机与关节臂等)可获得物体表面测点的高精度三维坐标,但其每次测量只能采集一个测点的数据,测量效率低下。对于包含大量不规则复杂曲面的零件,若要采集足够的用于逆向建模的点数据,则需要耗费较长的时间。于是,非接触式测量设备就应运而生。非接触式测量设备可以在数秒内获得物体表面成千上万个测点的三维坐标数据,具有非常高的测量效率。目前,市场上的非接触式测量设备主要包括光学测量设备、声学测量设备、磁学测量设备及其他测量设备如工业计算机断层扫描(industry computerized tomography,ICT)设备等[1-11]。

1)脉冲式三维激光扫描技术

脉冲式三维激光扫描技术基于脉冲式激光测距原理实现点云数据的采集。脉冲式激光测距基于被测物体外形轮廓对激光束产生的时间调制,如图 1-11 所示,激光发射器发出一个脉冲信号,经被测物体表面漫反射后,激光接收器会接收到一个回波信号。由于光速是一定的,通过计时电路检测出脉冲信号与回波信号之间的时间差,就可以计算出距离。最后,结合附加的扫描装置(如激光扫描转镜)使脉冲信号扫描整个被测物体表面,就可以得到被测物体外形轮廓点云数据。

脉冲式激光测距法的量程与精度取决于测量时是否有合作目标(如反射镜)。无合作目标时,脉冲式激光测距法的测程在几千米以内;有合作目标时,其测程可以达到几千米以上。由于光速是一定的,所以,脉冲式激光测距法的测距精度主要取决于脉冲信号与回波信号之间的时间差的测量精度,一般远距离测量时,测距精度为米级,而近距离测量时为分米级或厘米级。此外,是否有合作目标也影响测距精度,如果有合作目标,远距离测量时,测距精度可以达到厘米级,而近距离测量时,可以达到毫米级。脉冲式激光测距法主要用于地形测量、人造卫星、地月距离测量、激光雷达测距及导弹运行轨道跟踪等。

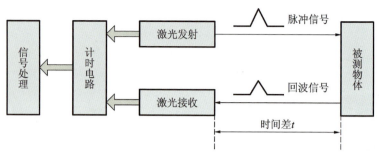

图 1-11　脉冲式激光测距原理

2）相位式三维激光扫描技术

相位式三维激光扫描技术基于相位式激光测距原理实现点云数据的采集。相位式激光测距通过激光调制技术及相位差测量技术实现。如图 1-12 所示，激光发射器发出一束激光后，调制器首先对其振幅进行调制，调制后的激光束经被测物体表面漫反射，由鉴相器接收。由于光速是一定的，通过测定调制后的激光束往返测线一次所产生的相位差，便可间接测定调制后的激光束往返测线的时间，进一步可计算出被测距离。最后，结合附加的扫描装置使脉冲信号扫描整个被测物体表面，就可以得到被测物体外形轮廓点云数据。与脉冲式三维激光扫描技术相比，相位式三维激光扫描技术测量精度更高，可以达到毫米级，但测量范围通常比较小，一般在百米级范围内。

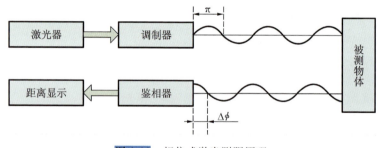

图 1-12　相位式激光测距原理

3）激光三角法扫描技术

激光三角法扫描技术基于激光三角法测距原理实现点云数据的采集。激光三角法测距利用了平面三角几何原理。如图 1-13 所示，激光器发射激光束，经被测面反射，由传感器（如 CCD 相机）接收，入射激光与反射激光构成平面三角形，根据入射激光打到被测面斑点的位置，通过计算就可以确定被测面相对于参考平面的高度（即 Z 值）信息。激光器发射的激光光源可以是点光源、线光源或多线光源。如果是点光源，则一次测量可以获得一个点的三维坐标；如果是线光源或多线光源，则一次测量可以获得一条或多条激光线上的多个离散点的三维坐标。为了获得被测物体完整的点云数据，通常将激光三角测量系统安装在三维位移平台

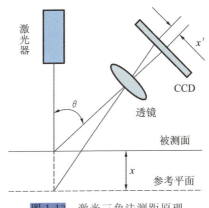

图 1-13 激光三角法测距原理

上,通过计算机控制三维位移平台的精确移动来实现被测物体的扫描。

与脉冲式或相位式三维激光扫描仪相比,激光三角法扫描仪的精度更高,如手持式激光扫描仪 HandySCAN 700 的点位测量精度达到 0.03 mm,因此,激光三角法扫描仪通常应用于精密测距。激光三角法扫描仪的缺点是测程短,通常只有几百毫米。此外,只能测量激光能够照射的表面,对于有遮挡或突变的被测面,容易产生数据的丢失,同时被测面的粗糙度、色泽和倾角等都会对测量精度产生影响。

4) 光栅投影式面结构光测量技术

光栅投影式面结构光测量技术基于光学三角法测量原理实现点云数据的采集。如图 1-14 所示,投射器向被测物体表面投射光栅条纹,受物体表面高度的调制,光栅条纹发生形变。变形的光栅条纹可以看作相位和振幅均被调制的空间载波信号,利用传感器(如 CCD 相机)采集变形光栅条纹图像,对其进行解调,可以获得包含高度信息的相位变化(相位差)。最后,根据光学三角法原理便可计算出被测物体的高度(即 Z 值)信息。为了精确计算图像中每个像素的相位值,投射器至少需要投射三幅或三幅以上的光栅条纹图像,投射的光栅条纹图像越多,三维重建的精度也越高。此外,要求在投射及采集变形光栅图像过程中被测物体与传感器均静止不动。

5) 近景工业摄影测量技术

近景工业摄影测量(close range industrial photogrammetry)技术利用图像传感器(单反相机或工业 CCD 相机等)在不同位置拍摄被测物体两幅或两幅以上的数字图像,经过系列数字图像处理,获得被测物体表面关键点的三维坐标。如图 1-15 所示,测量前首先在被测物体的表面及其周围布置一定数量的标志点及参考比例尺;然后,从不同位置对被测物体进行取样拍摄,采集一定数量的图像,并对采集的图像进行标志点识别、图像定向、标志点三维坐标重建以及平差调整等处理;最后,加入参考比例尺约束及温度补偿,得到标志点准确的三维坐标。近景工

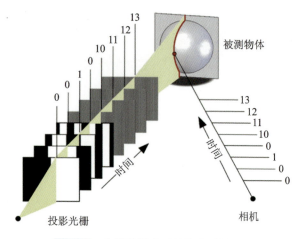

图 1-14　光栅投影式面结构光测量原理

业摄影测量系统也被称为便携式三坐标测量机,与传统三坐标测量机相比,近景工业摄影测量系统的优点是可实现现场测量。

图 1-15　近景工业摄影测量原理

6)数字图像相关技术

数字图像相关(digital image correlation,DIC)法也称为数字散斑相关(digital speckle correlation,DSC)法,其原理如图 1-16 所示。首先在物体表面制备散斑图案,然后利用图像传感器(如 CCD 相机)采集变形前后物体表面的两幅散斑图像,并将图像划分为一系列部分区域重叠的子图像进行相关计算,实现物体变形场(包括位移场及应变场)的测量。DIC 技术在材料或结构的力学性能测试中得到了广泛的应用。DIC 技术又可分为用于测量物体面内位移变形及应变的二维 DIC 技术、用于测量物体三维位移变形及应变的三维 DIC 技术及用于测量物体内部变形的 VDIC(volume digital image correlation)技术。

7)工业 CT 技术

工业 CT(计算机断层扫描)是基于射线与物质的相互作用机理实现三维数字模型重建的技术。如图 1-17 所示,从射线源发出的射线穿过被测物体时,射线会

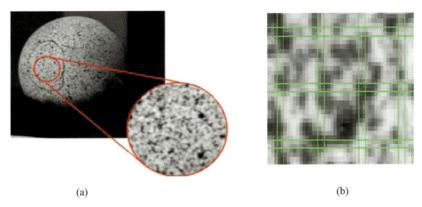

图 1-16　数字图像相关法原理
(a)散斑图案;(b)子图像划分

衰减。通过探测器测量射线的衰减值,可以重建出被测物体的断层图像,通过断层图像最终可重建出被测物体的三维数字模型。由于不需要破坏物体就可以重建出其内部形状结构,因此,工业 CT 是一种无损检测技术,可用于探测工件(如金属铸件、注塑件等)或复合材料等的内部缺陷。

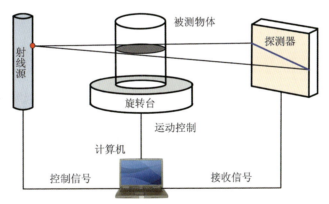

图 1-17　工业 CT 基本原理

8)核磁共振成像技术

核磁共振成像(nuclear magnetic resonance imaging,NMRI)也称为磁共振成像(magnetic resonance imaging,MRI),是基于核磁共振原理(nuclear magnetic resonance,NMR)实现成像的技术。如图 1-18 所示,将被测物体(如人体)置于强磁场(由直流磁场线圈等产生)中时,某些质子磁矩沿磁场方向排列,并以一定的频率围绕磁场方向运动。当射频发射机发出相同频率的射频脉冲时,会激发质子,使其发生能级转换,质子在弛豫的过程中,释放能量并产生信号。接收机捕获上述信号后输入计算机实现图像重建。NMRI 也可实现物体内部结构成像,它已经成为临床医学上一种常见的影像检查方式。

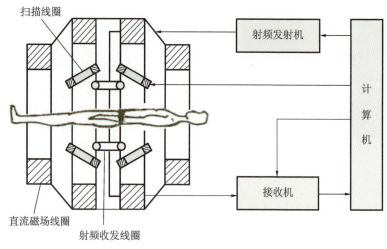

图 1-18　核磁共振成像基本原理

9) 自动层析扫描技术

自动层析扫描技术是一种破坏式数据测量技术。自动层析扫描时，首先将被测物体逐层铣削，然后利用图像传感器（如 CCD 相机）采集截断面上被测物体内外轮廓的二维图像，最后通过采集的断层图像重建出被测物体的三维形貌。自动层析扫描法可重建物体内部结构，适合于具有复杂内部结构零件的三维测量，但在测量结束后，被测物体将完全被破坏，很多情形不宜采用该方法。

10) 超声波技术

超声波技术利用超声波测距原理实现点云数据的采集。超声波测距原理如图 1-19 所示，超声波发射器（发射电路及发射探头构成）发出超声波，计时器开始计时，超声波遇到被测物体就会返回，接收器（由接收电路及接收探头构成）接收到反射波时，计时器停止计时。由于超声波在空气中的传播速度为常数，根据计时器记录的时间，就可以计算出待测距离。超声波法的测程能达到百米，但测量的精度往往只能达到厘米级，目前主要应用于建筑工地、倒车提醒与工业现场等场合。

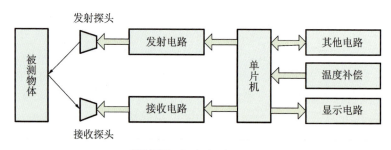

图 1-19　超声波测距原理

1.2.4 点云数据预处理

通过反求设备采集的点云数据往往规模庞大,并且包含大量离群点、噪声、冗余和孔洞等,影响后续的建模质量。因此,需要对采集的点云数据进行预处理操作,从而获得完整的、单层的、光顺的点云模型,如图 1-20 所示。点云数据预处理包括离群点检测和去除,以及点云拼接/配准、融合、去噪、精简等[9-11]。

图 1-20　点云预处理实例

1. 离群点检测和去除

离群点即远离主体点云的杂点、局外点及背景点。当测量系统受外部干扰时,会产生孤立的、远离主体点云数据的杂点或局外点。此外,在采集点云数据过程中,一些进入测量视场的背景物体(如墙面、地面等)也可能被扫描到,生成一些背景点。不论是单个的还是成簇的离群点,都会影响点云数据建模的质量,必须在预处理阶段采用手动处理或自动识别的方法检测出离群点并将其删除掉。

2. 点云拼接/配准

点云拼接/配准就是将不同坐标系下的点云数据统一至同一个坐标系中。反求设备的测量视场有限,为了采集到物体完整的点云数据模型,通常需要移动反求设备或物体,从多个视角扫描物体,获得多视角点云数据。在多视角点云数据中,每个视角下的点云数据的坐标系都不一致,需要进行拼接/配准。点云数据的拼接/配准一般分为粗拼接/配准和精确拼接/配准两步。其中,精确拼接/配准又可分为基于刚性变换的拼接/配准和基于非刚性变换的拼接/配准。

3. 点云融合

点云融合是指消除由测量误差和匹配误差等导致的多视角点云数据重叠区域的噪声、分层和冗余,建立细节特征清晰、表面光顺的单层点云数据模型。人们通常容易将点云融合与点云数据建模相混淆,其实二者是有区别的:点云融合主要是消除多视角点云数据中重叠区域的冗余数据(重叠点数据),将多视角点云数据融合为一幅完整的点云图;而点云数据建模主要是基于点云数据,建立多边形网格模型或 NURBS 曲面模型。由于部分点云数据建模算法可以从多视角点云数据出发,直接建立多边形网格模型或 NURBS 曲面模型,因此,这类点云数据建模算法也可以被称为点云融合算法。

4. 点云去噪/光顺

在点云数据中,由于反求设备本身的采集精度限制及环境的影响,噪声点不可避免。噪声点的存在会影响后续点云数据建模的质量,因此,需要提前滤除掉噪声点。常见的点云去噪/光顺方法有高斯滤波、拉普拉斯滤波、中值滤波与双边滤波等,不同类型的点云数据通常采用不同的去噪/光顺算法。

5. 点云精简

点云精简即点云重采样,简称点云采样,即通过算法减小或增加点云数据的密度与数目。如果是减小点云数据的密度与数目,则称为下采样;如果是增加点云数据的密度与数目,则称为上采样。大部分反求设备(如光栅投影式面结构光反求设备)采集的点云数据规模庞大(动辄上千万个点数据),不仅要消耗大量的计算机资源,还会影响后续点云数据建模的效率,对于此类点云数据,需要进行下采样处理。相反,部分反求设备(如三坐标测量机)采集的点云数据比较稀疏,会导致物体细节特征失真,对于这类点云数据,需要进行上采样处理。

1.2.5 点云数据建模

点云数据建模就是对预处理后的点云数据采用逼近或插值的方式来构造曲面,最终得到三维 CAD 数字模型。点云数据建模理论与算法多种多样,按照建立的模型的表示方法,可以分为两类:第一类是多边形建模方法,这类建模方法通过算法将点云数据中的各点数据直接连接起来,形成多边形(如三角形、四边形等)表示的曲面模型,如图 1-21(a)、(b)所示;第二类是曲面建模方法,这类建模方法采用逼近的方式建立曲面片(如 NURBS 曲面片、Bezier 曲面片等)片表示的数字模型,如图 1-21(c)所示。

1. 多边形建模技术

多边形建模(polygon modeling)是目前三维逆向建模软件中采用的主流的建模方法之一,它在原始点云数据集上,采用三角形面片(一般简称为三角面片)等多边形面片来逼近被测物体表面,建立多边形模型。其中,三角形网格(一般简称为三角网格)模型及四边形网格模型是最常用的多边形模型。三角网格建模即对所给点集,采用互不相交的三角面片来近似表示点集形成的曲面。四边形网格建模即对所给点集,采用互不相交的四边形面片来近似表示点集形成的曲面。

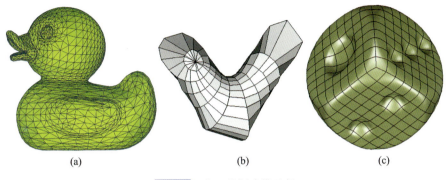

图 1-21　点云数据建模示例

(a)三角网格模型;(b)三角形及四边形混合网格模型;(c)NURBS 曲面模型

2. NURBS 曲面建模技术

NURBS(non-uniform rational B-splines)表示非均匀有理 B 样条。NURBS 曲面建模即采用 B 样条曲线和曲面来表示被测物体轮廓和外形。由于 NURBS 曲面建模方式比多边形网格建模方式更好控制物体表面的曲线度,从而能够创建出更加逼真、生动的造型,因此,NURBS 曲面建模是各种三维逆向建模软件(如 Geomagic Studio)中必包含的高级曲面建模方法。此外,NURBS 曲面建模也是各种三维正向设计软件(如 UG、Pro/E 和 Catia)必采用的高级曲面建模方法。

1.3　3D 反求应用领域

3D 反求技术与 CAD/CAM 技术及 3D 打印技术相结合形成产品设计制造的闭环系统,可大大提高产品的快速创新设计和制造能力,已经在工业生产、社会生活和科学研究等多个领域得到广泛应用[1-11],如图 1-22 所示。

1. 产品仿制与改型设计

在只有实物而没有产品原始设计图样、文档和 CAD 模型的情况下,可通过 3D 反求技术重构出产品实物的三维 CAD 数字模型,然后结合 CAD/CAM 技术或 3D 打印技术进行仿制,或在此基础上进行改型设计。这种设计方法通过对现有产品进行解剖、消化、吸收,实现产品实物的仿制或改型,是对已有设计的再设计,被中小企业广泛采用。

2. 新产品开发

3D 反求技术可用于外形复杂或美学要求高的产品的原始创新设计。如汽车覆盖件、摩托车覆盖件、机翼等的外形设计,如果直接在三维正向设计软件中进行造型设计,则产品细节特征的设计和美学评价将非常困难,为此,设计师通常从概念设计着手,在考虑产品功能、美学及气动力性能等方面要求的基础上,采用油

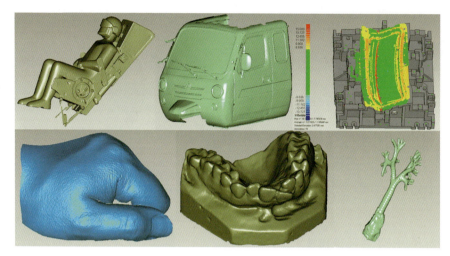

图 1-22　3D 反求应用实例

泥、黏土、工程塑料或石蜡等材料制作产品缩小比例模型,然后对比例模型进行美学上的评价、修改,最后利用 3D 反求技术重构出产品的三维 CAD 数字模型。这种设计方法在汽车、航空航天、家电、电影动画和游戏人物制作等领域被广泛使用。

3. 模型验证

将 3D 反求技术与 CAE 技术相结合,可对产品实物进行功能和性能的分析。虽然将初始设计的 CAD 数字模型导入 CAE 软件中可分析产品的结构力学性能,但有时需要用产品实物进行分析。如在模具调试过程中,需要反复的零件加工和模具型面修正,采用 3D 反求技术重构出调试用样模的三维 CAD 数字模型,并导入 CAE 软件,可实现样模的分析验证。再比如在航空涡轮叶片的设计中,为了获得满足气动要求的外形结构,需要对样件进行大量的风洞实验和模型修改,采用 3D 反求技术重构出样件在分析和修改后的三维 CAD 数字模型,并导入 CAE 软件,可实现样件的分析验证。

4. 产品加工制造精度检测

产品加工制造精度检测是产品生产过程中必不可少的重要环节。对于具有复杂形状的产品,采用传统的检测手段或设备如卡尺等不仅费时费力,而且因测点有限而效率低下。而采用 3D 反求技术则可快速地采集产品表面的三维点云数据,通过对比测量点云数据和原始设计 CAD 数字模型之间的误差,可获得全场的误差分布,并可采用色温图或报告等形式将误差输出。

5. 磨损零件修复

许多价格昂贵的设备,尤其是从国外进口的设备,由于某些关键零部件的磨损失效,出现整机设备停机甚至废弃的情况,会造成巨大的资源浪费与经济损失。采用 3D 反求技术,可快速重构出失效零部件的三维 CAD 数字模型,结合其出厂参数,补全磨损部分,即可得到失效零件完整的三维CAD数字模型,最后与3D打印技术相结合,便可快速生产出失效零部件的代替品或修复磨损的零部件,使设备恢复正常运转,从而减少停产损失。

6. 历史文物保护

3D反求技术目前已广泛应用于历史文物保护领域。历史文物往往存在年久失修破损的情况,采用3D反求技术可以建立历史文物碎片的三维CAD数字模型,并在软件中将各碎片的三维CAD数字模型拼接,重构出历史文物完整的三维CAD数字模型,最后结合3D打印技术对历史文物进行修复或复制。此外,重构的三维CAD数字模型也可用于虚拟展示(即数字博物馆),使人们可以在互联网上浏览历史文物的全貌。

7. 医学

3D反求技术在医学上具有潜在的应用前景,然而目前还处于研究探索阶段。3D反求技术目前主要用于骨或义肢的三维CAD数字模型重建。通过给病人做CT或MRI等影像检查,获得待治疗部位骨头的影像断层数据,对断层数据进行三维重建,获得CAD数字模型,最后结合3D打印技术,可快速制作出骨或义肢的实体模型。医生可以直接利用该模型做出假体设计等,也可输入CAD软件做进一步的修改。这种方法在口腔临床医学(如牙齿修复)中已得到广泛应用,此外,在外科植入手术中也得到了应用。

8. 人体3D打印

由于个体的差异性,采用传统的方法很难快速建立人体的三维CAD数字模型。3D反求设备弥补了传统设备的缺陷,只需若干秒就可以快速获取人体的三维深度数据和彩色纹理数据,并能实现三维深度数据的自动拼接,获得完整的人体三维CAD数字化模型。将获得的CAD模型文件输入3D打印机,可实现人体模型的快速3D打印。

9. 其他领域

除了上述领域外,3D反求技术还广泛应用于电影动画、游戏人物制作、服装的设计和虚拟试衣等领域。随着3D反求理论和设备的进一步发展和完善,3D反求技术必将在工业生产、社会生活和科学研究等领域发挥越来越重要的作用。

1.4 本章小结

3D反求技术已经在工业生产、社会生活和科学研究等多个领域得到广泛应用。本章对3D反求技术的基本原理,3D反求与正向设计及3D打印的关系,3D反求基本流程、关键技术及应用领域进行了概述。

参 考 文 献

[1] 许智钦,孙长库.3D逆向工程技术[M].北京:中国计量出版社,2002.
[2] 刘伟军,孙玉文.逆向工程——原理方法及应用[M].北京:机械工业出版社,2009.
[3] 陈雪芳,孙春华.逆向工程与快速成型技术应用[M].2版.北京:机械工业出版社,2015.
[4] 王永信,邱志惠.逆向工程及检测技术与应用[M].西安:西安交通大学出版社,2014.
[5] 成思源.逆向工程技术综合实践[M].北京:电子工业出版社,2010.
[6] 胡寅.三维扫描仪与逆向工程关键技术研究[D].武汉:华中科技大学,2005.
[7] 吴险峰.三维激光彩色扫描仪关键技术研究[D].武汉:华中科技大学,2004.
[8] 邹永宁.工业CT三维图像重建与分割算法研究[D].重庆:重庆大学,2014.
[9] 武剑洁.基于点的散乱点云处理技术的研究[D].武汉:华中科技大学,2004.
[10] 韦虎.三维外形测量系统中的数据处理关键技术研究[D].南京:南京航空航天大学,2010.
[11] 谭昌柏.逆向工程中基于特征的实体模型重建关键技术研究[D].南京:南京航空航天大学,2006.

第2章 光学三维测量的视觉几何基础

2.1 人类视觉的形成

人类视觉是迄今为止最强大的视觉系统。计算机视觉的研究目标就是使计算机能够像人类那样通过视觉观察和理解视觉。

2.1.1 人眼的构造

人眼是一个结构复杂的近似球体,其主要结构如图2-1所示。人眼最外层是角膜和巩膜。其中,角膜是前部的透明部分,光线经角膜射入眼球。巩膜不透明,呈乳白色,质地坚韧。自角膜向内是一个充满了折射率为1.3374的透明液体的空室,称为前室。前室的后面是虹膜,虹膜中间有一个称为瞳孔的小孔。根据被观察物体的明暗程度,瞳孔能相应地在2～8 mm之间改变直径,以调节眼睛的进光量。瞳孔后面是由多层薄膜构成的晶状体,功能类似于双凸透镜。为了使不同远近的物体都能在视网膜上成像,晶状体借助其周围肌肉(称为睫状肌)的动作,使前表面的半径发生变化,以改变眼睛的焦距。晶状体的后面是眼睛的内腔,称为后室,里面充满着一种与蛋白质类似的透明液体,称为玻璃液,也起到滤光作用。后壁为一层由视神经细胞和视纤维构成的膜,称为视网膜。视网膜由大量的光敏细胞组成,用于感光和感色。光敏细胞通过视神经通向大脑。视网膜被一层脉络膜所包围,脉络膜将透过视网膜的光线吸收,从而使后室变为暗室。

2.1.2 人眼的视觉机理

眼睛是一个完整的光学成像系统。人眼就像一架可以自动调整焦距和光圈大小的照相机,从光学角度看,眼睛中最重要的三个部分是晶状体、瞳孔和视网膜,它们分别对应照相机的镜头、光圈和底片(见图2-2)。

当人眼注视外界不同距离的物体时,由物体发出或反射的光线经过角膜、瞳孔,再由睫状肌自动地调节晶状体的焦距后,聚集到视网膜上。视网膜上的光敏细胞受光刺激产生神经冲动,经视觉神经传递到视觉中枢,就产生了视觉。人眼在视网膜上成的是倒像,通过视觉神经系统内部复杂的作用,人最终感觉到的是

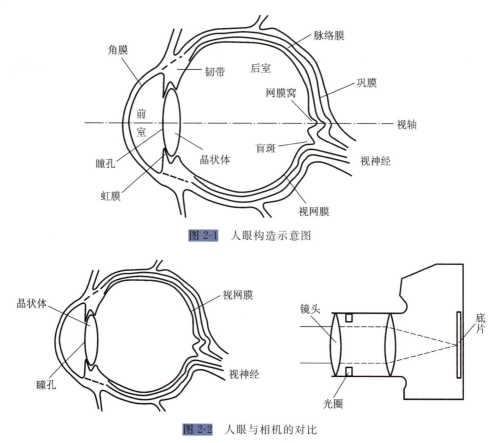

图 2-1 人眼构造示意图

图 2-2 人眼与相机的对比

正立的影像。

用单眼观察景物时,人感觉到的是景物的透视图,其实判断不了景物的远近,只能凭经验去间接地感受。双眼同时观察景物时,人感觉到的是景物的立体图,能够判断出景物的远近。如图 2-3 所示,空间中存在 A、B 两点,与双眼的距离分别为 L_1、L_2,两眼之间的连线称为基线,约为 65 mm。当双眼注视 A 点时,双眼的视轴出于本能都会集中在该点,同时晶状体自动调节焦距,得到清晰的影像,此时在两眼的网膜窝上得到的投影位置为 a 和 a',两个视轴相交的角度为 γ_1;当双眼注视 B 时,网膜窝上的投影位置为 b 和 b',两个视轴相交的角度为 γ_2。由于 A、B 两点到眼睛的距离不等,观察 A、B 两点时所对应的交角不同,因此网膜窝上 $\overset{\frown}{ab}$ 与 $\overset{\frown}{a'b'}$ 长度不相等,这种现象称为生理视差[1]。人的双眼由此而得以分辨物体的远近。由图中的几何关系可以看出,当已知视差角度和基线长度时,就可以计算出目标到观测者的距离。

举一个视差的例子。在眼前几厘米处竖起一根食指,交替地睁一只眼闭一只眼,会发现手指在眼前产生了移动。如果把食指放在眼前 30 cm 处重复刚才的实验,我们发现手指移动的距离变小了。当物体距离双眼很近时,由于视差大会看

第 2 章　光学三维测量的视觉几何基础

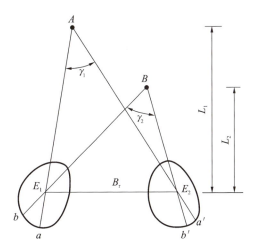

图 2-3　双目视差原理

到双像;物体距离双眼远到一定程度时,其视像落在视网膜的对应部位,人眼看到的是一个物体;当物体距离双眼更远时,人们就能感觉到距离和深度;如果物体距离人眼大于 1300 m,两眼的视轴几乎平行,双眼视差接近于零,就无法判断距离了。

2.2　Marr 视觉理论

20 世纪 80 年代初,Marr 首次从信息处理的角度综合了心理物理学、神经生理学以及图像处理等方面已取得的重要研究成果,提出了较为完善的视觉系统框架,使人们对计算机视觉形成有了比较清晰的认识[2]。Marr 视觉理论虽然从现在看来存在着一些方面的不足,但在当时作为系统性论述计算机视觉的形成与机理的理论,为计算机视觉的研究与应用指明了方向,甚至在当前该理论仍具有重要意义。

Marr 视觉理论的主要观点包括:

(1) 视觉的任务是认知外部世界在什么位置存在什么形状,即从二维图像复原物体的三维几何特征。

视觉系统的输入是二维图像,输出是由这些二维图像融合而形成的三维实体或场景。Marr 认为视觉是一个复杂的信息处理系统。为了从图像中恢复出物体的三维几何特征,应该从研究视觉处理的各个环节入手,定义各个阶段的模型,找出这些模型的约束条件,用物理和数学公式对这些环节的变化过程进行尽可能准确的描述。这个描述应该具有普遍适用性,从而能够应用于任何计算机视觉的处理过程。基于对视觉处理过程的公理性的描述,通过求解各个阶段模型中参数的具体数值,就能解决具体视觉对象的形成问题。总之,视觉处理过程需要建立准确且通用的、能够描述从二维图像复原三维几何结构的机理的公式。

(2)视觉信息处理必须用三级表象来描述。这三级表象是:要素图(图像的表象)、2.5维图(可见表面的表象)和三维模型表象(用于识别的三维物体形状表象)。

视觉信息处理的三级表象如图 2-4 所示。被观察物体的最终解释为它的外在位置与几何形状。而用于获取最终解释的原始资源为该物体的二维描述,即本征图像。常见的本征图像为灰度图像,其中包含了物体的位置、轮廓以及各处的亮度信息。早期视觉处理必须将这些信息区分开并且归类,以便理清各个变化是由什么因素引起的。这包括对图像的灰度变化的检测、局部几何结构及照明的分析。早期视觉处理的功能是获得图像中结构和变化的表象,得到的结果称为要素图。

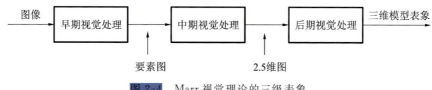

图 2-4　Marr 视觉理论的三级表象

获得要素图后,需要对要素图进行计算,得到物体几何表面的表象(2.5维图),这个过程称为中期视觉处理。对要素图的计算包括:根据纹理和照度恢复物体表面的方向,由几何轮廓恢复包括位置和几何特征的局部空间立体。中期视觉处理已经极大地加工了早期视觉处理的要素图,滤去了很多识别上的多义信息,得到了纯粹表达物体表面特征的信息。

2.5维图只是反映了物体局部的形状,是不完整的,在人的生理视觉中形成的是对物体的整体的认识,因此需要对 2.5 维结构信息进行进一步加工以得到完整的三维结构。这个过程称为后期视觉处理,它需要依靠一些高层的先验知识以实现对物体的完整描述(3D 描述)。

(3)从外在形式上,Marr 认为视觉系统的研究应分为三个层次,即计算理论层次(用什么样的约束描述)、表达与算法层次(如何进行具体的计算)、硬件实现层次(如何整体用硬件表达)。

计算理论层次解决视觉处理过程都需要使用什么类型的物理约束的问题。通过对输入/输出整个过程的研究,得出一些公理性的,能够普遍适用于视觉处理过程的约束条件。这些约束条件能够针对不同视觉模型的建立提供标准。

表达与算法层次强调的是如何在建立准确而具体的数学模型的过程中,对视觉处理过程中的约束条件进行描述,同时研究模型参数的求解过程。即将视觉处理过程模块化、模型化、参数化和方法化,使计算机能够利用程序去求解得到几何结果。表达与算法层次建立在计算理论的基础上,不同的视觉对象允许存在不同的处理模型,针对不同的模型会产生不同的参数求解方法。

计算机视觉系统与生理视觉系统在计算理论的层面上可实现一样的效果,如通过建立的计算机视觉模型,利用拍摄的图像能够计算出与人眼观察得到的相同几何结果。但是,二者在硬件实现的层面上有着很大的不同,因为前者是通过构建物理上的数学模型对图像进行几何转化,而后者是通过复杂的神经网络系统处理得到场景。因此,计算机视觉的主要研究方向仍然是在计算理论层次和表达与算法层次。而在硬件实现方面,只是基于芯片和并行处理结果实现了低层次的信息处理。随着超大负荷处理器技术的发展以及对生理视觉认识的成熟,基于日益发展的人工智能算法抽象从系统上构造视觉将得到进一步尝试。

2.3 相机模型

计算机视觉的目标是从图像中恢复出关键位置的空间坐标、物体的几何形貌甚至整个空间场景。空间物体通过成像系统投影在像平面上,形成该物体的二维反映。为了从相机成像系统采集的二维图像中解析出三维场景中的坐标,首先需要建立三维场景与二维图像的关系。这个对应关系由相机成像系统的几何投影模型决定。

在计算机视觉中,反映三维空间中的被摄物体与像平面上的投影几何关系的模型称为成像模型,相机成像模型的作用是将三维场景中的坐标与相机得到的图像的二维坐标进行几何描述。常用的相机成像模型有三种:小孔成像模型、正交投影模型和透视投影模型。其中,视觉测量方面常用的成像模型是小孔成像模型和透视投影模型。

2.3.1 小孔成像模型

针孔相机(pinhole camera)对应的理想成像模型是光学中的中心投影,物理上相当于凸透镜成像,称为小孔成像模型(见图 2-5)。

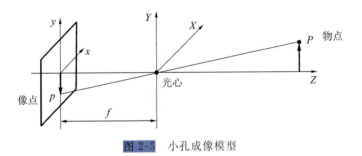

图 2-5 小孔成像模型

小孔成像模型主要由光学中心(简称光心)、光轴和成像平面构成。将光心看作小孔,并假设光线满足直线传播的条件。在三维场景中的 P 点,经过光心在像平面上投影成倒像 p 点。显然,小孔成像模型几何上满足相似三角形的比例关系,因此是一种线性模型。在实际的环境中,小孔的透光量非常小,在成像平面上形成清晰的像需要较长的曝光时间。相机(如 CCD 相机)的光学系统大多是由透镜组构成的,其成像原理与小孔成像模型相似。

2.3.2 正交投影模型

正交投影(rectangular projection)用长方体来取景,把场景投影到这个长方体的前面,投影线垂直于投影面,如图 2-6 所示。它保证平行线在变换后仍然保持平行,因而投影后不会有透视收缩效果(远些的物体在像平面上要小一些),这也就使得物体之间的相对距离在变换后保持不变。正交投影变换忽略物体在远近不同位置时的大小缩放变化,将物体以原比例投影到截面(如显示屏幕)上。实现这样效果的相机称为正交投影相机。正交投影多用于三维建模。

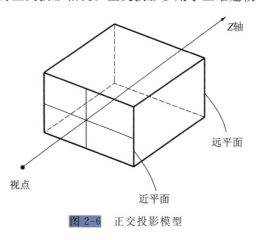

图 2-6　正交投影模型

2.3.3 透视投影模型

透视投影(perspective projection)变换具有透视收缩效果:相同大小的物体,处在远处比处在近处在像平面上所得到的投影小。透视投影不保持角度和距离的相对大小不变,空间的平行线投影后不一定仍然平行。换言之,透视投影变换能够使一个物体在近距离观测点得到的图像比较大,在远距离观测点得到的图像比较小,即达到如图 2-7 所示视锥的效果。透视投影跟人的眼睛或相机镜头产生三维世界的图像的原理很接近。透视投影的几何模型如图 2-8 所示。

从成像的几何关系上看,如果将透视投影中心等效变换至观测点与像平面之间,就是小孔成像模型,只是成像的方向颠倒了。所以在理论计算中,透视投影模型和中心投影模型都可以被用来描述成像过程,在解析计算中,二者是等价的。图 2-9 所示为这两种等效模型的坐标系,图中,相机镜头的光心为 S,物点 P 经过投影中心(即光心)投影到像平面上的像为 p,o 为主点,So 之间的距离为焦距 f。

第 2 章　光学三维测量的视觉几何基础

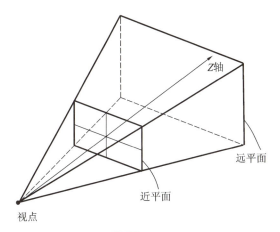

图 2-7　视锥

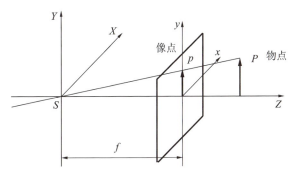

图 2-8　透视投影的几何模型

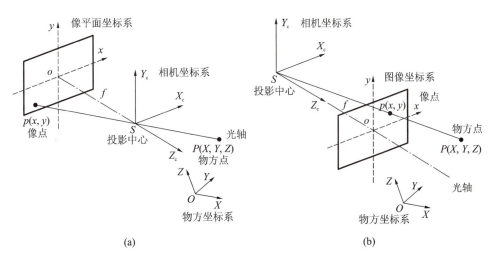

图 2-9　针孔相机的两种等效模型
(a)小孔成像模型；(b)透视投影模型

2.4 空间几何变换

空间几何变换是指空间几何元素(空间点或空间坐标系)按照特定的规则从一种状态映射到另一种状态。机器视觉中存在多个坐标系,因此常常需要进行坐标系之间的变换。常用的空间几何变换有平移(translation)变换、缩放(scaling)变换、旋转(rotation)变换。

2.4.1 齐次坐标与三维空间几何变换

1. 齐次坐标

齐次坐标是指使用高于原坐标一个维度的向量来描述原坐标。例如,平面点坐标(x,y)的齐次坐标为(hx,hy,h)。可见,h 取不同的数值时,可能描述的仍然是相同的点。一般将 h 归一化为 1,即

$$\begin{bmatrix} \dfrac{hx}{h} & \dfrac{hy}{h} & \dfrac{h}{h} \end{bmatrix} = \begin{bmatrix} x & y & 1 \end{bmatrix} \quad (2\text{-}1)$$

因此,当给出点的齐次表达式$\begin{bmatrix} hx & hy & h \end{bmatrix}$时,其原坐标也可以通过转化得到。

齐次坐标的主要作用是在进行空间几何变换,整体将坐标空间升高一个维度时,可以定义一个映射矩阵,用来整体描述空间几何平移和旋转变换。可以想象,在平面直角坐标系下,假设点集 P 需要通过先旋转 R 再平移 T 变换为另一个坐标系下的点集 Q,则该变换使用原坐标描述为 $Q = P \times R + T$。当使用齐次坐标时,平面点坐标扩展至三维空间,可看成是点集 P 整体位于 $Z=1$ 的平面上,其几何变换为在 $Z=1$ 的平面上绕 Z 轴旋转并平移。这个变换可直接由矩阵描述:$Q = P \times M$。通过增加一个维度,将原始坐标相加与相乘的变换集成到一个矩阵内,使计算方便,这正是齐次坐标的意义。

2. 三维空间几何变换

设变换前的点 $P(x,y,z)$,变换后为点 $P'(x',y',z')$,则可以用下式描述变换过程:

$$\begin{bmatrix} x' & y' & z' & 1 \end{bmatrix} = \begin{bmatrix} x & y & z & 1 \end{bmatrix} \begin{bmatrix} m_{11} & m_{12} & m_{13} & m_{14} \\ m_{21} & m_{22} & m_{23} & m_{24} \\ m_{31} & m_{32} & m_{33} & m_{34} \\ m_{41} & m_{42} & m_{43} & m_{44} \end{bmatrix} = \boldsymbol{P} \times \boldsymbol{M} \quad (2\text{-}2)$$

式中:

$$\boldsymbol{P} = \begin{bmatrix} x & y & z & 1 \end{bmatrix}$$

$$M = \begin{bmatrix} m_{11} & m_{12} & m_{13} & m_{14} \\ m_{21} & m_{22} & m_{23} & m_{24} \\ m_{31} & m_{32} & m_{33} & m_{34} \\ m_{41} & m_{42} & m_{43} & m_{44} \end{bmatrix}$$

1）平移

将三维空间中的点(x,y,z)移动至点(x',y',z')，变换公式为

$$\begin{cases} x' = x + T_x \\ y' = y + T_y \\ z' = z + T_z \end{cases} \tag{2-3}$$

其中T_x、T_y、T_z分别是坐标轴X、Y、Z上的平移分量。将该变换公式写成矩阵形式并加入齐次坐标，则变换公式为

$$[x' \quad y' \quad z' \quad 1] = [x \quad y \quad z \quad 1] \begin{bmatrix} 1 & 0 & 0 & 0 \\ 0 & 1 & 0 & 0 \\ 0 & 0 & 1 & 0 \\ T_x & T_y & T_z & 1 \end{bmatrix} \tag{2-4}$$

2）缩放

给定基点将三维物体放大或者缩小，本质上是将模型上的所有点与基点所连成的线段在三个坐标轴方向上的投影线性拉伸或收缩。一般情况下，基点为原点。此时设模型在X、Y、Z三个坐标轴方向上的缩放系数分别为S_a、S_b、S_c，缩放前后的对应点对分别为(x,y,z)和(x',y',z')，则变换表达式为

$$\begin{cases} x' = S_a x \\ y' = S_b y \\ z' = S_c z \end{cases} \tag{2-5}$$

写成矩阵形式并加入齐次坐标，则变形为

$$[x' \quad y' \quad z' \quad 1] = [x \quad y \quad z \quad 1] \begin{bmatrix} S_a & 0 & 0 & 0 \\ 0 & S_b & 0 & 0 \\ 0 & 0 & S_c & 0 \\ 0 & 0 & 0 & 1 \end{bmatrix} \tag{2-6}$$

当三个缩放系数相等时，变换前后的模型相似。

3）旋转

首先讨论在右手定则下按单个坐标轴旋转变换的过程。在右手坐标系中：当物体绕X轴或Z轴旋转时，物体旋转的正方向是右手螺旋方向，即从该轴正半轴向原点看是逆时针方向；当物体绕Y轴旋转时，物体旋转的正方向是左手螺旋方向，即从该轴正半轴向原点看是顺时针方向。

(1) 若绕X轴旋转α角度，则变换公式为

$$[x'\ y'\ z'\ 1]=[x\ y\ z\ 1]\begin{bmatrix}1 & 0 & 0 & 0\\ 0 & \cos\alpha & \sin\alpha & 0\\ 0 & -\sin\alpha & \cos\alpha & 0\\ 0 & 0 & 0 & 1\end{bmatrix} \quad (2\text{-}7)$$

(2)若绕 Y 轴旋转 β 角度,则变换公式为

$$[x'\ y'\ z'\ 1]=[x\ y\ z\ 1]\begin{bmatrix}\cos\beta & 0 & \sin\beta & 0\\ 0 & 1 & 0 & 0\\ -\sin\beta & 0 & \cos\beta & 0\\ 0 & 0 & 0 & 1\end{bmatrix} \quad (2\text{-}8)$$

(3)若绕 Z 轴旋转 γ 角度,则变换公式为

$$[x'\ y'\ z'\ 1]=[x\ y\ z\ 1]\begin{bmatrix}\cos\gamma & \sin\gamma & 0 & 0\\ -\sin\gamma & \cos\gamma & 0 & 0\\ 0 & 0 & 1 & 0\\ 0 & 0 & 0 & 1\end{bmatrix} \quad (2\text{-}9)$$

这里给出绕 Z 轴逆时针旋转 γ 角度的推导过程。绕 Z 轴旋转,则 (x,y,z) 变换至 (x',y',z'),$z=z'$,即 Z 轴坐标保持不变。因此,该问题可视为在 OXY 平面直角坐标系下,点 $P_1(x,y)$ 绕原点旋转 γ 角度至 $P_2(x',y')$。旋转的方向为逆时针方向,如图 2-10 所示,则有

$$\begin{cases}x=L\cos\theta\\ y=L\sin\theta\end{cases} \quad (2\text{-}10)$$

$$\begin{cases}x'=L\cos(\theta+\gamma)=L\cos\theta\cos\gamma-L\sin\theta\sin\gamma=x\cos\gamma-y\sin\gamma\\ y'=L\sin(\theta+\gamma)=L\cos\theta\sin\gamma+L\sin\theta\cos\gamma=x\sin\gamma+y\cos\gamma\end{cases} \quad (2\text{-}11)$$

因此,物体绕 Z 轴旋转时,变换公式为

$$\begin{cases}x'=x\cos\gamma-y\sin\gamma\\ y'=x\sin\gamma+y\cos\gamma\\ z'=z\end{cases} \quad (2\text{-}12)$$

写成矩阵形式为

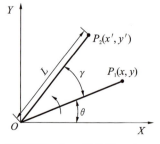

图 2-10 绕 Z 轴旋转示意图

$$[x' \quad y' \quad z'] = [x \quad y \quad z] \begin{bmatrix} \cos\gamma & \sin\gamma & 0 \\ -\sin\gamma & \cos\gamma & 0 \\ 0 & 0 & 1 \end{bmatrix} \qquad (2\text{-}13)$$

推导绕 X 轴和绕 Y 轴旋转的变换公式只需对坐标和旋转角度按式(2-13)进行相应的字母调换即可。

2.4.2 视觉测量坐标系

在视觉测量技术里,坐标系通常采用右手定则定义,常用的坐标系[3]如图 2-9 所示。

1. 世界坐标系

世界坐标系(即物方坐标系)$O\text{-}XYZ$ 是全局统一的坐标系,用来描述整个测量空间点的坐标。一般将测量仪器的坐标系定义为世界坐标系,有时也利用空间中已知的控制点建立世界坐标系以方便对所有测量点进行整体描述。

2. 图像坐标系

图像坐标系包括图像物理坐标系和图像像素坐标系。图像坐标系是二维坐标系,用来表示像点在图像上的位置,坐标原点在图像的左上角或几何中心,$x(x')$ 轴平行于图像像素的水平排布方向,$y(y')$ 轴垂直于 $x(x')$ 轴,如图 2-11 所示。在测量中需要将像点在 CCD 芯片上的物理坐标转换为图像的像素坐标。每个像素点的初始坐标为整数,但是对测量位置进行准确定位时,一般都要使用亚像素插值的方法实现特征位置处更为精细的小数位坐标。

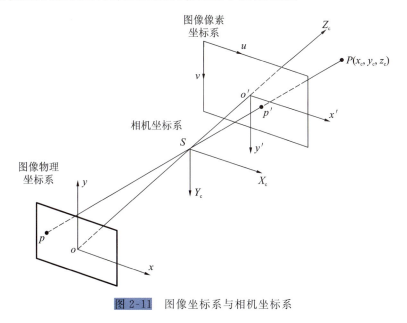

图 2-11　图像坐标系与相机坐标系

3. 相机坐标系

相机坐标系 $S\text{-}X_cY_cZ_c$ 是原点位于相机光心的三维坐标系，它是连接图像坐标系和世界坐标系的纽带。其 X_c 轴和 Y_c 轴分别与图像坐标系的 x 轴和 y 轴平行，Z_c 轴垂直于 xy 平面，经过光心 S 指向测量空间。有时也直接将相机坐标系定义为世界坐标系。

2.4.3 坐标系变换

在视觉测量中，由像点求解空间对应的空间点的过程中，会涉及图像坐标系与世界坐标系之间的相互转换问题。

1. 相机坐标系和世界坐标系进行转换

相机坐标系可通过一个正交旋转矩阵 $\boldsymbol{R}$ 和平移矩阵 $\boldsymbol{T}$ 变换至世界坐标系下：

$$\begin{bmatrix} x_c \\ y_c \\ z_c \end{bmatrix} = \boldsymbol{R} \begin{bmatrix} x_w \\ y_w \\ z_w \end{bmatrix} + \boldsymbol{T} = \begin{bmatrix} a_1 & b_1 & c_1 \\ a_2 & b_2 & c_2 \\ a_3 & b_3 & c_3 \end{bmatrix} \begin{bmatrix} x_w \\ y_w \\ z_w \end{bmatrix} + \boldsymbol{T} \qquad (2\text{-}14)$$

式中：$\boldsymbol{T}$ 表示世界坐标系原点至相机坐标系原点的平移量，$\boldsymbol{T} = \begin{bmatrix} t_x & t_y & t_z \end{bmatrix}$；正交旋转矩阵 $\boldsymbol{R}$ 由相机坐标系相对世界坐标系各坐标轴的方向余弦组合而成：

$$\begin{aligned} \boldsymbol{R} &= \begin{bmatrix} a_1 & b_1 & c_1 \\ a_2 & b_2 & c_2 \\ a_3 & b_3 & c_3 \end{bmatrix} \\ &= \begin{bmatrix} \cos\varphi\cos\kappa - \sin\varphi\sin\omega\sin\kappa & -\cos\varphi\sin\kappa - \sin\varphi\sin\omega\cos\kappa & -\sin\varphi\cos\omega \\ \cos\omega\sin\kappa & \cos\omega\cos\kappa & -\sin\omega \\ \sin\varphi\cos\kappa + \cos\varphi\sin\omega\sin\kappa & -\sin\varphi\sin\kappa + \cos\varphi\sin\omega\cos\kappa & \cos\varphi\cos\omega \end{bmatrix} \end{aligned}$$

可见，旋转矩阵只实际只包含三个独立变量：φ、ω、κ。这三个参数是沿着三个坐标轴的旋转角度。再加上三个平移变量 t_x、t_y、t_z，一共是六个描述角度和位置的参数。通过它们可以确定相机坐标系与世界坐标系之间的变换关系，称之为相机的外参数。

2. 相机坐标系和图像坐标系进行转换

如图 2-11 所示，设相机坐标系中有一个点 P，其投影在图像物理坐标系上的像点坐标为

$$\begin{cases} x = -fx_c/z_c \\ y = -fy_c/z_c \end{cases} \qquad (2\text{-}15)$$

将图像的物理坐标转化成图像的像素坐标，则有

$$\begin{cases} u - u_0 = x/d_x = xs_x \\ v - v_0 = y/d_y = ys_y \end{cases} \qquad (2\text{-}16)$$

则相机坐标系转换至图像坐标系的变换公式可写成如下矩阵形式：

$$\begin{bmatrix} u \\ v \\ 1 \end{bmatrix} = \begin{bmatrix} 1/d_x & 0 & u_0 \\ 0 & 1/d_y & v_0 \\ 0 & 0 & 1 \end{bmatrix} \begin{bmatrix} x \\ y \\ 1 \end{bmatrix} \tag{2-17}$$

式中：u_0、v_0 为芯片的加工误差导致的光轴与像平面的交点偏离图像的几何中心的距离，其中 u_0 为 x 方向上的偏差，v_0 为 y 方向上的偏差；d_x、d_y 分别为单个像素在 x 轴、y 轴方向上的实际物理尺寸；s_x、s_y 分别为 x 和 y 方向上单位长度内的像素数目。

2.5 视觉几何

在计算机视觉中，利用单幅照片，可以根据透视投影模型构建出二维图像坐标和三维世界之间的约束关系，但是由单幅图像一般无法恢复出场景中的结构和深度。两幅图像之间的约束关系由基本矩阵决定，在已知相机内外参数的情况下，给定两幅图像上的对应点坐标，可求出物体的空间位置。三幅图像之间的约束由三焦张量决定，三幅及三幅以上的图像之间不存在独立的约束[3,4]。

2.5.1 单视几何

单视几何研究单幅图像中存在的几何约束关系。单视几何存在的约束条件可以用共线条件方程（简称共线方程）描述：

$$\begin{cases} x = -f \dfrac{a_1(X-X_S)+b_1(Y-Y_S)+c_1(Z-Z_S)}{a_3(X-X_S)+b_3(Y-Y_S)+c_3(Z-Z_S)} = -f \dfrac{\overline{X}}{\overline{Z}} \\ y = -f \dfrac{a_2(X-X_S)+b_2(Y-Y_S)+c_2(Z-Z_S)}{a_3(X-X_S)+b_3(Y-Y_S)+c_3(Z-Z_S)} = -f \dfrac{\overline{Y}}{\overline{Z}} \end{cases} \tag{2-18}$$

式（2-18）即为视觉几何中最为基本的共线方程，其中 (X_S, Y_S, Z_S) 为光心 S 的三维坐标。

一方面，由于相机 CCD 芯片等的加工误差，真实成像时，像平面上主点的坐标并不严格位于原点，而是存在很小的偏移量，称为主点误差，记为 (x_0, y_0)；另一方面，相机镜头内透镜组的制造误差也会使空间点在图像上的投影并不严格满足小孔成像原理，这些镜头制造方面原因造成的偏移称为镜头畸变。各像点在像平面上因其理论位置 (x,y) 不同也会存在相应的偏差 $(\Delta x, \Delta y)$，如图 2-12 所示，因此实际成像的共线方程为

$$\begin{cases} x-x_0+\Delta x = -f\dfrac{a_1(X-X_S)+b_1(Y-Y_S)+c_1(Z-Z_S)}{a_3(X-X_S)+b_3(Y-Y_S)+c_3(Z-Z_S)} = -f\dfrac{\overline{X}}{\overline{Z}} \\ y-y_0+\Delta y = -f\dfrac{a_2(X-X_S)+b_2(Y-Y_S)+c_2(Z-Z_S)}{a_3(X-X_S)+b_3(Y-Y_S)+c_3(Z-Z_S)} = -f\dfrac{\overline{Y}}{\overline{Z}} \end{cases} \quad (2\text{-}19)$$

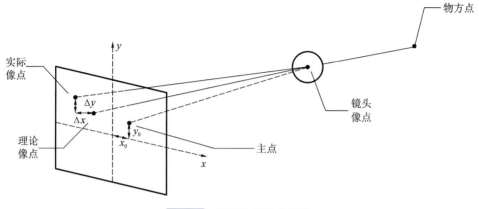

图 2-12　实际的透视成像图

主点误差与镜头畸变都与相机成像模型内部（相机芯片、镜头的部位）相关。x_0、y_0 和 f 用来确定投影中心在相机坐标系中像平面上的相对位置，称为内方位元素（elements of interior orientation），又称为内参数；X_S、Y_S、Z_S、ω、φ、κ 称为相机的外方位元素（elements of exterior orientation），也称外参数，用来确定像点和投影中心在世界坐标系中的方位。

2.5.2　双视几何

双视几何（two-view geometry）研究两幅图像之间的几何约束关系。对极几何是双视几何的内涵，数学上用基础矩阵描述双视几何约束关系。在无畸变和主点误差的理想成像情况下，当世界坐标系确定时，第一、第二相机坐标系各与世界坐标系存在确定的转换关系，则第一、第二相机坐标系之间的转换关系可推导得出。这个转换关系构成两幅图像上对应像点的约束，称为共面约束或核线约束。本质上，该约束来源于透视投影下的两个相机坐标系确定的转换关系。

如图 2-13 所示，p_1 和 p_2 为空间中点 P 在两幅图像上的投影像点，$S_1\text{-}x_{c1}y_{c1}z_{c1}$ 和 $S_2\text{-}x_{c2}y_{c2}z_{c2}$ 为对应的两个相机坐标系，将相机坐标系 $S_1\text{-}x_{c1}y_{c1}z_{c1}$ 定义为世界坐标系，像点 p_1 在 $S_1\text{-}x_{c1}y_{c1}z_{c1}$ 中的坐标为 $[X_1\ Y_1\ Z_1]^T$，像点 p_2 在图像 2 的相机坐标系 $S_2\text{-}x_{c2}y_{c2}z_{c2}$ 下的坐标为 $[X_2\ Y_2\ Z_2]^T$。假设在 $S_1\text{-}x_{c1}y_{c1}z_{c1}$ 坐标系下，图像 2 对应的光心 S_2 的坐标为 $[B_x\ B_y\ B_z]^T$。定义与 $S_1\text{-}x_{c1}y_{c1}z_{c1}$ 的三轴平行的辅助坐标

系 $S_2\text{-}x'_{c1}y'_{c1}z'_{c1}$,像点 p_2 在辅助坐标系中的坐标为 $[X'_2,Y'_2,Z'_2]^T$,$S_2\text{-}x'_{c1}y'_{c1}z'_{c1}$ 变换至 $S_2\text{-}x_{c2}y_{c2}z_{c2}$ 的旋转矩阵为 $\boldsymbol{R}$,因向量 $\overrightarrow{S_1S_2}$、$\overrightarrow{S_1p_1}$、$\overrightarrow{S_2p_2}$ 共面,则有

$$\overrightarrow{S_2p_2}=\begin{bmatrix}X'_2\\Y'_2\\Z'_2\end{bmatrix}=\boldsymbol{R}\begin{bmatrix}X_2\\Y_2\\Z_2\end{bmatrix} \tag{2-20}$$

$$\overrightarrow{S_1S_2}\cdot(\overrightarrow{S_1p_1}\times\overrightarrow{S_2p_2})=0 \tag{2-21}$$

式(2-20)用行列式可以表示为

$$F=\begin{vmatrix}B_x & B_y & B_z\\X_1 & Y_1 & Z_1\\X'_2 & Y'_2 & Z'_2\end{vmatrix}=0 \tag{2-22}$$

式(2-22)是视觉测量中的共面关系方程(coplanarity equation)。

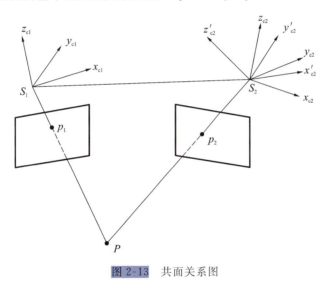

图 2-13　共面关系图

2.5.3　多视几何

多视几何研究三幅及三幅以上的图像之间的几何约束关系。多视几何典型的应用为多视空间前方交会算法,该算法是根据已知内外参数的两幅及两幅以上的图像(见图 2-14),把待定点的像点坐标视作观测值,以求解待定点在世界坐标系下的坐标的方法。但是测量空间中往往存在多个待定点,首先需要确定这些待定点在各个图像上的对应像点。通过多视几何建立的相互匹配与约束关系,能够准确区分这些图像上的同名像点。

在确定同名像点之后,因内、外参数已知,则式(2-19)对应的误差方程可表

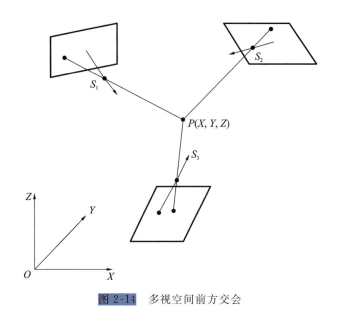

图 2-14 多视空间前方交会

示为

$$V = BX - L \tag{2-23}$$

式中：

$$V = \begin{bmatrix} v_x \\ v_y \end{bmatrix}, B = \begin{bmatrix} \dfrac{\partial x}{\partial X} & \dfrac{\partial x}{\partial Y} & \dfrac{\partial x}{\partial Z} \\ \dfrac{\partial y}{\partial X} & \dfrac{\partial y}{\partial Y} & \dfrac{\partial y}{\partial Z} \end{bmatrix}, X = \begin{bmatrix} \Delta X \\ \Delta Y \\ \Delta Z \end{bmatrix}, L = \begin{bmatrix} x - (x) \\ y - (y) \end{bmatrix}$$

对各待定点的每一个像点均可按照式(2-23)列出两个方程；对于两幅及两幅以上的图像上出现同名点的情况，则可以根据式(2-23)使用最小二乘法求解待定点的三维坐标。求解过程一般通过迭代完成，可先根据两幅图像上的同名点求出待定的坐标作为迭代初值。

2.6 本章小结

本章介绍了光学测量中的一些基本的概念，从人眼视觉的生理学构造出发，引入机器视觉测量的成像模型，包括小孔成像模型、正交投影模型、透视投影模型。其中小孔成像模型和透视投影模型是相机成像中使用较多的模型。同时结合成像模型，针对光学测量中的视觉计算问题，介绍了三维空间中点的坐标变换、常用的视觉测量坐标系以及这些坐标系之间的转换关系。最后简单叙述了单视几何、双视几何及多视几何的基本原理。

参 考 文 献

[1] 王佩军,徐亚明. 摄影测量学:测绘工程专业[M]. 2版. 武汉:武汉大学出版社,2010.

[2] MARR D. Vision:A computational investigation into the human representation and processing of visual information [M]. San Francisco:W. H. Freeman and Company,1982.

[3] 肖振中. 基于工业摄影和机器视觉的三维形貌与变形测量关键技术研究[D]. 西安:西安交通大学,2010.

[4] IARTLEY R ZISSERMAN A. Multiple view geometry in computer vision [M]. Cambridge:Cambridge University Press,2003.

第3章 人工标志点识别技术

采用非接触式光学测量方法，通过投射和成像设备（主要是工业相机、单反相机、投影仪等），对图像进行处理计算后可得到被测物体标识位置甚至整个表面轮廓的空间信息。而在进行从二维图像到三维空间点的处理计算时，首要的工作就是检测图像特征，提取出特征的像点坐标。一方面，提取的坐标要尽可能精确到亚像素，且该特征的中心定位应不会受拍摄图像角度的影响；另一方面，不同图像间的相同特征应能够实现匹配，也就是同一个特征的像点出现在不同图像上时，这个对应关系应能够被确定。由于被测场景灰度分布较为复杂，特征信息多变，如果直接在图像中寻找特征点，被测物自身特征点的提取难度较大，精度不高且匹配较为困难。为此，需要设计一套图案简单、易于识别且旋转、缩放和小变形不会影响定位精度的标志点布置在测量场景中，以辅助提供准确的特征点坐标，并且便于建立不同图像间相同特征点的对应关系。

人工标志点在光学测量中应用非常广泛。比如在近景工业摄影测量中，可在被测物体表面及其周围的空间内粘贴或放置标志点，使用数码相机从不同方位对物体进行定焦拍摄，得到一定数量的照片后，经过图像处理、标志点的定位、编码点的识别，可以得到标志点中心的图像坐标以及编码，它们是后续计算空间坐标的基础。对图像中的标志点的识别与定位精度将直接影响测量（相机标定和三维重建）的精度，因此提高标志点检测精度是光学测量中非常关键的问题。本章主要介绍标志点的设计、检测和应用。

3.1 人工标志点类型

人工标志点是人为设计加工的一种用于在图像中进行特征识别和定位的图案，是视觉测量领域惯用的辅助测量手段。例如，在被测物体感兴趣的位置布置标志点，然后对计算得出的标志点的空间坐标加入厚度补偿，这些补偿后的坐标可看作附着位置处的坐标。同时，人工标志点也常常布置在测量环境中或集中印制在一个平板上，用于求解相机的参数信息。

人工标志点的直接作用是为图像处理环节提供高精度的特征点坐标。基于快速识别和准确定位的要求，在设计中主要考虑标志点的形状和尺寸。首先，在形状方面，要使算法在识别该特征时简单快捷，常用的标志点图形为圆形、正方形及其组合图形；在尺寸上，根据相机的分辨率以及距离的远近设计，保证拍摄到的标志点在图像中不至于太小而造成模糊。标志点的边缘、角点等关键细节作为定位依据反映在图像上应该清晰。另外,工业光学测量主要应用在工件的加工精度和材料或结构的力学性能方面,关注的是被测物体的形貌和关键点坐标方面的信息,因此对物体表面的颜色一般不需要测量。所以工业光学测量领域使用的图像多为灰度图像。为了保证检测的稳定性,需要提高图像中背景与标志点图案的对比度,标志点颜色选择灰度差距最大的纯黑和纯白两种颜色,这样也有利于边缘提取。有时为了能够更准确地识别和定位,标志点也采用回光反射材料制成。这种材料的反射亮度极强,即便是投射微弱的光照,回光反射区域都能够与背景区域形成明显的灰度反差,所成的影像接近二值化图像。这种材料典型的应用是汽车车牌号。由于能够轻易过滤掉背景且提供清晰的图案边缘,可在很大程度上提高检测精度。

按照标志点在图像中的"身份"是否唯一,将人工标志点分为非编码标志点和编码标志点。

3.1.1 非编码标志点

非编码标志点的设计原则为易于识别且定位精度高。首先,非编码标志点应形状简单且具有旋转、平移和比例不变性;其次,非编码标志点在不同的背景光照环境中应具有足够的对比度;最后,非编码标志点要有足够的成像尺寸。

为了使识别方便且定位精度高,非编码标志点一般设计成对称、规则的几何形状,最常见的是圆形、三角形、正方形和十字形。这种标志点将形状内用黑色或白色填充,形状外使用相反的颜色形成明显的边界,即黑底白点或者白底黑点。这样就使得标志点自身的颜色和背景反差大,有明显的区分度。

从算法的角度,将标志点轮廓中心和边缘交叉点定义为标志点的特征位置,非编码标志点因而也就分为封闭填充型和边缘交叉型,如图3-1所示。圆形标志的特征位置为圆心。它的识别提取相对简单:通过边缘提取找出边界轮廓(通常因为拍摄角度偏差而呈现椭圆),再对亚像素轮廓进行最小二乘椭圆拟合,求出圆形标志点的中心。三角形、正方形和十字形标志的特征位置为交叉点。可提取两条边缘拟合直线后求交点,也可以直接通过灰度梯度算子求出角点,然后再进行亚像素精度的定位。正方形标志点可两用,既可以将其四个顶点的坐标作为标志点的特征坐标,也可以将对角线交点作为特征坐标,此时和圆形图案一样,可将其中心作为观测点。

标志点图案除可采用常用的绘图软件 CorelDRAW 和 Photoshop 绘制外,也可以利用 AutoCAD 软件生成。在设计制作时应按照视场调整标志点图案的大小以保证精度。圆形标志点经透视成像后常呈现为椭圆。椭圆的中心与实际圆中心偏差应非常小,但如果拍摄距离相对于标志点半径太小,这个偏差就会变大,从

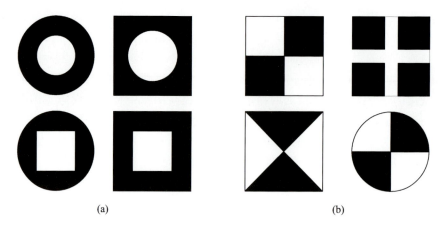

图 3-1 常用的非编码标志点
(a)封闭填充型;(b)边缘交叉型

而影响到最后的测量精度;而如果拍摄距离相对于标志点半径太大,又会影响椭圆的成像质量,造成拟合误差。因此,必须保证标志点的成像半径在一个合适的范围内。为了保证边缘提取和椭圆拟合的精度,一般要求椭圆短轴所占的像素在10 个以上。

3.1.2 编码标志点

编码标志点是在非编码标志点的基础上扩充图案而形成的,每一个编码标志点都具有唯一的"身份"(一般以数字编号)。其整体图案比非编码标志点大且复杂。编码标志点的识别在精确定位非编码标志点之后,还需要从扩充图案中解码。编码标志点最主要的作用是在相机标定的外参数初值的求解中,直接提供不同图像间的同名标志点(同一个标志点在不同图像上的反映),以初步确定图像拍摄时相机的各空间方位的相对位置参数。当然,编码标志点也能作为观测点附着在被测物体表面平整且比较宽裕的位置。

编码标志点主要分为两大类:一类是同心圆环型,如图 3-2(a)所示;另一类是点分布型,如图 3-2(b)所示。其中,同心圆环型编码标志点的中心图案大,定位精度较高,使用较为普遍。其设计方案为:编码标志内部是一个圆形的非编码标志点,用于定位;外部有一个和中心圆同心的段位式扇形环带,用于定义编码。根据编码数量的需求,标志编码点分为 8 位、10 位、12 位、15 位等几种,n 位编码表示将外部的环带分成 n 等份,环带上每等份的颜色如果与中心圆的颜色相同则编码为 1,否则编码为 0。

编码标志点的设计原则除了易于识别和定位精度高外,还包括解码的过程要尽可能简单且稳定。另外,还要保证在单个工程中有足够可供使用的身份数量。

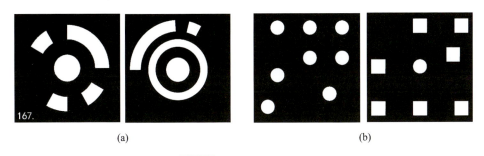

图 3-2 编码标志点类型

(a)同心圆环型；(b)点分布型

以下介绍两种常用编码标志点的编码规则。

1)点分布型编码标志点

这种编码标志点的编码规则如图 3-3 所示。图中的小圆分为两类，其中无数字标识的五个小圆用于确定该编码图案在空间中的方向，称为模板点；剩下的四排小圆都有各自的数字标识，代表 2 的幂指数，称为编号点，用来为图案提供编码。

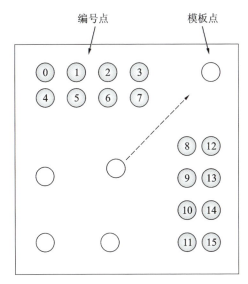

图 3-3 点分布型编码标志点编码规则

利用模板点可以区分在任意旋转角度下，两侧编号点的左右位置关系，同时也能判断出每侧编号点的前后顺序。一般为了保证识别的稳定性，编号点的区域只出现三个点(设计位置有多个，但一般只同时出现三个点)，且两两之间不紧邻。由于每个编号点的前后顺序都不会因为旋转而改变，所以可以直接求出其编码。该编码图案的识别采用特征点模式匹配原理，识别过程比较复杂，可参考文献[1]和[2]。

点分布型编码标志点生成的编码数量充足,每个模板点都可以作为定位点,但是由于单个标签上每个圆形图案的直径相对较小,这种编码标志点的定位精度较差。为了弥补这种不足,常将小圆用回光反射材料制作以增加对比度,但是制作成本将变高。因此,这种编码标志点的使用没有同心圆环型编码标志点广泛。

2)同心圆环型编码标志点

同心圆环型编码标志点的编码规则如图 3-4 所示。其外围的环带被等分为若干小段,每个小段用白色或黑色填充,相应地视为 1 和 0,这样环带就可以用一个二进制序列描述,通过对这个序列进行编码和解码即可得到该图案的编号。

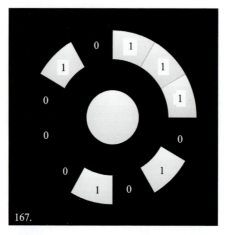

图 3-4　同心圆环型编码标志点编码规则

由于图像是从不同角度拍摄的,环带检测可能从不同的位置开始,如果直接将二进制序列转换为十进制数作为该编码标志点的编号会造成混乱。为了保证从环带任何一个位置进行检测,都识别出唯一的"身份",编码的定义方式是:将扇形环带对应的二进制序列进行循环移位,找出所有排列对应十进制数的最大值。该最大值可以被定义为一种唯一的身份。

在设计阶段,在选择 n 位编码后,二进制序列共有 2^n 个。对每个二进制序列都按照上述方法进行循环移位,求出最大十进制数,得到的非重复最大十进制数的个数就是 n 位编码标志点所能产生编码图案的种类数。经过计算,10 位编码一共有 106 个,12 位编码一共有 350 个,15 位编码一共有 2190 个,一般不需要这么多的编码。为了识别的稳定性,将环带上黑白段按段数八七分(即白色环带划分为八段,黑色环带划分为七段),这样的编码数目一共 428 个。制作时,每个最大十进制数转换成的二进制序列产生一个编码图案,这个最大十进制数也就能够直接作为该编码图案的名称。考虑到编码的简洁性,将这些非重复最大十进制数排序后创建映射表,用连续的自然数与之对应。检测时,对于得到的 n 位二进制序列,循环移位会得到 n 个十进制数,取最大值查表即可得到其编码。

3.2 人工标志点识别

标志点中心坐标的检测精度直接关系到最后的测量精度,因此提高标志点中心识别的精度极其关键。人工标志点虽然种类繁多,但是对标志点特征位置进行定位的主要方法仅分为两种:角点检测和边缘检测。本小节重点论述这两种标志点定位和识别的图像处理方法。

3.2.1 图像去噪

图像在光电转换的传输过程中,由于芯片镜头等物理器件和外界环境等的影响,不可避免会产生噪声。常见的噪声反映在图像上为与周围灰度分布不相协调的孤立像素点。数字图像系统中常见的噪声主要是高斯噪声和椒盐噪声。噪声有时对图像中特征的识别有着较大的干扰,应该在图像处理前先使用滤波器去除噪声。

图像去噪的方法分为空间域滤波方法(见图 3-5)和频域低通滤波法两类[3]。前者是在原图像上直接对图像的像素灰度进行运算,后者则是先将图像变换至频域,在频域内对数据进行处理之后再反变换得到去噪结果。

1. 空间域滤波方法

1)均值滤波

均值滤波算法的主要思想是邻域取平均,即被处理像素的灰度为处理前图像上该像素位置处邻域像素(也包含自身)灰度的平均值,一般邻域选为紧靠被处理像素的四邻域或八邻域。采用这种方法可以抑制加性噪声,但取平均值的计算是对图像的平滑操作,邻域半径取得越大,越容易造成图像模糊。八邻域取平均的结果如图 3-5(c)所示。

2)中值滤波

中值滤波算法与均值滤波算法类似,是对包括自身的邻域像素灰度值进行排序,取其中值作为处理后像素的灰度值。由于椒盐噪声以随机点的形式出现于图像上,而中值滤波取中位数,用未被污染的点代替噪声点的值的概率较大,所以中值滤波对去除椒盐噪声的效果好。八邻域取中值的结果如图 3-5(d)所示。然而,对存在锐利的边缘或明亮的区域等细节较多的图像不宜采用中值滤波,因为这些细节处的灰度梯度较大,中值滤波很可能将真实的高对比度的区域淡化甚至去除。

3)高斯滤波

高斯滤波是以待处理像素为中心,构造一个离散高斯分布的窗口(称为高斯窗口),然后将此窗口的中心覆盖在待处理像素位置,进行卷积,将所得的值作为

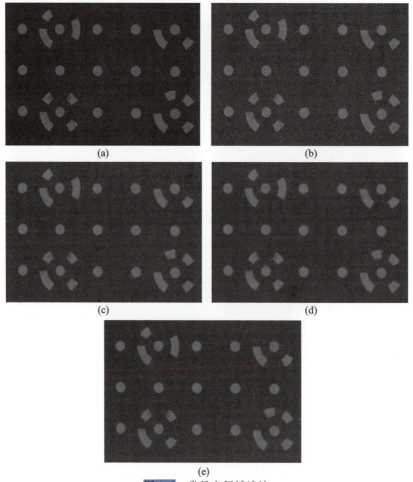

图 3-5 常见空间域滤波

(a)原图;(b)噪声图;(c)均值滤波;(d)中值滤波;(e)高斯滤波

处理后该像素处的灰度值。二维高斯函数的表达式为

$$G(x,y)=\frac{1}{2\pi\sigma^2}\exp\left(-\frac{x^2+y^2}{2\sigma^2}\right) \tag{3-1}$$

式中:σ 为标准差;x 和 y 分别为距离窗口中心的水平和竖直方向上的距离。给定标准差后,可以取距中心 3 倍标准差大小的模板,即尺寸为 $(6\sigma+1)\times(6\sigma+1)$。$\sigma=1$ 时,窗口宽度为 3 和窗口宽度为 5 的高斯模板分别为

$$\frac{1}{15}\begin{bmatrix}1&2&1\\2&3&2\\1&2&1\end{bmatrix},\quad \frac{1}{331}\begin{bmatrix}1&4&7&4&1\\4&20&33&20&4\\7&33&55&33&7\\4&20&33&20&4\\1&4&7&4&1\end{bmatrix}$$

高斯窗口能够去除图像中的高斯噪声,本质上是一个低通滤波器。与均值滤

波相比,它充分考虑了被处理像素不同距离处对应不同的权重,因此对边缘的保留效果要好一些。滤波后图像的平滑程度主要取决于标准差,过大的标准差会引起图像失真,使图像细节对比度下降且边缘模糊。实际中应根据图像的噪声选择合适的滤波器参数,从而得到最佳滤波效果。图 3-5(e)所示为窗口宽度为 5、标准差为 1 时的高斯滤波效果。

2. 频域低通滤波法

在图像信号中,图像的纹理细节、边缘轮廓和随机颗粒噪声等反映在频域内都是高频成分,而灰度过渡平缓的背景是图像的低频成分。因此图像去噪反映在频域内就是选择性地滤除高频成分。处理过程可用式(3-2)表示:

$$\begin{cases} F(u,v) = \text{FFT}[f(x,y)] \\ G(u,v) = H(u,v)F(u,v) \\ g(x,y) = \text{FFT}^{-1}[G(u,v)] \end{cases} \quad (3-2)$$

将含噪声的图像 $f(x,y)$ 进行傅里叶变换后,使用低通滤波器 $H(u,v)$ 进行卷积得到 $G(u,v)$,再进行傅里叶逆变换得到去噪后的图像 $g(x,y)$。由此可见,基于频域的处理方法的关键是用滤波器把有用信号和干扰信号分开,而图像频谱中的这两部分信号往往重叠,因此图像去噪的频域方法的关键是找到合适的低通滤波器来去除高频成分。常见的低通滤波器有理想低通滤波器、Butterworth 滤波器和指数型滤波器。

上述几种图像去噪方法在去除图像高频噪声的同时,也可能会损失图像内边缘轮廓等方面的细节,降低图像的清晰度。此外,小波分析因在时域和频域内同时具有良好的局部化性质和多分辨率分析的特点,能够有效地从不同尺度将噪声从信号中分离,是近几年来在图像去噪方面研究的热点。基于偏微分方程和变分法的图像去噪方法也引起了一定的关注。

3.2.2 图像二值化

二值图像只包括黑色和白色两种颜色。对图像进行二值化处理是指设定门限阈值,将灰度图像中的灰度值通过门限函数变换为仅存在的两个数值。为了使颜色区分明显或者缩小图像体积,这两个数值一般分别对应纯黑和纯白。这种图像处理方法用来区别图像的前景和后景,提取出图像中较为重要的区域和轮廓等。设灰度图像单个像素处的灰度为 $f(x,y)$,二值化后该像素的灰度为 $g(x,y)$,则二值化可以表达为针对图像上所有像素进行式(3-3)所示的计算:

$$g(x,y) = \begin{cases} A, f(x,y) < T(x,y) \\ B, f(x,y) \geqslant T(x,y) \end{cases} \quad (3-3)$$

式中:$T(x,y)$ 表示该像素处设定的阈值;A、B 为二值化后的两个灰度值,在黑白图像中分别取 0 和 1,在灰度图像中一般分别取 0 和 255。

由上述过程可以看出,二值化处理的关键是找到合适的阈值。目前二值化的方法很多,这些方法按照处理过程中阈值是否唯一分为两类:全局阈值法和局部阈值法。

1. 全局阈值法

全局阈值法是指在二值化过程中,每个像素的灰度判定都使用一个恒定的阈值,即 $T(x,y) \equiv T$。全局阈值适用于目标和背景区分较清楚的图像,但是简单地将图像的平均灰度值设定为全局阈值,往往无法得到预期效果。常见的全局阈值类方法有双峰法、最大熵法、大津法和循环阈值法。循环阈值法的具体做法是先设定初始阈值,分割得到前景和后景,然后再将前景均值和后景均值之和的二分之一作为新的全局阈值,重复上述操作,直到前后迭代阈值之差小于1,最后将这个阈值设定为全局阈值进行二值化。下面重点介绍经典的全局阈值法——大津法。

大津法(OTSU法)是日本学者大津展之在1979年提出的。该方法的基本思想是:寻找一个恒定的灰度阈值将图像分成前景和背景两类。因为方差是灰度分布均匀性的度量,方差越大,反映出灰度在类内的跳跃越显著,而类内的灰度应该呈现收缩聚合的状态,所以每个类内部的灰度方差应该尽可能小,也即类间方差最大。因此该方法又称为最大类间方差法。其算法描述如下:

设图像的总像素数目为 M,前景类像素的数目占总像素数目的比例为 w_0,前景类像素灰度的平均值为 u_0,背景类像素所占比例和灰度的平均值分别为 w_1 和 u_1,整个图像的平均灰度为 u。则存在如下关系:

$$\begin{cases} u = w_0 u_0 + w_1 u_1 \\ M = \sum_{i=0}^{255} h_i, w_0 = \frac{1}{M}\sum_{i=0}^{p-1} h_i, w_1 = \frac{1}{M}\sum_{i=p}^{255} h_i = 1 - w_0 \\ u_0 = \sum_{i=0}^{p-1} i \cdot h_i \Big/ \sum_{i=0}^{p-1} h_i, v_0 = \sum_{i=p}^{255} i \cdot h_i \Big/ \sum_{i=p}^{255} h_i \end{cases} \quad (3\text{-}4)$$

式中:h_i 表示图像中灰度值为 i 的像素的个数;p 为前景和后景的分割阈值。

下式取最大值的灰度为全局阈值 T:

$$g = w_0 (u_0 - u)^2 + w_1 (u_1 - u)^2 \quad (3\text{-}5)$$

直接使用该式的计算量较大,可采用如下等价公式:

$$g = w_0 w_1 (u_0 - u_1)^2 \quad (3\text{-}6)$$

大津法在图像的二值化处理中得到了广泛的应用。但若图像中的噪声较大,有悖于算法的假设,则处理效果不太好。图3-6(a)所示为相机采集的标定板局部图像,图3-6(b)所示为通过大津法处理得到的结果。

2. 局部阈值法

有时拍摄到的图像在不同区域的进光量存在差异,造成图像的明暗程度呈现区域性不均匀现象,使用一个全局阈值不能很好地对图像进行二值化处理。这时

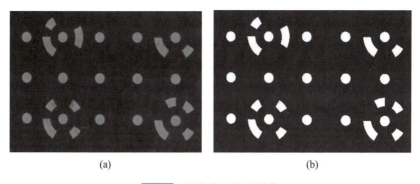

图 3-6 用大津法处理图像
(a)标定板局部图像;(b)大津法处理结果

应该根据局部像素的灰度特征,划分区域甚至逐点建立相应的门限阈值。由于图像一般前景和背景相互复杂地交叠在一起,且存在光强不均现象和噪声,在图像处理领域,往往需要有针对性地使用局部阈值法。局部阈值法的实现过程一般比较复杂,比较典型的局部阈值法有 Bernsen 算法、Niblack 二值化算法等等。

3.2.3 角点检测

角点指图像中尖锐边缘的交叉点或拐点。图像中灰度变化较大的位置往往是图像的轮廓。变化率在数学上用导数表示,在图像上离散为灰度差分。因此,图像内的边缘一阶灰度梯度变化较大,则角点的数学定义是灰度梯度及其方向局部变化最大的位置。多数角点检测方法是基于此原理计算和比较每个像素点处的灰度梯度和方向,从而进行角点提取的。角点反映图像中重要的特征信息,在图像中角点检测已经被广泛应用在目标识别、运动追踪和图像匹配等方面。

在标志点识别中,但凡以交叉点作为定位中心的标志点,即边缘交叉型标志点,如正方形、三角形、十字形标志点都需要检测角点。基于模板的角点检测算法通过构造模板考察像素邻域点的灰度变化,认为邻域内灰度变化大的点为角点。常见的基于模板的角点检测算法有 Harris 角点检测算法、KLT 角点检测算法及 SUSAN 角点检测算法。这里主要介绍 Moravec 角点检测算法、Harris 角点检测算法和 SUSAN 角点检测算法。

1. Moravec 角点检测算法

Moravec 角点检测算法是 Moravec 在 1981 年提出来的。该算法以每个像素为中心建立一个 $w \times w$ 滑动窗口,称为模板,然后将此模板在八个方向上各移动一个像素,如图 3-7 所示,将这八个移动前后模板的相似性(两个模板的相似性为对应像素处灰度差的平方和)之和定义为强度系数。Moravec 认为那些高强度系数对应的像素为角点像素。强度系数用数学公式来描述就是:

$$E_{x,y} = \sum_{u=-1}^{1}\sum_{v=-1}^{1} |I_{x+u,y+v} - I_{x,y}|^2 \tag{3-7}$$

式中：$I_{x+u,y+v}$ 为 Moravec 算子，表示将图像上的像素 $f(x,y)$ 在水平方向上移动 u 个像素、在竖直方向上移动 v 个像素后，再以像素 $f(x,y)$ 为中心形成的模板，如图 3-7 中的模板尺寸为 3×3 像素；$E_{x,y}$ 为像素 $f(x,y)$ 对应的强度系数，用来描述八个方向模板移动前后的相似性之和。

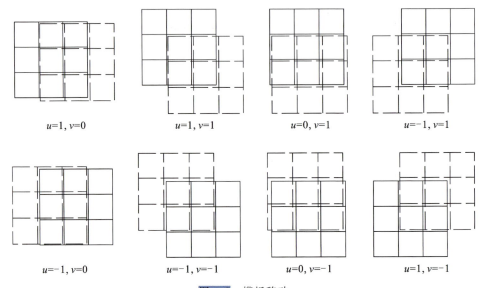

图 3-7 模板移动

这种做法的合理性在于，如果像素位于没有角点的灰度平缓区域，则八个方向上模板移动前后的区域相似度高，灰度差异小，强度系数也小。如果像素位于轮廓线上，则与该边缘平行的方向上相似度高，与该边缘垂直的方向上相似度低，则强度系数较大。如果像素位于角点处，则模板在任意方向上都不具有相似性，则强度系数会很大，且远大于邻域内其他像素对应的强度值。据此，Moravec 角点检测算法求出每个像素处的强度系数后，将大于设定阈值的像素点判定为角点。单纯通过设定阈值来判断会得到大量的假角点，往往需要通过局部极大值抑制来对假角点进行剔除。

从 Moravec 角点检测算法的原理可以发现，这种方法对角点的识别不具有旋转不变性，会将不平行于八个方向的边缘上的像素点误判为角点，因其计算得到的强度系数也很大。同时，该算法对局部区域内的孤立噪点非常敏感，会误认为其是角点。通过增大移动窗口的尺寸可以减少对噪点的误识别，但是这样也会增大计算量。

2. Harris 角点检测算法

由于 Moravec 角点检测算法只是针对八个方向进行相似度计算，对角点的识别不具有旋转不变性,因此,1988 年,Harris 对 Moravec 算子进行改进,提出了著名的 Harris 角点检测算法[4]。

Harris 使用高斯平滑窗口,为窗口的每个位置给定不同的权重:

$$E_{x,y} = \sum_{u,v} w_{u,v} [I(x+u,y+v) - I(x,y)]^2 \tag{3-8}$$

$$w_{u,v} = \exp\left(-\frac{u^2+v^2}{2\sigma^2}\right) \tag{3-9}$$

对 Moravec 算子采用微分的思想,进行一阶 Taylor 展开,并省略高阶无穷小项,得

$$I(x+u,y+v) = I(x,y) + I_x u + I_y v \tag{3-10}$$

在角点提取之前进行高斯平滑,则:

$$E_{x,y} = \begin{bmatrix} x & y \end{bmatrix} \boldsymbol{M} \begin{bmatrix} x \\ y \end{bmatrix}, \quad \boldsymbol{M} = \begin{bmatrix} I_x^2 & I_x I_y \\ I_x I_y & I_y^2 \end{bmatrix} = \begin{bmatrix} A & C \\ C & B \end{bmatrix} \tag{3-11}$$

定义角点响应函数 r,其表达式为

$$r = \det \boldsymbol{M} - k(\operatorname{tr} \boldsymbol{M})^2 \tag{3-12}$$

式中:$\operatorname{tr}\boldsymbol{M} = \alpha + \beta = A + B$,$\det\boldsymbol{M} = \alpha\beta = AB - C^2$。$\alpha$ 和 β 表示矩阵 $\boldsymbol{M}$ 的特征值。若二者都很小,则该像素点对应图像的平坦位置;若一大一小,则该像素点位于图像的边缘轮廓上;若二者都很大,则该像素点为角点。

Harris 角点检测的步骤如下:

(1) 对图像进行高斯平滑,计算每个像素在水平和竖直方向上的一阶灰度梯度,计算公式为

$$\begin{cases} I(x,y)_x = I(x+1,y) - I(x-1,y) \\ I(x,y)_y = I(x,y+1) - I(x,y-1) \end{cases} \tag{3-13}$$

(2) 针对每个像素计算自相关矩阵:

$$\boldsymbol{u}(x,y) = \begin{bmatrix} I_x^2(x,y) & I_x(x,y)I_y(x,y) \\ I_x(x,y)I_y(x,y) & I_y^2(x,y) \end{bmatrix} \tag{3-14}$$

(3) 采用式(3-12)进行角点判断,有

$$r = \det \boldsymbol{u} - k(\operatorname{tr}\boldsymbol{u})^2 \tag{3-15}$$

系数 k 一般取 $0.04 \sim 0.15$。r 为正值时检测到的是角点,r 为负值时检测到的是边,r 很小时检测到的是平坦区域。

(4) 非极大值抑制。单纯通过 r 值来判断所检测到的是否为角点,可能获得的角点特征较多,但是某些角点特征并不突出。因此需要进行极大值抑制,即将每个像素处与其周围的八邻域处的 r 值进行比较,如果该像素处的 r 值是最大值,则该像素为角点。

Harris 角点检测有如下几个特征:

(1) 由于角点检测涉及图像的一阶微分运算,因此该方法对图像轻微的亮度

和对比度变化不敏感;

(2)角点检测利用的是二阶矩阵的特征值,对应于椭圆区域的长轴和短轴的倒数,因此该算法对角点的识别具有旋转不变性。

(3)不具备尺度不变性。

在关于相机标定的标志点图像处理中,Harris角点检测算法常被使用在对棋盘格角点的提取上。通过经典Harris角点检测算法得到的角点是整像素的,为了为相机标定提供精确的特征点坐标,一般还需要附加算法对角点进行优化,定位其亚像素位置。图3-8所示为使用Harris角点检测算法在棋盘格图像上提取到的角点。

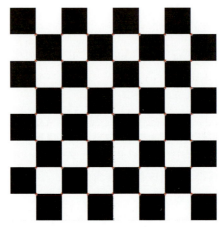

图3-8　Harris角点提取

3. SUSAN 角点检测算法[5]

SUSAN(smallest univalue segment assimilating nucleus)角点检测算法是S. M. Smith和J. M. Brady于1997年提出的一个比较有名的角点检测算法:建立一个圆形的模板,以图像上每个像素位置作为模板中心,计算模板中心与其余位置处像素点的灰度差,通过设定阈值统计模板内灰度差异大的元素的个数来判断该像素点是否为角点。该算法认为角点的邻域内有足够多的像素点与该角点存在很大的灰度差异。

SUSAN角点检测的原理如图3-9所示。当圆形的像素模板位于灰度平坦的区域(背景或目标中)时,模板中心处像素点与其余位置处像素点的灰度差异小,统计的灰度差异大的元素个数较少;当角点为模板中心时,统计的灰度差异大的元素个数较多;当模板接触到物体轮廓时,灰度差异大的元素的个数介于前两种情况之间;当灰度差异大的元素个数与差异小的元素个数相等时,模板中心位于图像内的某个直线段上。

SUSAN角点检测的步骤是:

(1)选择一个圆形的像素模板,通常选择为7×7像素块的近似内切圆,即一

第 3 章 人工标志点识别技术

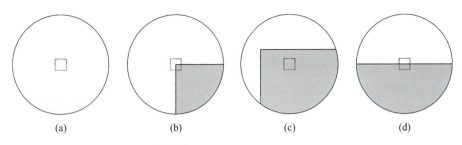

图 3-9 SUSAN 角点检测原理

(a)模板在区域外;(b)模板中心位于角点;(c)模板中心在区域内;(d)模板中心在直线段上

个边长为 3 个像素的正六边形,模板内一共包含 37 个像素。将模板的中心放置在图像任意一个像素点处,计算模板中心处像素的灰度值 $I(r_0)$ 与模板内其余每个位置处像素的灰度值 $I(r)$ 之差的绝对值。设定一个灰度差阈值 t,如果 $|I(r)-I_0(r)|$ 小于或等于阈值 t,说明这两个像素的灰度相似,将判别函数 $c(r,r_0)$ 记为 1,否则记为 0,即

$$c(r,r_0)=\begin{cases}1 &,|I(r)-I(r_0)|\leqslant t\\0 &,|I(r)-I(r_0)|>t\end{cases} \quad (3\text{-}16)$$

(2)计算将图像上任意一个像素作为模板中心时,模板内 $c(r,r_0)$ 为 0 的个数 $n(r_0)$:

$$n(r_0)=\sum_{r\neq r_0}c(r,r_0) \quad (3\text{-}17)$$

(3)设定一个阈值 g,可选择模板内元素个数的一半,计算每个像素处对应的 $R(r_0)$,得到候选角点:

$$R(r_0)=\begin{cases}g-n(r_0),n(r_0)\leqslant g\\0 \quad ,n(r_0)>g\end{cases} \quad (3\text{-}18)$$

(4)进行非极大值抑制。对这些候选角点在邻域内进行局部最大值判定,若候选角点对应的 $R(r_0)$ 在其局部范围内是最大值,则确定为角点,否则舍去这个候选角点。

从以上过程可以看出,在整个计算中设置了两次阈值。阈值 t 决定着角点检测的个数。t 较小时,对灰度差异大的认定条件宽,则获得的检测角点更多。t 值的选取需要根据图像的对比度和噪声而定,对于对比度大的图像,可选择较小的 t 值。阈值 g 影响着检测角点的形状,g 较小时,灰度差异大的元素的个数要求更严格,这样会丢弃不太尖锐的角点,只保留锋利的角点,角点的数量将减少,但是质量会提高。

SUSAN 角点检测中求灰度差分绝对值之和实际上是一个积分过程,该过程能够对高斯噪声产生一定的抑制作用。由于不牵涉灰度梯度,其计算简单,因此该算法是角点检测中经常使用的一种方法。

3.2.4 边缘检测

在人工标志点识别中,对方形和十字形的标志点需要识别其角点,而对封闭填充型标志点,如圆形标志点等不具有角点特征的标志点,就不能采用角点检测方法了,但是圆形标志点的轮廓和中心可以由确定的方程定义,提取出其边缘轮廓,再利用特定的方程拟合出其中心坐标即可实现标志点的定位。此即边缘检测算法。

边缘检测和角点检测一样,是基于图像处理的人工标志点识别的主要工作。边缘指的是图像内不同灰度区域的交界线,也称为边界。有的边界很细,即边界两边的灰度存在很大的差异;有的边界较宽,边界处呈现灰度变化由小到大再变小的趋势。边缘是图像中物体的重要特征,也常常被用来做图像分割。边缘检测一般是在图像中寻找灰度梯度明显变化的部位。对于过渡型边缘,还需要再求解二阶灰度梯度。图像作为二维离散信号,使用灰度差分计算梯度。不同的差分形式衍生出不同的边缘检测算子。其中有名的边缘检测算子包括 Robert 算子、Sobel 算子、Prewitt 算子、LoG 算子和 Canny 算子。为了编程方便,可以把这些算子写成矩阵的形式,然后将模板在图像上进行卷积,从而得到每个像素处的灰度梯度值。通过与设定的阈值进行比较,可得到定义为边缘的像素点。

1) Robert 算子

Robert 算子用于计算对角线上的灰度差分,计算量小,但是边缘定位的精度不是很高,适用于对边缘明显且噪声较少的图像的检测。Robert 算子的模板为 $\begin{bmatrix} 1 & 0 \\ 0 & -1 \end{bmatrix}$ 和 $\begin{bmatrix} 0 & 1 \\ -1 & 0 \end{bmatrix}$,分别代表 $\frac{\pi}{4}$ 和 $\frac{3\pi}{4}$ 方向上的灰度梯度。写成表达式为

$$\begin{cases} G_x(x,y) = f(x,y) - f(x+1,y+1) \\ G_y(x,y) = f(x+1,y) - f(x,y+1) \end{cases} \tag{3-19}$$

定义图像在点 (x,y) 处的灰度梯度幅值 $G(x,y) = |G_x(x,y)| + |G_y(x,y)|$,若 $G(x,y)$ 大于某一阈值,则认为点 (x,y) 为边缘点。

2) Prewitt 算子

Prewitt 算子用于水平与垂直方向检测的模板分别为

$$\begin{bmatrix} -1 & -1 & -1 \\ 0 & 0 & 0 \\ 1 & 1 & 1 \end{bmatrix}, \begin{bmatrix} -1 & 0 & 1 \\ -1 & 0 & 1 \\ -1 & 0 & 1 \end{bmatrix}$$

水平和竖直方向上的灰度梯度都利用近邻取平均,因此检测过程能够避开噪声。这种取平均的计算相当于低通滤波,因此检测的精度不如 Robert 算子,且通过水平梯度和竖直梯度在倾斜方向上进行边缘检测的完整性不及 Robert 算子。

3) Sobel 算子

与 Prewitt 算子不同,Sobel 算子认为不同距离处的灰度梯度应该具有不同的

权重,两侧的灰度梯度的权重应该小于中间的。Sobel 算子的两个模板为

$$\begin{bmatrix} -1 & -2 & -1 \\ 0 & 0 & 0 \\ 1 & 2 & 1 \end{bmatrix}, \begin{bmatrix} -1 & 0 & 1 \\ -2 & 0 & 2 \\ -1 & 0 & 1 \end{bmatrix}$$

分别计算像素处的竖直梯度和水平梯度。另外有一种各向同性 Sobel 算子,沿不同方向检测边缘时梯度幅度一致,其两个模板为

$$\begin{bmatrix} -1 & -\sqrt{2} & -1 \\ 0 & 0 & 0 \\ 1 & \sqrt{2} & 1 \end{bmatrix}, \begin{bmatrix} -1 & 0 & 1 \\ -\sqrt{2} & 0 & \sqrt{2} \\ -1 & 0 & 1 \end{bmatrix}$$

4) LoG 算子

拉普拉斯(Laplacian)算子是二阶微分算子,其卷积模板具有旋转不变性,即图像旋转变换后使用该模板检测的结果不变。拉普拉斯算子的两个模板为

$$\begin{bmatrix} 0 & -1 & 0 \\ -1 & 4 & -1 \\ 0 & -1 & 0 \end{bmatrix}, \begin{bmatrix} -1 & -1 & -1 \\ -1 & 8 & -1 \\ -1 & -1 & -1 \end{bmatrix}$$

二阶微分对图像的噪声比较敏感,如果使用拉普拉斯算子检测带有噪声的图像,则噪点边缘会更容易检测出来。因此若图像中存在噪声,一般先对图像进行高斯滤波,然后再使用拉普拉斯算子检测边缘。由于高斯滤波同样可用模板卷积,因而将高斯算子模板和拉普拉斯算子模板合并为一个卷积模板,所得到的算子称为高斯型拉普拉斯(Laplacian of Gaussian,LoG)算子。

5) Canny 算子

在众多的边缘检测算子中,Canny 算子因定义最为严格的边缘检测的三个标准(即信噪比、定位性能、单边响应特性)而得到广泛的应用。要求高信噪比,能够有效地抑制噪声,对非边缘点和边缘点有很好的区分度,在检测尽可能多的边缘的情况下,不会因为噪点轻易将非边缘点判定为边缘点;定义好的定位性能,则检测的边缘准确;定义单边响应特性,则单个边缘只有唯一的响应。Canny 边缘检测算法主要包括四个步骤,检测流程如图 3-10 所示。

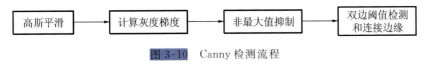

图 3-10　Canny 检测流程

Canny 边缘检测算法的计算过程如下。

(1) 进行高斯平滑处理。

Canny 边缘检测器是高斯函数的一阶导数,能够尽可能地保证抗噪性能与边缘定位精度。若用 $f(x,y)$ 表示图像,使用高斯滤波器与图像进行卷积,就可以得到滤波后的图像 $S(x,y)$。一般做二维图像的高斯滤波处理时可以先后通过 X 方

向和 Y 方向上的一维的高斯核进行卷积,从而提高滤波处理的速度:

$$S(x,y)=G(x,y,\sigma)*f(x,y) \qquad (3-20)$$

式中:σ 为高斯函数的滤波尺度,其取值越大,图像的灰度过渡越平滑。

(2)计算灰度梯度幅值。

使用一阶差分算子 $\begin{bmatrix} 1 & -1 \\ 1 & -1 \end{bmatrix}$ 和 $\begin{bmatrix} -1 & -1 \\ 1 & 1 \end{bmatrix}$ 计算图像 $S(x,y)$ 在 X 和 Y 方向上的灰度梯度幅值 $P(x,y)$ 与 $Q(x,y)$:

$$\begin{cases} P(x,y)=[S(x,y)-S(x+1,y)+S(x,y+1)-S(x+1,y+1)]/2 \\ Q(x,y)=[S(x,y+1)-S(x,y)+S(x+1,y+1)-S(x+1,y)]/2 \end{cases} \qquad (3-21)$$

每个算子位置梯度的幅值和方向也可以求出:

$$\begin{cases} M(x,y)=\sqrt{P^2(x,y)+Q^2(x,y)} \\ \theta(x,y)=\arctan\dfrac{Q(x,y)}{P(x,y)} \end{cases} \qquad (3-22)$$

计算灰度梯度幅值也可以使用其他算子如 Sobel 算子等。

(3)进行非极大值抑制。

对于幅值图像阵列 $M(x,y)$,还不能确定幅值大的点对应的就是边缘点。对于较宽的过渡型边缘,需筛选出一条细的线条来代表这个边缘。具体做法是,针对每一个像素,根据该像素的灰度梯度方向,求出过该像素直线与其八邻域边界的两个交点,并线性插值求出这两个交点处的灰度梯度。若被考察像素处的灰度梯度大于沿着其梯度方向的邻域边界的两个交点的灰度梯度,则保留这个像素点,并将其作为候选边缘点。

(4)阈值化处理。

设定幅值的高阈值 T_h 和低阈值 T_l,通常 T_l 为 T_h 的 $\dfrac{1}{3} \sim \dfrac{1}{2}$。若候选边缘点处的灰度梯度幅值大于 T_h,则确定为边缘点;若小于 T_l,则不是边缘点。介于二者之间的像素点,如果其八邻域中存在灰度梯度幅值大于 T_h 的边缘点,则该像素点是边缘点,否则不是。其中阈值的选取可参考对图像的幅值统计。

由上述的 Canny 算子可以看出,实际使用中应合适地选取的参数包括高斯滤波尺度,高、低阈值。Canny 边缘检测以后得出图像上每个像素是否为边缘点的结论,因此可以构建一个二值化的图像来表达该图像的边缘。由于 Canny 边缘检测具有准确的边缘精度,因此对于标志点边缘的提取常使用 Canny 算法。图 3-11 是使用 Canny 算子对标定板图像进行检测所得到的结果。

3.2.5 亚像素边缘提取

Canny 边缘检测得到的是整像素级别的边缘,为了准确确定标志点的中心,

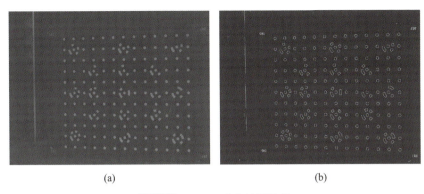

图 3-11　Canny 边缘检测结果

需要得到亚像素边缘。这里介绍对整像素边缘使用梯度均值法进行亚像素边缘提取的方法[6,7]，其主要流程包括：

(1) 在整像素边缘点上沿梯度方向求灰度梯度幅值 $G(x,y)$；

(2) 根据 $G(x,y)$ 的值，设定阈值 T，计算沿梯度方向上 $G(x_i,y_i)>T$ 的像素点个数 n。

(3) (Gx_i,Gy_i) 是在 (x_i,y_i) 位置处的梯度分量，则亚像素边缘位置相对于整像素边缘点的偏移分量为：

$$\Delta x = \frac{\sum_{i=1}^{n} Gx_i \mathrm{d}x_i}{\sum_{i=1}^{n} Gx_i}, \quad \Delta y = \frac{\sum_{i=1}^{n} Gy_i \mathrm{d}y_i}{\sum_{i=1}^{n} Gy_i} \tag{3-23}$$

设整像素边缘为 (i,j)，如图 3-12(a) 所示，其灰度梯度方向为 α，则当 $\alpha_1<\alpha<\alpha_2$ 时，沿灰度梯度方向需计算梯度幅值的两个点是 $(i-1,j-1)$ 和 $(i+1,j+1)$，且 $\alpha_1=\arctan(1/3)$，$\alpha_2=90°-\alpha_1$，由此可以在八邻域内沿着梯度方向找到经过的两个边界像素点。

在上述计算过程中需要求解在亚像素位置处的灰度及灰度梯度。可在距离该亚像素位置最近的四个像素点内使用双线性插值求得。其原理为两次一维线性插值(见图 3-12(b))。计算公式如下：

$$\begin{aligned}g(x,y)=&(1-a)(1-b)g(i,j)+a(1-b)g(i+1,j)\\&+b(1-a)g(i,j+1)+abg(i+1,j+1)\end{aligned} \tag{3-24}$$

式中：$g(x,y)$ 为图像 (x,y) 位置处的灰度或灰度梯度；$i<x<i+1,j<y<j+1$；$a=x-i,b=y-j$。

3.2.6　椭圆中心拟合

为了得到标志点准确的定位中心，对提取的亚像素轮廓坐标使用最小二乘法

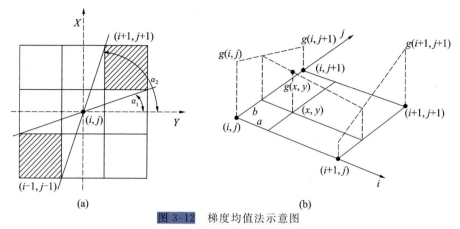

图 3-12 梯度均值法示意图
(a)亚像素边缘点；(b)双线性插值

拟合椭圆，用 3σ 原则剔除粗大误差，进行迭代运算，直到稳定[7,8]。椭圆的参数为：椭圆中心位置坐标 (X,Y)，长轴 a，短轴 b，长轴与 X 轴的夹角 θ。迭代公式为

$$(X_i, Y_i) = (x_i - m, y_i - n)\begin{bmatrix} \cos\theta & -\sin\theta \\ \sin\theta & \cos\theta \end{bmatrix} \tag{3-25}$$

σ 的计算式为

$$\sigma = \sqrt{\frac{1}{N-1}\sum_{i=1}^{N}\left(\frac{X_i^2}{a^2} + \frac{Y_i^2}{b^2} - 1\right)^2} \tag{3-26}$$

按 3σ 原则剔除粗大误差的计算式为

$$\left|\frac{X_i^2}{a^2} + \frac{Y_i^2}{b^2} - 1\right| < 3\sigma \tag{3-27}$$

式中：m、n、a、b、θ 为上一次椭圆拟合得到的参数；(x_i, y_i) 为经过上一次迭代剔除粗大数据后剩下的椭圆边缘坐标；(X_i, Y_i) 为对 (x_i, y_i) 进行坐标系转换后，椭圆中心在原点的标准椭圆的边缘坐标；N 为构成椭圆的亚像素边缘坐标点的个数。按式(3-27)保留偏差较小的边缘点，并重复按照式(3-25)、式(3-27)进行拟合和剔除，直到保留点的个数不再变化，这样就得到了椭圆的最终参数。

3.2.7 基于梯度的分块法检测

在光学测量中，常常使用分辨率较高的相机对布置有标志点的场景拍照。如近景工业摄影测量往往使用分辨率高于 1000 万像素的单反相机。这么大的图像数据，如果直接使用上述 Canny 检测方法，尤其是在处理的照片数目较多的情况下，检测效率将会很低。

由于图像检测的目的主要是获取标志点的坐标，而标志点在图像上只占有少量的像素区域。直接使用 Canny 算法去检测包括背景在内的整张图像，不仅会拖

慢计算速度,而且会带来大量不需要的边缘,造成后期轮廓提取的干扰。而使用分块检测的思路,先确定标志点在图像中的大致位置,然后在包含每个标志点的邻域内进行 Canny 检测,就能够极大地提高效率[8]。

由于拍摄的光线和角度问题,对于一般油纸印刷的标志点,不同亮度处的标志点的灰度差异很大。如果采用二值化的方法寻找标志点大概位置则难以确定分割阈值。标志点的明暗程度不同,但是标志点与背景在交界处存在的灰度差异却基本一致。首先对图像求解灰度梯度(见图 3-13(a)),再对灰度梯度矩阵进行二值化处理。在对经二值化处理的图像去噪后可得到标志点的大体位置(见图 3-13(b))。采用基于梯度的分块法,可以快速地检测得到千万级像素图像中的标志点。

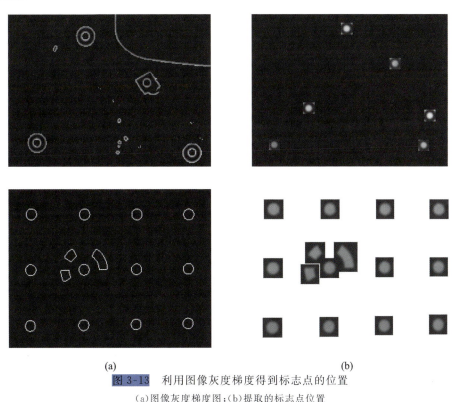

(a) (b)

图 3-13 利用图像灰度梯度得到标志点的位置

(a)图像灰度梯度图;(b)提取的标志点位置

3.2.8 编码标志点检测

非编码标志点检测只需要计算椭圆的亚像素中心即可,而编码标志点检测还需要识别编码点的编号。非编码标志点的椭圆参数可通过上述方法检测出来。因编码点的中心是非编码标志点,其也将被检测出来。

编码标志点的检测流程大致如图 3-14 所示。先针对每个非编码标志点,判断其周围是否存在环带,若存在环带则确定整个标志点为编码标志点。由于编码标志点中心的小圆与外围环带是同心圆,利用拟合小圆轮廓得到的椭圆参数,对小圆的外围环带进行采样,根据采样得到的结果确定标志点的类型。分析编码标志点外围环带的径向范围,并将环带分为编码位数的整数倍,得到一个圆周上的若干个扇区。对每个扇区内的灰度进行采样,得到一个灰度值用于描述每个环带,再综合所有环带的灰度信息,得到编码序列。最后对编码序列进行循环移位,求出对应的最大十进制数字,并查表得到标志点的编码。具体计算过程如下[9]。

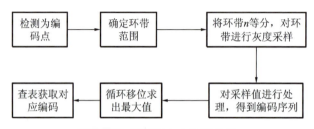

图 3-14　编码标志点检测流程

第一步,确定环带范围。由于经过投影变换,编码环带的范围变化不大,但由于光照以及噪声等因素的影响,图像中的环带范围与实际设计值有一定的出入。为了保证编码识别的准确率,对编码标志点环带范围的检测是十分必要的。令设计的环带范围为(m_1, m_2),则环带内椭圆(见图 3-15)的长轴和短轴分别为$m_1 a$和$m_1 b$,环带内椭圆的长轴和短轴分别为$m_2 a$和$m_2 b$。为了得到更准确的环带范围,将设计的环带范围扩展为(m_1', m_2'),有$m_1' = m_1 - \Delta m, m_2' = m_2 + \Delta m$。首先根据标志点所在的局部区域的图像灰度确定一个灰度阈值T_r,然后分别用m_1'和m_2'确定一个与中心椭圆同心的椭圆环,在这个椭圆环的不同旋转角度的径向上采样,采样点的灰度值需要大于灰度阈值T_r,采样点数足够之后就可以利用这些采样点与标志点中心之间的距离来确定准确环带的范围。

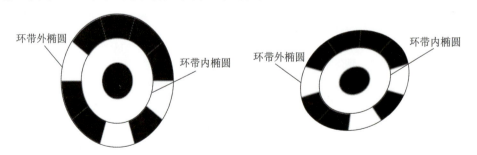

图 3-15　环带范围示意图

第二步,编码识别。将上一步确定的环带范围$(m_{\min}, m_{\max})$等分为四个区间,利用这四个区间的边缘值,可以得到五个与中心椭圆同心的椭圆,如图 3-16 所示。在这五个椭圆中,最小的与环带的内椭圆重合,最大的与环带的外椭圆重合。将椭圆圆周分成 $k \cdot n$(n 为编码位数,$k \geqslant 3$)等份,得到一个步进角度,然后按照步进角度循环一圈,提取每个端点处的灰度值,每个端点处坐标按照下式计算:

$$[x \quad y] = [a\cos t \quad b\sin t] \begin{bmatrix} \cos(-\theta) & -\sin(-\theta) \\ \sin(-\theta) & \cos(-\theta) \end{bmatrix} + [x_0 \quad y_0] \quad (3-28)$$

式中:x_0、y_0、a、b 和 θ 为椭圆检测后得到的椭圆参数;t 为旋转角度。

在这五个椭圆上采样(见图 3-16),同一个角度的径向上就有五个采样点,用这五个采样点的灰度均值与灰度阈值相比较来判定环带在该角度上的颜色,若为白色则赋值为 1,若为黑色则赋值为 0。通过对整个环带进行采样可以得到一个长度为 $k \cdot n$ 的由 0 和 1 组成的数字序列。

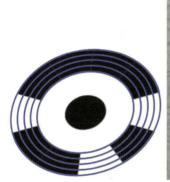

图 3-16　构造椭圆与环带采样

第三步,解码处理。首先将环带采样完之后得到的 $k \cdot n$ 位数字序列循环移位,使得第一个数和最后一个数不相同即可。接着将移位后的数字序列等分成 n 个长度为 k 的数字序列,通过每个序列中 0 和 1 的个数可以判定该编码点在某一位置上是 0 还是 1。通常,若编码标志点在该位置上是白色的,则其对应的一个数字序列应该是连续的 k 个 1,若是该位置的前一位置或者后一位置为黑色,则其对应的一个数字序列应该是连续的 k 个 0。经过处理,最终可以得到 n 位的编码序列,按照 3.1.2 节所述编码规则可确定该编码标志点的编号。

3.3　人工标志点在光学三维测量中的应用

人工标志点最直接的作用就是为拍摄场景的图像提供准确的特征点坐标。在相机标定环节,将人工标志点印刷在标定板上用于求解相机的内外参数;在三维重建环节,通过标定的相机参数可以计算标志点的空间坐标。在结合机器视觉的工业测量领域,人工标志点被广泛使用在物体识别、运动追踪、形位分析、轮廓扫描等场合。以下结合西安交通大学模具与先进成形技术研究所研制的近景工业摄影测量系统 XJTUDP、三维光学面扫描系统 XJTUOM、三维动态变形测量系统 XJTUDA,简要介绍人工标志点在工业测量中的作用。

3.3.1 近景工业摄影测量

近景工业摄影测量可以得到布置在场景中的人工标志点的坐标:在被测物体的关键位置粘贴非编码标志点,同时在被测物体周围布置一些编码标志点,再使用单反相机在定焦模式下对场景从不同角度拍摄灰度照片,通过光束平差计算,得到场景中布置的标志点在同一个坐标系下的空间坐标。因此,在工业生产中,常将人工标志点用在近景工业摄影测量中,以进行物体表面关键轮廓的获取和模具偏差的检测。图 3-17 所示为某汽车外形轮廓的测量实例。

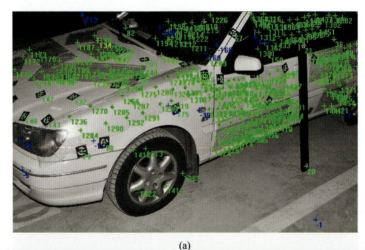

(a)

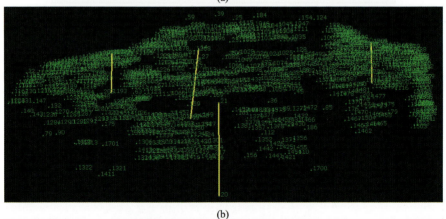

(b)

图 3-17 某汽车外形轮廓测量实例

(a)汽车表面标志点布置情况;(b)标志点三维重建结果

在注塑模具表面关键位置布置标志点,获得这些关键点的空间坐标,经厚度补偿后,将这些点集的坐标系与设计模具的 CAD 模型的坐标系对齐,可确定模具设计尺寸和制造尺寸之间的偏差。图 3-18(a)所示为某汽车模具厂用于铸造的泡沫实型。该泡沫实型由数控机床加工,加工过程中容易出错。加工失误的实型若用于铸造会使工件报废,所以应在铸造之前对泡沫实型进行尺寸检测,如果不合格则需要返修。而该类泡沫实型形状复杂,多是曲面,采用传统的测量方法很难满足要求。可采用摄影测量的方法,首先在泡沫实型上需要检测的位置布置非编码标志点,然后布置一些编码标志点,用单反相机拍摄一组照片,经过摄影测量计算后得到标志点三维坐标。利用坐标转换将标志点集与数模对齐并计算偏差,就可以求出泡沫实型的加工误差。图 3-18(b)所示为泡沫实型的彩色偏差图谱。

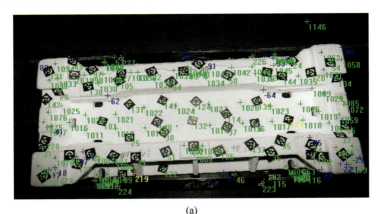

(a)

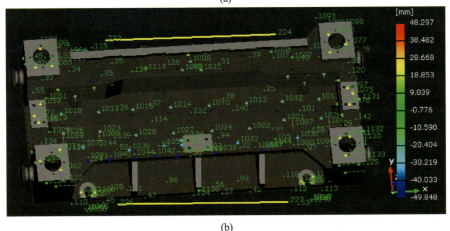

(b)

图 3-18 某模具形位检测
(a)泡沫实型标志点布置情况;(b)泡沫实型偏差图谱

另外,近景工业摄影测量也用在静载变形测量场合[10,11]。在工件关键位置布置标志点,首先摄影测量工件不受力时标志点处的三维坐标;然后加载,待载荷稳定后,再次进行摄影测量,得到这些标志点在加载后的三维坐标。对前后状态中世界坐标系下绝对静止的编码标志点进行坐标对齐,就可以考察被测物体上布置标志点的位置在每个载荷状态下的位移变形情况,如图 3-19 所示为某桁架在不同载荷下的三维位移变形测量。

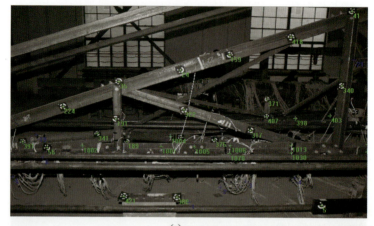

(a)

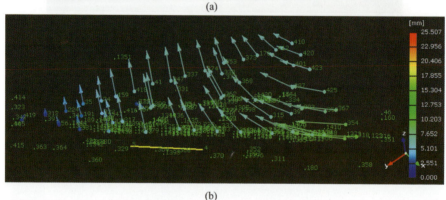

(b)

图 3-19　某桁架静态变形测量
(a)某桁架标志点布置情况；(b)三维位移变形

3.3.2　面扫描拼接

在现代设计造型中,当产品已经存在时,拟设计的产品的主体结构不需要改变,只是对其进行小范围修改,如果直接测绘则效率较低,这时就需要获取产品的数字化模型,这个过程即 3D 反求。现在行业内普遍采用的方法就是利用扫描技术获取描述被测物体形貌的密集点云,然后对其进行三角网格化封装,建立体式几何结构,再使用 3D 打印等技术快速生成模型。

在 3D 反求过程中,首先需要对物体进行扫描以获取它的表面形貌。单次扫描一般无法获得整个轮廓,需要从不同角度获取物体不同区域的轮廓再加以拼接。如果仅仅依靠公共区域的点云特征进行拼接,受到扫描精度和公共区域的大小的影响,可能会产生整体点云出现重影的现象且效率很低,尤其是扫描点云的文件个数较多时。为了保证拼接精度,可在扫描视场中布置一些人工标志点,然后在扫描过程中利用双目立体视觉技术求出这些标志点的三维坐标,用于两幅点云之间的坐标对齐。在单幅点云文件内,标志点与物体局部点云的相对位置不变,而且,所有标志点的空间位置关系保持不变。当两幅点云的公共标志点的数量最少要求有 4 个时,就可以利用这些点对进行坐标转换。同理,也可以先测量得到物体表面的标志点坐标,作为参考点,再利用这些参考点对扫描得到的所有单幅点云进行点云配准。如图 3-20 所示,为了获取油桶整个表面的点云,首先在它的外表面上布置适当数目的标志点作为全局点,通过摄影测量计算出这些标志点的三维坐标。在使用面扫描系统时,双目相机可以在扫描油桶局部点云的同时重建出视场内可见的标志点坐标,这样每幅点云都可以通过这些标志点坐标转换到全局坐标系下,实现油桶整个外轮廓的测量。

(a) (b)

图 3-20 标志点辅助轮廓扫描

(a)布置标志点;(b)扫描得到的油桶点云

3.3.3 动态变形与追踪

在双目立体视觉中,标定完相机的内外参数后,左右图像中的同名标志点的三维坐标即可以被计算出来,如图 3-21 与图 3-22 所示。如果配合高速相机,可动态地实现轨迹追踪和高速变形。如在汽车测量中,在车轮上布置标志点,可以监测车轮在转动过程中这些标志点的运动轨迹;当车体在承受不断变化的载荷时,通过快速地采集车体上带有标志点的图像,可以实时获取当前载荷下标志点处的变形量等。

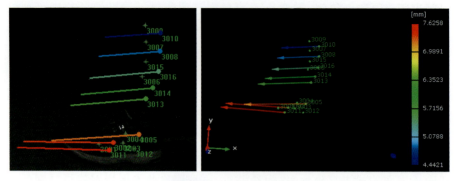

图 3-21　小腿行走跟踪

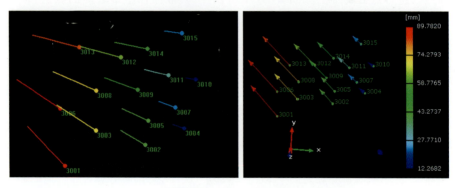

图 3-22　车门闭合测量

3.4　本章小结

本章介绍了编码标志点与非编码标志点的设计原则以及常见的人工标志点；介绍了用于人工标志点检测的图像处理方法；给出了针对边缘交叉型标志点的角点检测方法和针对圆形标志点的轮廓检测方法；对人工标志点在光学测量方面的应用进行了论述，人工标志点在光学测量方面主要用于测量物体表面关键位置的坐标、扫描时的全局拼接，以及动态变形追踪。这里值得一提的是，MATLAB 和 OpenCV 是两个常用的图像处理工具，它们都包含有可供调用的图像处理函数，能够为标志点识别程序的快速开发提供很大帮助。

参 考 文 献

[1] 范生宏. 工业数字摄影测量中人工标志的研究与应用[D]. 郑州：中国人民解放军战略支援部队信息工程大学，2006.

[2] 林聪聪. 立体视觉中特征标志的研究及应用[D]. 西安:西安电子科技大学,2014.

[3] HARRIS C. A combined corner and edge detector[DB/OL]. [2018-5-16]. https://web.stanford.edu/class/cs231m/references/harris-stephens.pdf.

[4] SMITH S M,BRADY J M. SUSAN—A new approach to low level image processing[J]. International Journal of Computer Vision,1997,23(1):45-78.

[5] GONZALEZ R C,WOODS R E,EDDINS S L. 数字图像处理(MATLAB版)[M]. 阮秋琦,等译. 北京:电子工业出版社,2013.

[6] 许策. 近景数字摄影测量系统编码点检测关键技术研究[D]. 天津:河北工业大学,2011.

[7] 肖振中. 基于工业摄影和机器视觉的三维形貌与变形测量关键技术研究[D]. 西安:西安交通大学,2010.

[8] 苏新勇. 数字近景工业摄影测量中编码标志点识别与检测技术的研究[D]. 淄博:山东理工大学,2014.

[9] 胡浩. 多尺度板料成形应变场三维检测研究[D]. 西安:西安交通大学,2014.

[10] XIAO Z Z, LIANG J, YU D h, et al, Large field-of-view deformation measurement for transmission tower based on close-range photogrammetry [J]. Measurement,44(9):1705-1712,2011

[11] XIAO Z Z, LIANG J, YU D H, et al. Rapid three-dimension optical deformation measurement for transmission tower with different loads[J]. Optics and Lasers in Engineering,2010,48(9):869-876,2010.

第 4 章 相机标定技术

计算机视觉的主要任务是从拍摄的二维图像中解析出对应场景的三维信息，如表征物体几何形状的关键位置的坐标，甚至是描述其整个表面轮廓的点云，由此识别或重建物体。对现实场景到相机芯片上的成像过程建立模型并给予数学描述，是实现二维到三维的映射的桥梁。一般在建立相机成像模型后，通过实验与计算求解其参数的过程称为相机标定(camera calibration)，其本质是建立二维图像与三维模型的坐标映射关系。相机标定的精度直接影响着三维重建的准确性。

第 2 章讨论了针孔相机小孔成像模型和透视投影模型这两种常用的等效模型。如前所述，由于相机芯片、镜头等在制造和安装过程中的误差，成像并不严格遵照上述模型而存在畸变。因此需要在理想模型的基础上建立畸变模型，加入一些补偿畸变的参数以对理想成像模型进行校正。这样，相机标定就变成求解包括镜头畸变、主点误差等在内的相机内参数和相机外参数。本章将介绍常用的几种相机标定方法。

4.1 标定方法概述

鉴于相机标定的重要性，大量学者对此进行了研究，提出了多种相机标定理论与技术[1]。已有的相机标定方法按照不同的规则，可以划分为不同的类型。

1. 线性标定法和非线性标定法[2,3]

根据成像模型的复杂程度，相机标定方法可分为线性标定法和非线性标定法。线性标定法是指采用理想的成像模型对相机的内外参数进行标定。理想的相机成像模型是小孔成像模型，采用这种模型时，空间物体的大小与相机芯片上的成像关于镜头中心成线性比例关系。但是由于畸变的存在，成像会出现一定偏差，因此需要使用一些畸变系数对成像模型进行校正。加入畸变系数后的小孔成像模型就成了非线性模型，采用这种非线性成像模型对相机的内外参数进行标定的方法称为非线性标定法。非线性标定法求解的参数较多，在迭代和优化时需要较为准确的初值，且搜索得到的结果也可能不是最优解。但由于非线性模型更接近真实的成像过程，因此，一般使用非线性标定法对相机的内外参数进行标定。

2. 单目标定法、双目标定法和多目标定法

根据视觉系统所包含的相机数目，相机标定方法可分为单目标定法、双目标定法和多目标定法。单目标定法用于单目立体视觉系统的标定。由于单目立体视觉系统只包含一个相机,因此,单目标定法只需标定单个相机的内外参数。双目标定法用于双目立体视觉系统的标定。双目立体视觉系统包含两个相机,因此,双目标定法需要同时标定两个相机的内外参数。多目标定法用于多目立体视觉系统的标定。多目立体视觉系统包含三个或三个以上的相机,因此,多目标定法需要标定多个相机的内外参数[4,5]。

3. 显式标定法和隐式标定法

根据标定过程中成像模型和参数是否确定,相机标定方法可分为显式标定法和隐式标定法。显式标定法是指从相机镜头的畸变模型出发,基于相应的成像模型,建立非线性方程,显式地求解出相机的内外参数。显式标定法考虑了具体成像过程,并对成像模型和畸变做了明确的数学描述,各个参数都具有各自的物理意义。由于成像过程比较复杂,不可能找到引起成像偏差的所有因素并给予参数描述。目前,对于相机芯片、镜头等制造安装误差导致的畸变已经有了正确的数学模型。

隐式标定法不细究决定成像过程中的具体参数,直接将二维图像和三维空间点之间的关系系统地用一个矩阵或网络来描述,标定精度不高。隐式标定法包括直接线性变换法(direct linear transform,DLT)和神经网络法等。直接线性变换法只求解线性方程参数[6],计算简单,一般为其他高精度的标定方法提供初值。神经网络法[7]将已知的像点二维坐标和对应的空间点三维坐标分别作为输入和输出,通过学习和训练构建反馈网络,确定输入与输出的映射关系,这样对于图像上的任意位置,都可以通过网络建立的映射关系求解出对应的空间点坐标。神经网络法的标定精度依赖于样本数量,且神经网络参数的选择对网络性能的好坏有很大的影响。神经网络法的优点是对于任何非线性过程都具有逼近能力,因此特别适合于那些仅有输入和输出数据而对其成像模型和机理还没有清晰认识的立体视觉系统的标定。

4. 解析法和智能算法

根据参数求解的方法,相机标定方法可分为解析法和智能算法。解析法是指通过牛顿法、拟牛顿法、LM算法等非线性迭代方法[2]求解相机的内外参数。解析法需要给定各个未知参数较为准确的初值,否则可能会出现迭代不收敛的情况而导致标定失败。智能算法是指将一些基于进化和群体理论的智能算法[7,10](如遗传算法、粒子群算法、果蝇算法、蚁群算法等)应用于相机标定过程中非线性最优值的搜索。智能算法一般不需要提供较好的初值便能够自动找出全局最优解,但是往往以大量的时间消耗为代价,标定的速度较慢。

5. 主动视觉法和被动视觉法

根据标定过程中是否控制相机做高精度运动,相机标定方法可分为主动视觉法和被动视觉法。主动视觉法利用准确的空间运动信息标定相机[11]。标定时,将相机固定在一个可控制运动的平台上,标定物体不动,通过计算机精确控制相机位置做正交、平移、旋转等特殊运动,拍摄多张图像,利用已知的运动参数,计算得到相机的内外参数。按照相机标定前后的运动姿态,主动视觉法又可分为基于相机平移运动的标定方法、基于相机旋转运动的标定方法和基于相机正交运动的标定方法。主动视觉法的优点是可以线性求解,因此解的稳定性高;缺点是需要一个能够精确提供运动信息的控制机构,不适用于经常挪动位置的工业现场测量。由于机器人本身能够提供运动控制机构,因此,主动视觉法可用于机器人的视觉标定。

被动视觉法不需要控制相机做高精度的运动,而是通过使标定靶标和相机做随意的相对运动,拍摄多张标定靶标图像,实现相机内外参数的求解。被动视觉法标定过程简单、标定精度高,常用在工业视觉系统的现场标定中。

6. 基于标定靶标的相机标定法和相机自标定法

根据标定过程中是否需要标定靶标,相机标定方法可分为基于标定靶标的相机标定法和相机自标定法。基于标定靶标的相机标定法根据高精度标定靶标上已知的三维空间点和像点坐标之间的对应关系来建立相机成像模型参数约束,再通过优化算法来求解相机的内外参数。基于标定靶标的相机标定法精度高,但是需要高精度的标定靶标,不适用于不能使用标定靶标的场合。有代表性的基于标定靶标的相机标定法包括 Tsai 两步法和张正友标定法。Tsai 两步法标定原理相对简单,易实现。张正友标定法基于平面标定板,利用旋转矩阵的正交性条件和非线性优化法解算相机的内外参数,操作灵活且精度较高,在视觉测量中应用广泛。张正友标定法的缺点是未考虑平面标定板的加工误差,且只引入了径向畸变校正。

相机自标定法仅利用多幅图像中特征点或特征线之间的对应关系来求解相机的内外参数。相机自标定法是通过在相机成像过程和图像中寻找几何约束关系来实现多元非线性优化的,因此算法较为复杂,但人工操作却很简单。当不使用标定靶标时,由于图像中特征定位的误差,标定的精度不太高;当使用标定靶标时,通过对图像中标志点坐标的准确检测,建立图像间标志点的对应关系后求解出相机的内外参数也能够达到很高的标定精度。相机自标定法主要包括基于基础矩阵和本质矩阵的自标定法、分层重构法、基于 Kruppa 方程或二次曲面的自标定法、基于消隐点的自标定法和基于特征匹配的捆绑自标定法等。

4.2　相机畸变模型

理想的相机成像模型模型是小孔成像模型(线性成像模型),即空间点、光心

(投影中心)和像点三点共线。然而,实际上由于相机芯片表面不平整、镜头曲率存在不规则变化、透镜组不同轴,以及主光轴与芯片不垂直等因素的影响,空间点在像平面上的成像并不满足共线关系,像点实际位置和理论位置存在偏移,即实际成像存在光学畸变。常见的光学畸变包括径向畸变、偏心畸变、薄棱镜畸变及像平面畸变等。Weng 等人[12,13]于 2002 年对各类光学畸变进行了较为完整的归纳和数学表达。

4.2.1 径向畸变

径向畸变(radial distortion)是指镜头曲率的不规则变化导致的像点实际位置与像点理想位置沿径向产生的偏移,如图 4-1 所示。径向畸变包括枕形畸变和桶形畸变。如图 4-2(b)所示,当像点实际位置沿径向正方向偏移时产生枕形畸变(pincushion distortion),此时图像会呈现画面向中间"收缩"的现象。如图 4-2(c)所示,当像点实际位置沿径向负方向偏移时产生桶形畸变(barrel distortion),此时图像会呈现画面向外"膨胀"的现象。通常,使用长焦镜头的长焦端时,会容易察觉出桶形畸变。

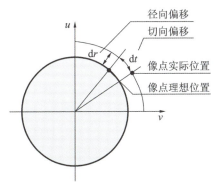

图 4-1　像点的理想位置与实际位置

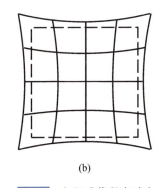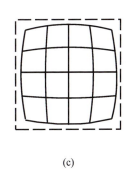

图 4-2　相机成像径向畸变
(a)无畸变;(b)枕形畸变;(c)桶形畸变

径向畸变可用奇数次多项式表示：

$$\Delta r = K_1 r^3 + K_2 r^5 + K_3 r^7 + \cdots \tag{4-1}$$

将其分解到像平面坐标系的 x 轴和 y 轴上，则有

$$\begin{cases} \Delta x_r = \overline{x}(K_1 r^2 + K_2 r^4 + K_3 r^6 + \cdots) \\ \Delta y_r = \overline{y}(K_1 r^2 + K_2 r^4 + K_3 r^6 + \cdots) \end{cases} \tag{4-2}$$

式中：$\overline{x} = x - x_0$，$\overline{y} = y - y_0$，$r = \sqrt{\overline{x}^2 + \overline{y}^2}$；$(x_0, y_0)$ 为主点误差；(x, y) 为像点实际坐标；r 为像点到主点的距离；K_1、K_2 和 K_3 为径向畸变系数。

4.2.2 偏心畸变

偏心畸变(decentering distortion)是指实际装配过程中透镜组中心不共线（见图 4-3）所导致的像点实际位置与像点理想位置之间产生的径向与切向偏移（见图 4-1）。

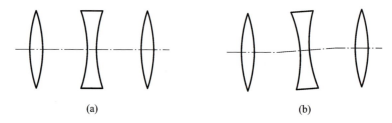

图 4-3　透镜组中心不共线
(a)理想装配；(b)实际装配

偏心畸变可以表示为

$$P(r) = \sqrt{P_1^2 + P_2^2} \times r^2 \tag{4-3}$$

式中：P_1、P_2 为偏心畸变系数。偏心畸变在数量上要比径向畸变小得多。

将其分解到像平面坐标系的 x 轴和 y 轴上，则有

$$\begin{cases} \Delta x_d = P_1(r^2 + 2\overline{x}^2) + 2P_2 \overline{x}\,\overline{y} \\ \Delta y_d = P_2(r^2 + 2\overline{y}^2) + 2P_1 \overline{x}\,\overline{y} \end{cases} \tag{4-4}$$

式中：P_1、P_2 为偏心畸变系数。

4.2.3 薄棱镜畸变

薄棱镜畸变(thin prism distortion)是指在设计、制造以及装配过程中透镜组或图像传感阵列发生轻微倾斜而导致的像点实际位置与像点理想位置之间产生的径向与切向偏移。

薄棱镜畸变可以表示为

$$\begin{cases} \Delta x_p = s_1(\overline{x}^2+\overline{y}^2)+\cdots \\ \Delta y_p = s_2(\overline{x}^2+\overline{y}^2)+\cdots \end{cases} \quad (4\text{-}5)$$

式中：s_1 和 s_2 为薄棱镜畸变系数。

4.2.4 像平面畸变

像平面畸变（in-plane image distortion）是指相机芯片不平所导致的畸变，或者采样时钟不同步造成的 A/D 转换和信号误差所导致的畸变。

像平面畸变可以表示为

$$\begin{cases} \Delta x_m = b_1\overline{x}+b_2\overline{y} \\ \Delta y_m = 0 \end{cases} \quad (4\text{-}6)$$

式中：b_1、b_2 为像平面畸变系数。

4.2.5 内参数误差引起的畸变

采用的相机内参数 (x_0, y_0, f) 不准确，也会使像点实际坐标产生偏移。当焦距的误差为 Δf 时，根据线性关系可以推得像点坐标偏移为

$$\begin{cases} \Delta x_f = \dfrac{\overline{x}}{f}\times\Delta f \\ \Delta y_f = \dfrac{\overline{y}}{f}\times\Delta f \end{cases} \quad (4\text{-}7)$$

加上主点误差 (x_0, y_0)，则相机内参数误差所引起的畸变可表示为

$$\begin{cases} \Delta x_n = -x_0 - \dfrac{\overline{x}}{f}\times\Delta f \\ \Delta y_n = -y_0 - \dfrac{\overline{y}}{f}\times\Delta f \end{cases} \quad (4\text{-}8)$$

4.2.6 畸变模型

综上所述，相机畸变包括径向畸变、偏心畸变、薄棱镜畸变、像平面畸变和内参数误差引起的畸变等多种畸变。将不同的畸变组合在一起可以获得不同的畸变模型，例如将径向畸变、偏心畸变、像平面畸变和内参数不准确引起的畸变组合，便可获得如下的十参数畸变模型：

$$\begin{cases} \Delta x' = \Delta x_r + \Delta x_d + \Delta x_m + \Delta x_n \\ \Delta y' = \Delta y_r + \Delta y_d + \Delta y_m + \Delta y_n \end{cases} \quad (4\text{-}9)$$

4.3 标定靶标

在相机标定方法中,为了实现图像上高精度的坐标定位,一般需要一个布置有若干人工标志点的参考物体,通过相机对该物体拍照,在图像上识别标志点,建立该参考物体上标志点的图像坐标与世界坐标系中的空间坐标的对应关系,以求解相机参数,这种物体称为标定靶标。常见的标定靶标上多数印刷有正方形或者圆形等易于识别的阵列图案。对于正方形标志点,提取其四个角点作为特征;对于圆形标志点,则提取圆形边缘进行椭圆拟合,以其中心作为该标志点的位置。

标定靶标的形式多样,根据标定靶标的维度可以将传统的相机标定物分为一维、二维和三维标定靶标。一维标定靶标通常是指标定杆。通过将其一段固定而使另一端绕固定端旋转至少六次来实现标定,通常采用透视变换中的交比不变性得到相机参数。一维标定物由于包含的特征少,一般应用在三维控制场的搭建上。下面具体讨论常见的二维和三维标定靶标。

4.3.1 二维标定靶标

1. 标定板

二维标定靶标的所有标定图案共面,标定物一般是一块面上印制有标志图案的平板,称为标定板。标定板是相机标定中使用最多的一类标定靶标。通过变换相机或者标定板的空间位置采集图像,再对图像进行特征检测,将特征点坐标与标定板上对应特征的空间坐标进行匹配,解算出相机的内外参数。平面上的图案以阵列的正方形和圆形居多,且图案和背景使用对比度最高的黑色和白色,如图4-4所示。在传统的标定方法里,标定板上标志点的三维坐标必须已知,因此对标定板的加工制造有一定要求。首先,标定板上的标志点的空间坐标不能受环境的影响。标定板必须采用漫反射材质,且具有耐腐蚀、耐磨损、温胀系数小、不易变形等特性。其次,为了使标志点的坐标便于确定,标志点要求等间距阵列,且标志点在厚度方向上的坐标应当一致,这就要求标定板的平面必须尽可能平整。常用的标定板材料为陶瓷、光学玻璃、铝合金,其中光学玻璃因其较高的制造精度而使用最为普遍。

1)带有编码点的标定板

在基于摄影测量的相机自标定方法中,常使用如图4-5(a)所示的标定板。由于不需要已知标定靶标上标志点的空间坐标,对标定面上的标志点是否均匀分布不做要求,也不用保证标志点都在一个平面上。其特点是标定面上至少有五个编码点,且事先应给出其中两个标志点的实际距离。标定过程为通过相机获取多个

第 4 章 相机标定技术

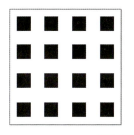  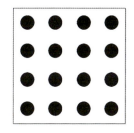

图 4-4 传统标定法中使用的标定平面

姿态的标定板图像,自动检测出图像中的标志点的中心坐标,再通过光束平差计算得出相机的标定信息。

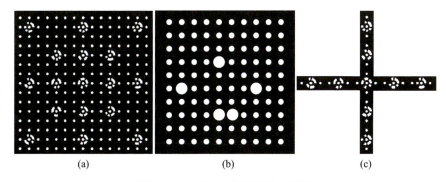

图 4-5 自标定中使用的标定靶标

(a)带有编码点的标定板;(b)带有方位圆的标定板;(c)十字标尺

2)带有方位圆的标定板

基于摄影测量的相机自标定中也经常使用图 4-5(b)所示带有方位圆的标定板,其上布置有两种大小不同的标志圆,较大的五个圆形图案虽然没有直接编码,但是这五个大圆存在着巧妙的几何布局关系,通过距离和相对位置关系可以对它们的身份进行唯一的认定,进而可为每幅标定图像提供用于相对定向的五个编码标志点。在图像质量较好的情况下,当所有小圆被识别和定位时,通过这五个大圆还可以为所有小圆编号。因此,这五个圆称为方位圆。方位圆的布局如图 4-6 所示:在等间距分布的小圆矩阵中,E_2 与 E_3 水平布置,中间相隔五个小圆,E_1 与 E_4 竖直布置,中间相隔三个小圆,E_5 在水平方向上紧靠 E_4。下面通过识别方法进一步体会方位圆布局的几何特点。

在通过图像检测获取五个大圆的圆心坐标后,对其进行身份识别,具体方法如下:

(1)识别 E_1。计算两两圆心距离,距离最近的两个圆为 E_4 和 E_5,其他三个圆中,距离最远的两个圆为 E_2 和 E_3,则剩下的圆为 E_1。

(2)识别 E_2 和 E_3。连接 E_1 与 E_4、E_5 的中点 M,计算 E_2 与 E_3 到直线 ME_1 的距离。距离较大者对应的圆为 E_2,较小者为 E_3。

71

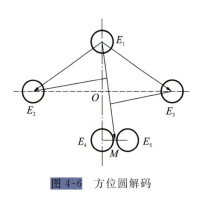

图 4-6　方位圆解码

(3)识别 E_4 和 E_5。E_4 和 E_5 分别位于向量 $\overrightarrow{E_1M}$ 的顺时针和逆时针方向,利用向量的叉积区分 E_4 和 E_5：$\overrightarrow{E_1M} \times \overrightarrow{E_1E_4} > 0$，$\overrightarrow{E_1M} \times \overrightarrow{E_1E_5} < 0$。

至此,五个大圆的编号都被识别出来。

可见,带有方位圆的标定板图案简单,仅仅使用了五个大圆,利用其相互的位置关系,就能够提供五个编码。并且利用这五个定向点,就可以对应得出每张图像上小圆的同名关系。但一旦有大圆识别错误,就将导致定向失败。

3)双面标定板

双面标定板是在一块平板的正反两面都印制标定图案而形成的,也是一种常见的标定靶标。当待标定的所有相机镜头相向地分为两组时,可以使用双面标定靶标(见图 4-7)。在标定前需要使用摄影测量方法获取双面标定靶标上所有标志点的空间坐标,以建立测量头之间的坐标系转换关系。

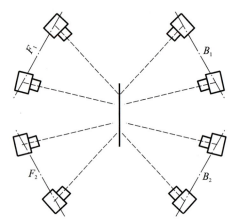

图 4-7　使用双面标定板同时标定四个测量头

2. 标尺

图 4-5(c)所示为十字标尺,它是由两条空心铝合金型材在交叉处用螺钉连接,然后在表面粘贴标志点贴纸而形成的。这种标定靶标由于制造简单,便于拆卸和携带,在大视场下的相机标定中应用广泛。但是与标定板相比,单个投影平面上靶标携带的标志点信息有限,因此有时在此基础上使用米字标尺,即在十字标尺的基础上沿 45°和 135°方向再各固定两条铝合金型材。米字标尺除了单幅图像上的标志点有所增加外,标志点呈三层布局,空间尺度不同,标定的稳定性也有所提高。

4.3.2 三维标定靶标

1. 标定块

常用的三维标定靶标为标定块,是将标定靶标制作成一个规则几何形体如正棱柱,在其每个侧面上都印刷或粘贴有标志点图案而形成的。在传统的标定方法中,标定块的功能就是提供若干个空间分布的标志点的三维坐标。在这种需求下,为了制作简便,标定块往往被设计成一个立方体,立方体的三个相互正交的面上印刷有等间隔的标志点阵列(见图 4-8),出厂时只要获取标志点的尺寸和间距数据,就可以构建世界坐标系,描述标定块上所有标志点的坐标。这样,当相机同时拍摄到立方体标定块的三个面时,相当于对一个平面标定板的姿态进行了

图 4-8 立方体棋盘格标定块

约束,使其进行两至三次正交运动即可,简化了标定动作。

在基于摄影测量的自标定方法中,标定块主要用在采用多目相机组的标定中。在某些场合,如被测物体较大或者需要单次测量物体全貌时,单个相机的视场不够,常常需要在测量环境中布置多个相机,从不同角度对物体进行拍摄。因此在标定中可以采用一个标定块,每个面对着一个测量头。采集图像时,所有相机同时触发,这样通过一个靶标姿态就可以使多个相机都各自采集到可见标定面的图像,从而在很大程度上提高标定的效率。在这种方式下,同一个相机要求采集到的所有标定图像都只针对同一个标定面,因此这就相当于将多个标定板在物理上固连在一起,其实仍然是各自标定。为了将所有相机统一在一个坐标系下,往往事先通过摄影测量求解出标定块上所有标志点在同一个坐标系下的空间坐标,一方面为每个标定面提供长度标尺,另一方面标定完成后相机之间外参数的转换关系就确定了。在标定计算中,对标定块上的标志点不再进行平差调整。另外,由于需做全局摄影测量,标定块上每一个编码标志点都只能出现一次。

图 4-9 所示为四面体标定靶标,周围布置着因瓦合金标尺和编码标志点,对标定靶标做摄影测量即可求出全局点。图 4-10 所示为四面体标定靶标用于标定的一种常见情形。两个双目相机构成一组测量头,当四组测量头从四个方向同时对物体进行测量时,可选择使用这样的标定靶标。标定时使用转动、倾斜、抬高标定块等姿态,保证每个测量头自始至终观测同一个标定面。

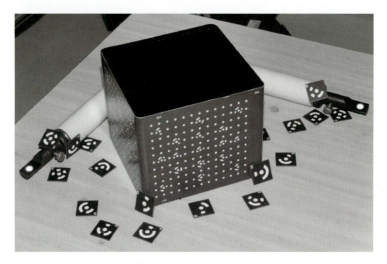

图 4-9　四面体标定靶标

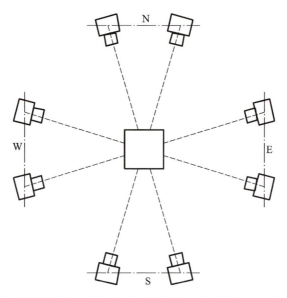

图 4-10　使用四面体标定靶标同时标定四个测量头

2. 控制场

在传统的相机标定方法中,当相机的视场很大时,如果使用相应大小的标定块,则加工制造很不方便。这时常使用一组布置有若干个标志点的杆件或相互搭接的桁条,构成立体的标定靶标,称为控制场,如图 4-11 所示。这种标定靶标仍然需要提供较高精度的标志点三维坐标,一般先通过近景工业摄影测量求出这些标志点的全局坐标。为了保证标志点坐标的精度,标志点常使用回光反射材料制成。

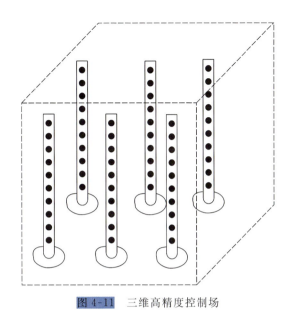

图 4-11　三维高精度控制场

4.4　Tsai 两步法标定法

Tsai 在 1987 年提出了基于径向一致性约束(radial consistency constraint,RAC)的相机标定方法[2,14],只需要一张图片就可以标定出内外参数,求解的过程简单且稳定。但是该方法需要假设主点坐标,并且只考虑径向畸变,不考虑切向畸变。

Tsai 两步法的基本步骤是:①利用最小二乘法解超定线性方程组,求解出除相机沿光轴方向的平移之外的外参数;②结合外参数与畸变系数迭代求解得到所有参数。该方法求解出的内外参数分别是径向畸变系数 k_1、焦距 f、旋转矩阵 R 和平移矩阵 T。

4.4.1　部分外参数求解

世界坐标系与图像坐标系的转换关系为

$$\begin{bmatrix} x \\ y \\ 1 \end{bmatrix} \approx K (R \quad T) \begin{bmatrix} X \\ Y \\ Z \\ 1 \end{bmatrix} = K \begin{bmatrix} r_1 & r_2 & r_3 & t_1 \\ r_4 & r_5 & r_6 & t_2 \\ r_7 & r_8 & r_9 & t_3 \end{bmatrix} \begin{bmatrix} X \\ Y \\ Z \\ 1 \end{bmatrix} \tag{4-10}$$

式中:

$$K = \begin{bmatrix} fs & 0 & u_0 \\ 0 & f & v_0 \\ 0 & 0 & 1 \end{bmatrix}$$

仅考虑径向畸变，理想图像坐标与数字图像坐标的转换关系为

$$\begin{cases} (x-u_0)[1+k_1(u^2+v^2)] = u-u_0 \\ (y-v_0)[1+k_1(u^2+v^2)] = v-v_0 \end{cases} \tag{4-11}$$

式中：(x,y) 为理想成像模型下的像点坐标；(u,v) 为实际成像的像点坐标；(u_0,v_0) 为畸变中心坐标。

标定坐标系如图 4-12 所示，若认为只存在径向畸变，则无论畸变有多大，都不会改变从原点到像点的方向，始终存在 $O_1P_u//O_1P_d//P_{oz}P$，这种平行关系构成的比例约束称为径向一致性约束。

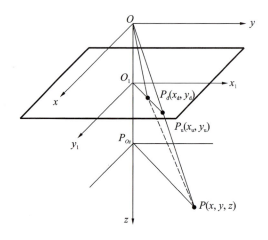

图 4-12 径向一致性约束

RAC 标定法的第一步，是根据径向一致约束条件，求解相机外参数旋转矩阵 **R** 和平移矩阵 **T**。由式(4-10)推导可得

$$\begin{cases} x = \dfrac{fs(r_1X+r_2Y+r_3Z+t_1)}{r_7X+r_8Y+r_9Z+t_3} + u_0 \\ y = \dfrac{f(r_4X+r_5Y+r_6Z+t_2)}{r_7X+r_8Y+r_9Z+t_3} + v_0 \end{cases} \tag{4-12}$$

由于

$$\frac{x-u_0}{y-v_0} = \frac{u-u_0}{v-v_0} \tag{4-13}$$

可得

$$\frac{s(r_1X+r_2Y+r_3Z+t_1)}{r_4X+r_5Y+r_6Z+t_2} = \frac{u-u_0}{v-v_0} \tag{4-14}$$

提供七组以上的对应点坐标，就可以求出一组解$(sr_1, sr_2, sr_3, st_1, r_4, r_5, r_6, t_2)$。再由$r_1^2 + r_2^2 + r_3^2 = 1$求出$s$，从而可得到$t_1$，最后根据$\det \boldsymbol{R} = 1$来选择$(r_7, r_8, r_9)$。

4.4.2 求其余参数

通过矩阵变换的方法对相机的有效焦距f、z轴方向上的平移分量t_3和畸变参数k_1进行求解。

取k_1的初值为0，则式(4-11)化为

$$\begin{cases} x - u_0 = u - u_0 \\ y - v_0 = v - v_0 \end{cases} \tag{4-15}$$

结合式(4-12)，可以得到：

$$\begin{cases} (u - u_0)(r_7 X + r_8 Y + r_9 Z + t_3) = fs(r_1 X + r_2 Y + r_3 Z + t_1) \\ (v - v_0)(r_7 X + r_8 Y + r_9 Z + t_3) = f(r_4 X + r_5 Y + r_6 Z + t_2) \end{cases} \tag{4-16}$$

由式(4-16)可以求解出f和t_3。将求得的f、t_3和$k_1 = 0$作为初值，对下式进行非线性优化：

$$\begin{cases} \dfrac{fs(r_1 X + r_2 Y + r_3 Z + t_1)}{r_7 X + r_8 Y + r_9 Z + t_3}[1 + k_1(u^2 + v^2)] = u - u_0 \\ \dfrac{f(r_4 X + r_5 Y + r_6 Z + t_2)}{r_7 X + r_8 Y + r_9 Z + t_3}[1 + k_1(u^2 + v^2)] = v - v_0 \end{cases} \tag{4-17}$$

从而估计出最优的f、t_3、k_1值。

4.5 张正友平面标定法

张正友在1998年提出了一种使用几幅棋盘格图像求解相机内外参数的标定方法[15,16]，这是介于传统标定方法和自标定方法之间的一种方法，称为张正友平面标定法。该法因易于实现且能够得到较高的标定精度而得到了广泛的应用，在MATLAB和OpenCV中的标定模块都有基于该算法的应用实现。

该方法需要相机从不同角度拍摄多幅已知尺寸的平面模板图像(最常用的就是棋盘格图案，至少三幅)。在拍摄过程中，相机或模板一方固定，另一方自由移动，不需要求移动的方位参数。根据平面模板的特征点与其图像中像点的对应关系建立单应性矩阵以求解相机的内外参数初值，通过最大似然准则对计算结果进行非线性优化，在加入镜像畸变系数后再次进行所有参数的整体非线性优化。以下简要论述该标定方法。

4.5.1 模型平面与图像间的单应性关系

单应性(homography)是张正友平面标定法中的一个重要的概念,用来描述像平面与标定物棋盘格平面的映射关系。用 $m = [u\ v]^T$ 表示二维点, $M = [X\ Y\ Z]^T$ 表示三维点,其对应的齐次坐标为 $\widetilde{m} = [u\ v\ 1]^T$, $\widetilde{M} = [X\ Y\ Z\ 1]^T$。对于小孔成像模型,空间点 M 和其投影点 m 可描述为

$$s\widetilde{m} = A[R\ T]\widetilde{M}, \quad A = \begin{bmatrix} \alpha & \gamma & u_0 \\ 0 & \beta & v_0 \\ 0 & 0 & 1 \end{bmatrix} \tag{4-18}$$

式中:s 为比例因子;R、T 为外参数,其中 R 为旋转矩阵,T 为平移矩阵;A 是相机内参数矩阵;(u_0, v_0) 为主点坐标;α 和 β 分别是图像在 u 轴和 v 轴上的比例因子;γ 是描述两个坐标轴倾斜角的参数。

将标定模板所处平面定为世界坐标系的平面,即 $Z_W = 0$,则式(4-18)可变为如下形式:

$$s \begin{bmatrix} u \\ v \\ 1 \end{bmatrix} = A[r_1\ r_2\ r_3\ T] \begin{bmatrix} X \\ Y \\ 0 \\ 1 \end{bmatrix} = A[r_1\ r_2\ T] \begin{bmatrix} X \\ Y \\ 1 \end{bmatrix} \tag{4-19}$$

式中:r_i 表示旋转矩阵 R 的第 i 列向量。此时令 $\widetilde{M} = [X\ Y\ 1]^T$,则式(4-19)可简写为

$$s\widetilde{m} = H\widetilde{M}, \quad H = A[r_1\ r_2\ T] \tag{4-20}$$

H 是一个包含八个自由度的三阶方阵,称为单应性矩阵。可见单应性矩阵中包含了相机的内外参数。对于标定平面的一幅图像,它的单应性矩阵可以估计出来。令 $H = [h_1\ h_2\ h_3]$,可得

$$[h_1\ h_2\ h_3] = \lambda A[r_1\ r_2\ T] \tag{4-21}$$

式中:λ 为任意标量。r_1 与 r_2 为单位正交向量,有

$$\begin{cases} r_1^T r_2 = 0 \\ r_1^T r_1 = r_2^T r_2 = 1 \end{cases} \tag{4-22}$$

据此得到相机内部参数求解的两个约束条件:

$$\begin{cases} h_1^T A^{-T} A^{-1} h_2 = 0 \\ h_1^T A^{-T} A^{-1} h_1 = h_2^T A^{-T} A^{-1} h_2 \end{cases} \tag{4-23}$$

这里给出一种估计单应性矩阵的方法。由 $s\widetilde{m} = H\widetilde{M}$ 可得:

$$\begin{cases} su = h_{11}X + h_{12}Y + h_{13} \\ sv = h_{21}X + h_{22}Y + h_{23} \\ s = h_{31}X + h_{32} + 1 \end{cases} \quad (4\text{-}24)$$

从而推得:

$$\begin{cases} uXh_{31} + uYh_{32} + u = h_{11}X + h_{12}Y + h_{13} \\ vXh_{31} + vYh_{32} + v = h_{21}X + h_{22}Y + h_{23} \end{cases} \quad (4\text{-}25)$$

令 $\mathbf{h}' = [h_{11} \quad h_{12} \quad h_{13} \quad h_{21} \quad h_{22} \quad h_{23} \quad h_{31} \quad h_{32}]^\mathrm{T}$,整理可得

$$\begin{bmatrix} X & Y & 1 & 0 & 0 & 0 & -uX & -uY \\ 0 & 0 & 0 & X & Y & 1 & -vX & -vY \end{bmatrix} \mathbf{h}' = \begin{bmatrix} u \\ v \end{bmatrix} \quad (4\text{-}26)$$

式(4-26)为单个特征点坐标构成的两个方程组。当一幅图像的特征点个数大于4时,特征点坐标形成非齐次方程组,简记为 $\mathbf{Sh}' = \mathbf{Q}$。其对应的最小二乘解为 $\mathbf{h}' = (\mathbf{S}^\mathrm{T}\mathbf{S})^{-1}\mathbf{S}^\mathrm{T}\mathbf{Q}$。整理可得单应性矩阵 $\mathbf{H}$。

4.5.2 封闭解

令

$$\mathbf{B} = \mathbf{A}^{-\mathrm{T}}\mathbf{A}^{-1} = \begin{bmatrix} B_{11} & B_{12} & B_{13} \\ B_{21} & B_{22} & B_{21} \\ B_{31} & B_{32} & B_{33} \end{bmatrix}$$

$$= \begin{bmatrix} \dfrac{1}{\alpha^2} & -\dfrac{\gamma}{\alpha^2\beta} & \dfrac{v_0\gamma - u_0\beta}{\alpha^2\beta} \\ -\dfrac{\gamma}{\alpha^2\beta} & \dfrac{\gamma}{\alpha^2\beta^2} + \dfrac{1}{\beta^2} & -\dfrac{\gamma(v_0\gamma - u_0\beta)}{\alpha^2\beta^2} - \dfrac{v_0}{\beta^2} \\ \dfrac{v_0\gamma - u_0\beta}{\alpha^2\beta} & -\dfrac{\gamma(v_0\gamma - u_0\beta)}{\alpha^2\beta^2} - \dfrac{v_0}{\beta^2} & \dfrac{(v_0\gamma - u_0\beta)^2}{\alpha^2\beta^2} + \dfrac{v_0}{\beta^2} + 1 \end{bmatrix}$$

式中:$\mathbf{B}$ 是对称矩阵,其未知数可以用六维向量

$$\mathbf{b} = [B_{11} \quad B_{12} \quad B_{22} \quad B_{13} \quad B_{23} \quad B_{33}]^\mathrm{T}$$

定义。设 $\mathbf{H}$ 的第 i 列向量表示为 $\mathbf{h}_i = [h_{i1} \quad h_{i2} \quad h_{i3}]$,且有

$$\mathbf{h}_i^\mathrm{T} \mathbf{B} \mathbf{h}_j = \mathbf{v}_{ij}^\mathrm{T} \mathbf{b} \quad (4\text{-}27)$$

其中

$$\mathbf{v}_{ij} = [h_{i1}h_{j1} \quad h_{i1}h_{j2} + h_{i2}h_{j1} \quad h_{i2}h_{j2} \quad h_{i3}h_{j1} + h_{i1}h_{j3} \quad h_{i3}h_{j2} + h_{i2}h_{j3} \quad h_{i3}h_{j3}]$$

将式(4-27)写成关于 $\mathbf{b}$ 的齐次线性方程组的形式:

$$\begin{bmatrix} \mathbf{v}_{12}^\mathrm{T} \\ \mathbf{v}_{11}^\mathrm{T} - \mathbf{v}_{22}^\mathrm{T} \end{bmatrix} \mathbf{b} = \mathbf{0} \quad (4\text{-}28)$$

如有 n 幅模板的图像,就可以得到 $\mathbf{Vb} = \mathbf{0}$。其中,系数矩阵 $\mathbf{V}$ 的规模为 $2n \times$

6，如果 $n \geqslant 3$，通过奇异值分解求其最小特征值对应的特征向量，b 就可以被解出（带有一个比例因子），从而可以得到五个内参数：

$$\begin{cases} v_0 = (B_{12}B_{13} - B_{11}B_{23})/(B_{11}B_{22} - B_{12}^2) \\ \lambda = B_{33} - [B_{13}^2 + v_0(B_{12}B_{13} - B_{11}B_{23})]/B_{11} \\ \alpha = \sqrt{\lambda/B_{11}} \\ \beta = \sqrt{\lambda B_{11}/(B_{11}B_{22} - B_{12}^2)} \\ \gamma = -B_{12}\alpha^2\beta/\lambda \\ u_0 = \gamma v_0/\alpha - B_{13}\alpha^2/\lambda \end{cases} \quad (4-29)$$

内参数矩阵计算出来后，相应的外部参数也能被计算出来：

$$\begin{cases} \boldsymbol{r}_1 = \lambda \boldsymbol{A}^{-1}\boldsymbol{h}_1 \\ \boldsymbol{r}_2 = \lambda \boldsymbol{A}^{-1}\boldsymbol{h}_2 \\ \boldsymbol{r}_3 = \boldsymbol{r}_1 \times \boldsymbol{r}_2 \\ \boldsymbol{t} = \lambda \boldsymbol{A}^{-1}\boldsymbol{h}_3 \end{cases}$$

式中：

$$\lambda = \frac{1}{\|\boldsymbol{A}^{-1}h_1\|} = \frac{1}{\|\boldsymbol{A}^{-1}h_2\|} \quad (4-30)$$

4.5.3 最大似然估计

引入最大似然估计对参数进行优化。从不同的角度拍摄棋盘标定模板，棋盘格上特征点的个数为 m，假设每个标定点的坐标都有独立同分布的噪声，那么通过最大似然估计可以最小化下式：

$$\sum_{i=1}^{n}\sum_{j=1}^{m}\|m_{ij} - \hat{m}(\boldsymbol{A},\boldsymbol{R}_i,\boldsymbol{T}_i,M_j)\|^2 \quad (4-31)$$

式中：m_{ij} 是标定板上第 i 个特征点在第 j 幅图像上的像点坐标；$\boldsymbol{R}_i$ 和 $\boldsymbol{T}_i$ 分别是第 i 幅图像的旋转矩阵和平移矩阵；M_j 是标定板上第 j 个特征点的空间坐标；$\hat{m}(\boldsymbol{A},\boldsymbol{R}_i,\boldsymbol{T}_i,M_j)$ 是通过初始值得到的 M_j 的像点估计坐标。将目标函数最小化时的未知数 $\boldsymbol{A}$、$\boldsymbol{R}_i$、$\boldsymbol{T}_i$ 的求解涉及非线性优化，通常使用 Levenberg-Marquardt 算法或高斯-牛顿法，它们的初始值可用 4.5.2 小节的方法得到。

4.5.4 径向畸变的处理

只考虑加入镜头的一阶和二阶径向畸变。假设相机镜头在 x 轴方向和 y 轴方向上的畸变系数相同。设径向畸变模型为

$$\begin{cases} \hat{x} = x + x[k_1(x^2+y^2) + k_2(x^2+y^2)^2] \\ \hat{y} = y + y[k_1(x^2+y^2) + k_2(x^2+y^2)^2] \end{cases} \quad (4-32)$$

式中:(x,y) 和 $(\hat{x},\hat{y})$ 分别为校正前后的图像坐标;k_1、k_2 分别为一阶和二阶径向畸变系数。认为径向畸变的中心位于主点处,由 $\hat{u}=u_0+\alpha\hat{x}+c\hat{y},\hat{v}=v_0+\beta\hat{y}$ 可得:

$$\begin{cases} \hat{u}=u+(u-u_0)[k_1(x^2+y^2)+k_2(x^2+y^2)^2] \\ \hat{v}=v+(v-v_0)[k_1(x^2+y^2)+k_2(x^2+y^2)^2] \end{cases} \quad (4\text{-}33)$$

径向畸变一般较小,可以先忽略径向畸变,按照 4.5.2 小节的方法计算出其他参数,再估计 k_1 和 k_2:

$$\begin{bmatrix} (u-u_0)(x^2+y^2) & (u-u_0)(x^2+y^2)^2 \\ (v-v_0)(x^2+y^2) & (v-v_0)(x^2+y^2)^2 \end{bmatrix} \begin{bmatrix} k_1 \\ k_2 \end{bmatrix} = \begin{bmatrix} \hat{u}-u \\ \hat{v}-v \end{bmatrix} \quad (4\text{-}34)$$

n 幅图像中各有 m 个点,就可以得到 $2mn$ 个方程,简记为矩阵形式的方程 $\boldsymbol{Dk}=\boldsymbol{d}$。通过线性最小二乘法可求出径向畸变系数:$\boldsymbol{k}=(\boldsymbol{D}^\mathrm{T}\boldsymbol{D})^{-1}\boldsymbol{D}^\mathrm{T}\boldsymbol{d}$。当相机的一阶和二阶径向畸变系数 k_1、k_2 求出以后,可通过最大似然估计求解所有标定参数的最优解:

$$\sum_{i=1}^{n}\sum_{j=1}^{m}\|m_{ij}-\hat{m}(\boldsymbol{A},k_1,k_2,\boldsymbol{R}_i,\boldsymbol{T}_i,\boldsymbol{M}_j)\|^2 \quad (4\text{-}35)$$

式(4-35)仍然可以使用 Levenberg-Marquardt 算法求解。

4.5.5 标定步骤

综上所述,张正友平面标定法的整体标定步骤为:
(1)打印棋盘格图案,将它粘贴在一个平面上,制成标定板;
(2)移动相机或者平面,从不同角度拍下几张标定板的照片;
(3)在图像中检测标定板上的特征点;
(4)估计五个内参数和全部的外参数;
(5)使用线性最小二乘法估算径向畸变系数;
(6)利用最大似然估计方法优化所有参数。

上述为张正友平面标定法的主要思路,更多的细节和分析读者可参阅相关文献。

4.6 基于近景工业摄影测量的相机标定方法

在工业测量领域,常常使用基于近景工业摄影测量的自标定方法[17,18],该方法同样需采集带有人工标志点的标定靶标在空间中呈现的若干姿态来完成标定,标定计算中将标志点的空间坐标、相机的内外参数全部作为未知数参数参与迭代计算,整体调整后得出相机的标定信息。与张正友平面标定法相比,标定靶标不需事先给出标志点的坐标,标定板上的标志无须均匀分布,对标志点图案是否共面也不做要求,这就为标定靶标的加工带来了极大的便利,甚至可以携带标志点贴纸根据测量视场的大小现场制作标定靶标。标定靶标常使用圆形的编码标志点和非编码标志点作为图案,一般事先用近景工业摄影测量方法给定两个标志点之间的实际距离作为比例尺。由于需要相对定向(具体见第5章),这种标定靶标要求至少布置五个编码标志点。使用高分辨率的数码相机,基于准确的标志点定位、完善的相机内参数描述以及所有参数的整体平差调整,这种标定方法能够达到很高的标定精度。由于对标定板在加工制造上的要求很宽松,同时能够保证标定精度,该方法在工业测量领域得到了广泛的应用。

4.6.1 标定原理

在基于近景工业摄影测量的自标定方法中,首先要检测图像,得到每幅图像上编码标志点和非编码标志点的中心坐标。标定参数初始值由近景工业摄影测量中的相对定向和直接线性变换方法得到,然后将内外参数、标定板上标志点的空间点坐标作为求解的未知数放在一起,使用光束平差算法进行整体平差调整,最终得到优化的空间点坐标和相机内外参数。该方法考虑了标定物的空间坐标误差,同时镜头畸变模型对径向畸变、切向畸变和像平面畸变进行了全面考虑,只需一对标志点之间的实际距离用于像素距离与实际距离的转化,就可以利用光束平差的方法,同时计算出相机内外参数和空间点的坐标,实现相机的标定。

与张正友平面标定方法一样,该方法认为每幅图像对应的照相机的内参数不发生变化。通过对畸变模型的研究,采用4.2节叙述的十参数畸变模型,即式(4-9)。对式(4-9)进行线性化后可得:

$$V = AX_1 + BX_2 + CX_3 \tag{4-36}$$

式中:V 为像点坐标残差;X_1、X_2、X_3 分别为内参数(包括畸变参数)、外参数和空间点坐标的改正数;A、B、C 分别是为 X_1、X_2、X_3 对应的偏导数矩阵。它们分别表示为

$$V = \begin{bmatrix} v_x \\ v_y \end{bmatrix}, L = \begin{bmatrix} x - x_0 \\ y - y_0 \end{bmatrix}$$

$$X_1 = \begin{bmatrix} \Delta f & \Delta x_0 & \Delta y_0 & K_1 & K_2 & K_3 & P_1 & P_2 & b_1 & b_2 \end{bmatrix}^T$$

$$X_2 = \begin{bmatrix} \Delta X_S & \Delta Y_S & \Delta Z_S & \Delta \varphi & \Delta \omega & \Delta \kappa \end{bmatrix}^T$$

$$X_3 = \begin{bmatrix} \Delta X & \Delta Y & \Delta Z \end{bmatrix}^T$$

$$A = \begin{bmatrix} -\dfrac{x}{f} & 1 & 0 & xr^2 & xr^4 & xr^6 & (2x^2+r^2) & 2xy & x & y \\ -\dfrac{y}{f} & 0 & 1 & yr^2 & yr^4 & yr^6 & 2xy & 2y^2+r^2 & 0 & 0 \end{bmatrix}$$

$$B=\begin{bmatrix} a_{11} & a_{12} & a_{13} & a_{14} & a_{15} & a_{16} \\ a_{21} & a_{22} & a_{23} & a_{24} & a_{25} & a_{26} \end{bmatrix}$$

$$C=\begin{bmatrix} -a_{11} & -a_{12} & -a_{13} \\ -a_{21} & -a_{22} & -a_{23} \end{bmatrix}$$

其中：

$a_{11}=\dfrac{\partial x}{\partial X_S}=\dfrac{1}{Z}[a_1 f+a_3(x-x_0)], a_{12}=\dfrac{\partial x}{\partial Y_S}=\dfrac{1}{Z}[b_1 f+b_3(y-y_0)]$

$a_{13}=\dfrac{\partial x}{\partial Z_S}=\dfrac{1}{Z}[c_1 f+c_3(z-z_0)], a_{21}=\dfrac{\partial y}{\partial X_S}=\dfrac{1}{Z}[a_2 f+a_3(x-x_0)]$

$a_{22}=\dfrac{\partial y}{\partial Y_S}=\dfrac{1}{Z}[b_2 f+b_3(y-y_0)], a_{23}=\dfrac{\partial y}{\partial Z_S}=\dfrac{1}{Z}[c_2 f+c_3(z-z_0)]$

$a_{14}=\dfrac{\partial x}{\partial \varphi}=(y-y_0)\sin\omega-\left\{\dfrac{x-x_0}{f}[(x-x_0)\cos\kappa-(y-y_0)\sin\kappa]+f\cos\kappa\right\}\cos\omega$

$a_{15}=\dfrac{\partial x}{\partial \omega}=-f\sin\kappa-\dfrac{x-x_0}{f}[(x-x_0)\sin\kappa+(y-y_0)\cos\kappa], a_{16}=\dfrac{\partial x}{\partial \kappa}=y-y_0$

$a_{24}=\dfrac{\partial y}{\partial \varphi}=(x-x_0)\sin\omega-\left\{\dfrac{y-y_0}{f}[(x-x_0)\cos\kappa-(y-y_0)\sin\kappa]+f\sin\kappa\right\}\cos\omega$

$a_{25}=\dfrac{\partial y}{\partial \omega}=-\cos\kappa-\dfrac{y-y_0}{f}[(x-x_0)\sin\kappa+(y-y_0)\cos\kappa], a_{26}=\dfrac{\partial y}{\partial \kappa}=x-x_0$

a_1、a_2、a_3、b_1、b_2、b_3、c_1、c_2、c_3 为旋转矩阵的元素；φ、ω、k 为旋转转矩阵对应角度。

该自标定方法不需要已知空间点坐标，因此更加灵活，适用于在线测量，但是因为所有的空间点坐标均为未知数，因此未知数数目大大增加。在某些相机参数，如焦距、主点和外参数之间，径向畸变参数 K_1、K_2、K_3 之间，镜头中心 x 坐标和像平面畸变参数 b_1 之间，镜头中心 y 坐标和像平面畸变参数 b_2 之间，往往存在着一定的近似线性关系。这种参数间的近似线性关系使得式(4-36)中的系数矩阵的列向量之间存在近似线性关系，最终影响解的稳定性和准确性。应改善光束平差计算的几何条件，对这种影响予以消除。摄站的位置和方向要合理布置，以建立较好的空间交会网。具体可采用以下做法：

(1)从不同方位拍摄照片，增加照片的数量；
(2)使拍摄照片中有效标志点尽可能多些；
(3)在同一个位置可以将标定板平面旋转 90° 进行拍摄。

4.6.2 八步标定法

基于近景工业摄影测量的相机自标定方法通常采用八步标定法，将标定靶标放置于相机前标准测量距离处，通过移动靶标获取八个不同位置和姿态的标定板图像,各步标定板的布置方式如图 4-13 所示,标定板的姿态包括向前、向后、左倾、右倾、旋转、前倾、后倾等。

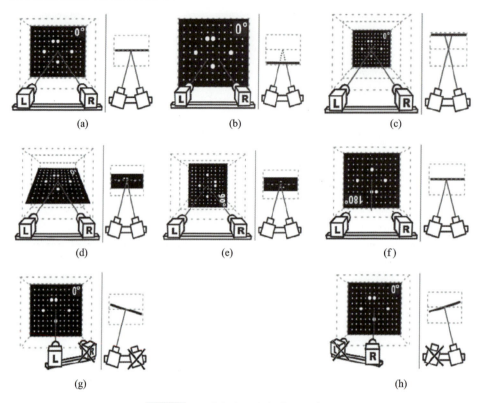

图 4-13 八步标定法靶标布置示意图

(a)标准距离 1000mm,正对;(b)拉近 900mm,正对;(c)远距 1100mm,正对;(d)标准距离 1000mm,上仰;(e)标准距离 1000mm,顺时针旋转 90°;(f)标准距离 1000mm,顺时针旋转 180°;(g)标准距离 1000mm,正对左相机;(h)标准距离 1000mm,正对右相机

八步标定法的算法处理主要包含以下步骤:

(1)标志点识别。首先对图像上的标志点进行像素级的边缘提取,然后经过亚像素提取、中心点拟合获得标志点的中心坐标,识别出八组图像中圆形特征点的图像坐标和编码标志点对应的编码值。

(2)重建编码标志点三维坐标。利用前两幅图片中公共的编码标志点,通过相对定向计算出前两组图像的相对位置关系,并重建出编码标志点空间坐标;此时整个模型的相对关系准确,但三维坐标值与真实值之间存在比例关系。

(3)重建非编码标志点坐标。先利用空间后方交会,通过直接线性变换法(DLT)和角锥体法定向出其他组图像位置,再利用空间前方交会重建所有非编码标志点的三维坐标。在这一过程中,相机内参数均使用理论值参与计算。

(4)整体平差调整。通过光束平差算法对相机内外参数、空间点坐标进行整体的迭代优化。最后加入比例尺(即对角线距离),得到真实的三维坐标以及准确的相机内外参数。

(5)输出相机标定参数。如果是双目系统的两个相机同时标定,则需要进一步对得到的相机外参数进行转换,得到左右相机坐标系的旋转矩阵 R 以及平移矩阵 T。

近景工业摄影测量涉及的关键技术在第 5 章具体介绍。

4.7 基于消隐点的相机自标定方法

利用图像中提取的空间平行直线特征和相机成像过程中的投影原理进行的自标定方法称为基于消隐点的相机自标定方法[10,19,20],这是一种基于场景约束的自标定方法,需要利用场景中的平行线,标定图像中应当包含棱角分明的长方体形状的物体如建筑物、桌子、柜子等。该方法由于特征提取的精度有限,一般用在对标定精度要求不高的场合。当标定视场不太大、场景中包含特殊结构信息较少时,可以人为加入具有空间平行棱线的长方体形状物体作为辅助标定物。

消隐点(vanishing point)又称灭点,是一组空间平行线经过透视变换后在二维投影平面上的交点,如图 4-14 所示的 V_1、V_2、

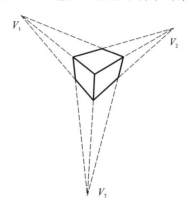

图 4-14 透视投影中消隐点的形成

V_3。在计算机视觉中,当使用相机拍摄包含特殊的平行线组的场景时,消隐点作为图像中一种重要特征,为相机自标定方法的发展提供了可能。本节介绍南昌航空大学的王丽提出的利用两幅图像五个消隐点实现的相机内外参数标定方法,在该方法中消隐点仅指由平行于坐标轴的平行线产生的交点。

4.7.1 消隐点的三个属性

属性 1 在相机坐标系下,空间中三组正交方向上的直线束成像形成的消隐点,其相应的单位向量两两正交。假设集合 L_1、L_2、L_3 是三维空间中三组正交方向上的平行线束,三组直线形成的消隐点在相机坐标系下的坐标分别为 $V_i \equiv (u_{xi}, v_{yi}, f)$,其中 $i=1,2,3$。令 l_1、l_2、l_3 分别为 L_1、L_2、L_3 对应的单位向量,那么有

$$\begin{cases} l_1 \cdot l_2 = 0 \\ l_1 \cdot l_3 = 0 \\ l_2 \cdot l_3 = 0 \end{cases}$$

亦即

$$\begin{cases} u_{x1}u_{x2}+v_{y1}v_{y2}+f^2=0 \\ u_{x1}u_{x3}+v_{y1}v_{y3}+f^2=0 \\ u_{x2}u_{x3}+v_{y2}v_{y3}+f^2=0 \end{cases} \quad (4\text{-}37)$$

属性 2 消隐点坐标从世界坐标系变换到相机坐标系,只与旋转矩阵 $\boldsymbol{R}$ 有关,与平移向量 $\boldsymbol{T}$ 无关。令 $\boldsymbol{V}'$ 为消隐点在世界坐标系下的坐标向量,对应于相机坐标系下的坐标向量为 $\boldsymbol{V}$,有 $\boldsymbol{V}=\boldsymbol{R}\times\boldsymbol{V}'$。

属性 3 连接消隐点与相机光心的直线与形成该消隐点的空间平行线束相互平行。如图 4-15 所示,L_1、L_2 为空间中一组平行线束,点 V 为直线 L_1 与 L_2 在投影平面上产生的消隐点,O 为相机光心,有 $OV//L_1//L_2$。

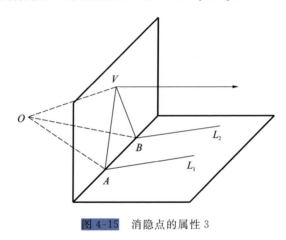

图 4-15 消隐点的属性 3

4.7.2 内参数估计

设利用 Hough 变换检测直线后求出的消隐点在成像平面上的坐标为 $V_i(u_i,v_i)(i=1,2,3,4,5)$,在相机坐标系下,与之对应的消隐点坐标为 $((u_i-u_0)d_x,(v_i-v_0)d_y,f)$。假设第一幅图像中存在三个消隐点,而第二幅图像中存在两个消隐点,由消隐点属性 1 可建立约束方程:

$$\begin{cases} (u_1-u_0)(u_2-u_0)d_x^2+(v_1-v_0)(v_2-v_0)d_y^2+f^2=0 \\ (u_1-u_0)(u_3-u_0)d_x^2+(v_1-v_0)(v_3-v_0)d_y^2+f^2=0 \\ (u_2-u_0)(u_3-u_0)d_x^2+(v_2-v_0)(v_3-v_0)d_y^2+f^2=0 \\ (u_4-u_0)(u_5-u_0)d_x^2+(v_4-v_0)(v_5-v_0)d_y^2+f^2=0 \end{cases} \quad (4\text{-}38)$$

式中:(u_0,v_0) 为主点误差;(d_x,d_y) 为单个像素在 x 和 y 方向上的物理尺寸。将该方程组中的各方程同时除以 d_x^2,得

$$\begin{cases}(u_1-u_0)(u_2-u_0)+(v_1-v_0)(v_2-v_0)(d_y/d_x)^2+(f/d_x)^2=0\\(u_1-u_0)(u_3-u_0)+(v_1-v_0)(v_3-v_0)(d_y/d_x)^2+(f/d_x)^2=0\\(u_2-u_0)(u_3-u_0)+(v_2-v_0)(v_3-v_0)(d_y/d_x)^2+(f/d_x)^2=0\\(u_4-u_0)(u_5-u_0)+(v_4-v_0)(v_5-v_0)(d_y/d_x)^2+(f/d_x)^2=0\end{cases} \qquad (4\text{-}39)$$

令 $t_1=(d_y/d_x)^2$，$t_2=(f/d_x)^2$，将上述方程组中第一个方程减去第二、三、四个方程，变换后可得

$$\begin{cases}(u_2-u_3)u_1-(u_2-u_3)u_0+(v_2-v_3)v_1t_1-(v_2-v_3)v_0t_1=0\\(u_1-u_3)u_2-(u_1-u_3)u_0+(v_1-v_3)v_2t_1-(v_1-v_3)v_0t_1=0\\u_1u_2-u_4u_5-(u_1+u_2-u_4-u_5)u_0+(v_1v_2-v_4v_5)t_1-(v_1+v_2-v_4-v_5)v_0t_1=0\end{cases}$$

$$(4\text{-}40)$$

令 $p=v_0t_1$，写成矩阵形式为

$$\begin{bmatrix}u_2-u_3 & v_1(v_3-v_2) & v_2-v_3\\u_1-u_3 & v_2(v_3-v_1) & v_1-v_3\\u_1+u_2-u_4-u_5 & v_4v_5-v_1v_2 & v_1+v_2-v_4-v_5\end{bmatrix}\begin{bmatrix}u_0\\t_1\\p\end{bmatrix}=\begin{bmatrix}(u_2-u_3)u_1\\(u_1-u_3)u_2\\u_1u_2-u_4u_5\end{bmatrix}$$

$$(4\text{-}41)$$

由非齐次线性方程(4-41)可求解得出 u_0、v_0 和 t_1。然后将这些参数代入方程组(4-39)中任一个表达式可求出 t_2。又因

$$\begin{cases}f_x=f/d_x=\sqrt{t_2}\\f_y=f/d_y=\sqrt{t_2/t_1}\end{cases} \qquad (4\text{-}42)$$

故可解得 f_x、f_y。这样，根据消隐点属性，即可推导求得内参数 u_0、v_0 和 f_x、f_y。

4.7.3 旋转矩阵估计

由属性 2 可知 $\boldsymbol{V}=\boldsymbol{R}\times\boldsymbol{V}'$，其中 $\boldsymbol{V}$ 是在相机坐标系下由列向量 $\boldsymbol{V}_i(i=1,2,3)$ 组成的三阶单位方阵。同样，由单位行向量 $\boldsymbol{V}'_i(i=1,2,3)$ 构成消隐点在世界坐标系中与之相应的三阶单位方阵。消隐点方向分别为世界坐标系的 X、Y、Z 方向，即 $\boldsymbol{V}'_1(1,0,0)$、$\boldsymbol{V}'_2(0,1,0)$、$\boldsymbol{V}'_3(0,0,1)$，因此可得

$$\boldsymbol{R}=\boldsymbol{V}=\begin{bmatrix}\boldsymbol{V}_1 & \boldsymbol{V}_2 & \boldsymbol{V}_3\end{bmatrix}=\begin{bmatrix}\boldsymbol{R}_1 & \boldsymbol{R}_2 & \boldsymbol{R}_3\end{bmatrix}$$

$$=\begin{bmatrix}\dfrac{u_{x1}}{\sqrt{u_{x1}^2+v_{y1}^2+f^2}} & \dfrac{u_{x2}}{\sqrt{u_{x2}^2+v_{y2}^2+f^2}} & \dfrac{u_{x3}}{\sqrt{u_{x3}^2+v_{y3}^2+f^2}}\\[6pt]\dfrac{v_{y1}}{\sqrt{u_{x1}^2+v_{y1}^2+f^2}} & \dfrac{v_{y2}}{\sqrt{u_{x2}^2+v_{y2}^2+f^2}} & \dfrac{v_{y3}}{\sqrt{u_{x3}^2+v_{y3}^2+f^2}}\\[6pt]\dfrac{f}{\sqrt{u_{x1}^2+v_{y1}^2+f^2}} & \dfrac{f}{\sqrt{u_{x2}^2+v_{y2}^2+f^2}} & \dfrac{f}{\sqrt{u_{x3}^2+v_{y3}^2+f^2}}\end{bmatrix} \qquad (4\text{-}43)$$

式中：$u_{xi}=(u_i-u_0)d_x$，$v_{yi}=(v_i-v_0)d_y$，$i=1,2,3$。对矩阵中的各项做变换，如：

$$\frac{u_{x1}}{\sqrt{u_{x1}^2+v_{y1}^2+f^2}}=\frac{(u_1-u_0)d_x}{\sqrt{(u_1-u_0)^2d_x^2+(v_1-v_0)^2d_y^2+f^2}}=\frac{(u_1-u_0)}{\sqrt{(u_1-u_0)^2+(v_1-v_0)^2t_1+t_2}} \tag{4-44}$$

变换后便可求得旋转矩阵 $\boldsymbol{R}$。对于只检测到两个消隐点的图像，可利用旋转矩阵的正交性来求解：$\boldsymbol{R}_3=\boldsymbol{R}_1\times\boldsymbol{R}_2$。

4.7.4 平移向量估计

如图 4-16 所示，O 为相机光心，空间单位直线段 AB 的投影为 ab；点 V 为 AB 形成的消隐点；由属性 3 可知 $AB//Ov$。假设世界坐标系原点位于点 A 处，则 $\overrightarrow{OA}$ 为相机坐标系与世界坐标系之间的平移向量 $\boldsymbol{T}$。

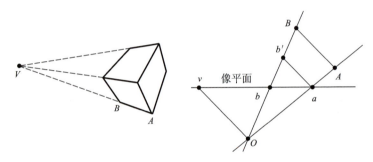

图 4-16 平移向量求解几何分析

作辅助线 $ab'//AB$，由 $\triangle bab'\backsim\triangle bvO$ 和 $\triangle Oab'\backsim\triangle OAB$ 及 $|AB|=1$ 可得：

$$\frac{|OA|}{|Oa|}=\frac{|AB|\cdot|vb|}{|ab|\cdot|Ov|}=\frac{|vb|}{|ab|\cdot|Ov|}=\gamma \tag{4-45}$$

则平移向量 $\boldsymbol{T}$ 为

$$\boldsymbol{T}=\gamma\begin{bmatrix}u_a-u_0 & (v_a-v_0)\sqrt{t_1} & \sqrt{t_2}\end{bmatrix}^T \tag{4-46}$$

该方法只用到了图像中相互正交的三个方向上的消隐点信息。在实际拍摄的大型建筑物场景里，很难找到三组相互正交的平行线束，因此这种方法用于标定的场合有限。同时，空间中往往存在大量的不同方向上的直线段。如何在这种复杂的环境中充分利用到各个方向上的平行线组，是建筑物图像中基于消隐点自标定技术的难点。

4.8 本章小结

相机标定即建立并求解相机成像的数学模型，同时确定相机的空间位置。相机标定是进行视觉计算的基础。本章介绍了常见的相机标定方法，叙述了相机成像过程中由于镜头畸变等原因造成的成像误差,建立了由径向畸变、切向畸变、像平面畸变及相机内参数误差构成的像点系统误差的数学描述;为了获得较高精度的标定结果,往往需要建立带有人工标志点的标定物,本章针对不同标定方法的自身特点,给出了相应标定靶标的形式;最后,介绍了应用较为广泛的相机标定方法,包括 Tsai(RAC)两步法、张正友平面标定方法、基于近景工业摄影测量的相机标定方法、基于消隐点的相机自标定方法。

关于开源的相机标定工具,主流的有 MATLAB 标定工具箱和 OpenCV 标定函数,其中 MATLAB 工具箱的说明文档见网址 http://www.vision.caltech.edu/bouguetj/calib_doc/。通过 OpenCV 官方网站的教程(网址 http://docs.opencv.org/master/d6/d55/tutorial_table_of_content_calib3d.html)也可以查看关于相机标定和三维重建的信息。这两种工具可帮助计算机视觉的初级工作者快速实现相机的标定,感兴趣的读者可进一步了解。

参 考 文 献

[1] 冯亮,谢劲松,李根,等. 相机标定的原理与方法综述[J]. 机械工程师,2016(01):18-20.
[2] 贾丹. 相机现场标定算法研究[D]. 哈尔滨:哈尔滨工程大学,2007.
[3] 舒娜. 相机标定方法的研究[D]. 南京:南京理工大学,2014.
[4] HU H, LIANG J, XIAO Z Z, et al. A four-camera video grammetric system for 3-D motion measurement of deformable object[J]. Optics and Lasers in Engineering,2012,50(5):800-811.
[5] 胡浩,梁晋,唐正宗,等. 大视场多像机视频测量系统的全局标定[J]. 光学精密工程, 2012, 20(2):369-378.
[6] 徐澪. 双相机单目视觉测量系统标定方法研究[D]. 湘潭:湖南科技大学,2014.
[7] 潘晓. 基于神经网络的相机标定[D]. 西安:西安科技大学,2010.
[8] 黄伟光. 相机的标定[D]. 西安:长安大学,2014.
[9] 黄春燕. 双目立体相机标定算法研究与实现[D]. 太原:中北大学,2015.
[10] 杨晨. 相机标定算法的研究[D]. 沈阳:东北大学,2014.
[11] 胡占义,吴福朝. 基于主动视觉相机标定方法[J]. 计算机学报, 2002, 25(11):1149-1156.
[12] WENG J, COHEN P, HERNIOU M. Camera calibration with distortion models and accuracy evaluation[J]. IEEE Transactions on Pattern Analysis & Machine Intelligence, 2002, 14(10):965-980.
[13] WANG J, SHI F, ZHANG J, et al. A new calibration model of camera

lens distortion[J]. Pattern Recognition, 2008, 41(2):607-615.
[14] TSAI R Y. A versatile camera calibration technique for high-accuracy 3D machine vision metrology using off-the-shelf TV cameras and lenses[M]//TSAI R Y. Radiometry. Sullbury:Jones and Bartlett Publishers, Inc,1992:221-244.
[15] ZHANG Z. Camera calibration with one-dimensional objects[C]//IEEE. Computer Vision-ECCV 2002. Heidelberg:Springer-Verlag,2002:161-174.
[16] 陈勇. 基于MATLAB相机标定系统研究与实现[D]. 西安:长安大学,2015.
[17] XIAO Z Z, LIANG J, YU D H, et al. An accurate stereo vision system using cross-shaped target self-calibration method based on photogrammetry[J]. Optics and Lasers in Engineering,48(12):1252-1261,2010.
[18] 肖振中. 基于工业摄影和机器视觉的三维形貌与变形测量关键技术研究[D]. 西安:西安交通大学,2010.
[19] 王丽. 面向建筑物重建的相机自标定方法研究[D]. 南昌:南昌航空大学,2012.
[20] 谢文寒. 基于多像灭点进行相机标定的方法研究[D]. 武汉:武汉大学,2004.

第 5 章　近景工业摄影测量技术

在现代化产品制造中,大量使用 CAD 软件对产品进行模具设计,将加工出来的模具与设计模型相比较,通过偏差控制模具的加工过程;有时也需要对已存在但没有图样的产品进行批量再生产,要求快速准确地获取被测物体的关键尺寸甚至是表面轮廓。

摄影测量(photogrammetry)是一门通过处理照相设备拍摄的图像,来确定被测物体的位置、大小和形状等方面信息甚至获取整个场景(如地形地貌等)数字化模型的科学[1-5]。摄影测量属于测绘学的分支,包括航空摄影测量、航天摄影测量和近景摄影测量等。目前国内从事摄影测量技术有代表性的单位是国防科学技术大学、武汉大学和西安交通大学等单位,这些单位在多年研究的基础上开发出了国内领先水平的系统化软件,并应用于遥感航空摄影测量、地形地貌的测绘、工业产品外形检测与变形测量等领域。

近景摄影测量(close-range photogrammetry)是相机布设在物体较近距离的摄影测量方法,其应用在工程测量中一般称为近景工业摄影测量。近景工业摄影测量是指使用高分辨率数码相机,从多个角度拍摄预先布置的编码标志点和非编码标志点,通过算法自动计算出标志点的三维坐标,从而获取工业结构件关键位置三维坐标。近景工业摄影测量能在较短时间内准确地获得物体关键点的三维坐标信息,可用于大型复杂工件的偏差检测和轮廓辅助测量,因其属于非接触式测量方法并具有一定灵活性,已经大量应用于航空航天、汽车、轮船等机械零部件的工业检测以及逆向设计[1-5]。

5.1　近景工业摄影测量基本原理

5.1.1　基本原理

近景工业摄影测量的基本原理[1]是:在物体的表面及其周围放置标尺和标志点(包括编码标志点和非编码标志点),保证拍摄距离大致不变,从不同的角度和位置对物体定焦拍摄一定数量的灰度照片,经过图像处理、标志点的定位、编码标志点的识别得到编码标志点的编码以及标志点中心的图像坐标。利用这些结果,进行相对定向、绝对定向、三维重建以及光束平差计算,并加入标尺约束及温度补偿,最后获得标志点准确的三维坐标。

近景工业摄影测量是一种通过二维图像解算出三维坐标信息的方法,其直接功能是利用影像上的同名像点(同一个三维空间点在不同图像上的成像)解算标志点的三维坐标。

如图 5-1 所示,一套完整的摄影测量系统包括如下几个部分。

图 5-1　近景工业摄影测量系统

1)系统测量软件

近景工业摄影测量系统以台式电脑或笔记本电脑作为载体,将从图像输入、图像处理到空间点坐标输出的整个算法过程集成在一个软件上,用来实现测量过程。

2)标志点

非编码标志点主要用作观察点,一般成卷印刷成贴纸,使用时粘贴在被测物体上受关注的位置,计算完成后可得到该点的空间坐标。编码标志点(常见的为同心圆环型,包括 10 位、12 位、15 位三种)一般也制成贴纸,用打印机成套输出后裁剪。用作观察点时,粘贴在被测物体较为平整的关键位置,考虑厚度补偿后,可视为被测物体表面点。编码标志点因为比非编码标志点大,更多地是错落地布置在场景中不同高度的静止位置处,用于相对定向。制作时将贴纸粘贴于硬质磁性材料上,使用时可将磁性材料吸附在铁制物体上,在空间中形成不同高度的立体布局。

3)专业数码相机

用于近景工业摄影测量的相机应为高分辨率数码相机,一般使用单反相机,用于对布置有标志点的场景从不同的角度定焦拍摄灰度照片。有时需要加闪光灯,以使相机拍摄到的图像有合适的亮度,利于图像处理时的标志点检测。

4)测量标尺

标尺用于提供像素距离与空间实际距离的长度比例。摄影测量系统计算完成后的空间坐标以像素为单位,要用比例尺实现像素长度到空间实际长度的转换。一般使用热胀系数很小的因瓦合金制造的杆件,杆件两端各分布一个回光型非编码标志点(高反射性小白圆),两端圆心的距离在出厂时已经用其他方法校准。由于高精度标尺不宜布置在油腻环境、粉尘环境、腐蚀性环境等复杂的测量环境中,可使用铝合金或碳素陶瓷等材料制成轻巧的杆件,两端粘贴编码标志点,在清洁环境下事先用因瓦合金标尺摄影测量标定出铝合金标尺的长度,然后将铝合金标尺用在测量现场中。

值得注意的是,由于焦距也是光束平差计算中的一个参数,且解算过程中认为拍摄照片时的相机焦距是一个固定值,因此在进行摄影测量时,应当在估算好拍摄距离后,首先用自动对焦模式拍摄出第一张照片,以保证场景中的标志点是清晰的,然后将相机切换至定焦模式,这样就能保证之后所有的照片焦距都与第一张相同。后面的拍摄距离要与第一张大致相同,否则有可能造成标志点在图像中模糊,不利于标志点准确定位,造成后期空间计算的精度损失。

5.1.2 三维重建流程

在获取图像之后进行标志点检测,得到标志点中心亚像素级的图像坐标,利用这些图像坐标进行标志点的三维重建。三维重建流程(见图5-2)是整个系统的关键。

标志点三维重建的具体步骤如下[2]。

(1)选用公共编码标志点数目多的两幅图像进行相对定向,计算出五个外参数(使用共面方程做迭代运算),如果拍摄这两幅图像的相机光轴夹角小于30°则改用其他图像,直到找出所对应相机光轴夹角大于30°的两幅图像,然后完成相对定向,并重建出至少五个编码标志点的三维像素坐标,将相应的各点作为控制点。

(2)根据这些图像包含的控制点数目,依次循环处理剩余的图像:首先利用控制点定向该图像,结合已经定向好的图像分别搜索公共的未重建的编码标志点并重建出来。每定向完一幅图像后,就利用光束平差算法同时调整外参数和编码点的三维坐标。所有图像都定向完毕后,利用光束平差算法同时调整内外参数和编码标志点的三维像素坐标。

(3)利用核线约束匹配并重建非编码点。

(4)利用光束平差算法同时调整内外参数和标志点的三维像素坐标。

(5)加入比例尺和温度补偿,得到空间点的实际三维坐标。

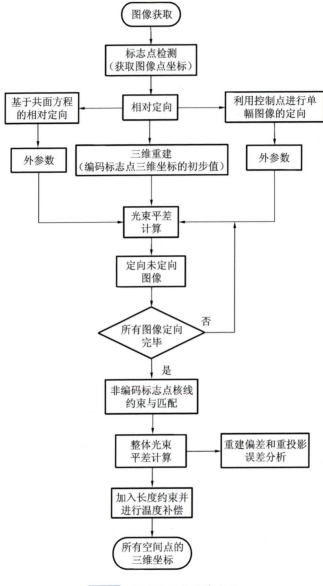

图 5-2 标志点三维重建流程

5.2 近景工业摄影测量关键技术

在第 4 章基于摄影测量的自标定技术中,说明了标定板上空间点、相机的内外参数参与光束平差调整的思路。以下具体论述工业近景摄影测量中涉及的关键技术,包括图像的相对定向、绝对定向、利用多核线约束的图像匹配和标志点三维重建[2-6]。

5.2.1 图像的相对定向

相对定向指确定两幅图像空间坐标系的相对位置关系,用旋转矩阵和平移向量描述。由 2.4.3 节可知,确定一幅图像的方位需六个外参数。因此,要确定一个立体像对中两幅图像的方位需要十二个外参数,即图像 1 的六个参数 X_{S1}、Y_{S1}、Z_{S1}、φ_1、ω_1、κ_1,图像 2 的六个参数 X_{S2}、Y_{S2}、Z_{S2}、φ_2、ω_2、κ_2。有了这十二个外参数,就确定了这两幅图像在世界坐标系中的方位,也就确定了两幅图像的相对方位。在一般情况下,首先只考虑两幅图像的相对定向,再考虑整个图像序列在世界坐标系下的绝对方位。

如图 5-3 所示,用图像 2 的外参数减去图像 1 的外参数,得

$$\begin{cases} \Delta X_S = X_{S2} - X_{S1} \\ \Delta Y_S = Y_{S2} - Y_{S1} \\ \Delta Z_S = Z_{S2} - Z_{S1} \\ \Delta \varphi = \varphi_2 - \varphi_1 \\ \Delta \omega = \omega_2 - \omega_1 \\ \Delta \kappa = \kappa_2 - \kappa_1 \end{cases} \quad (5\text{-}1)$$

式中:ΔX_S、ΔY_S、ΔZ_S 分别为摄影基线 B(两摄站投影中心的连线)在世界坐标系的三个坐标轴上的投影 B_x、B_y、B_z。令 $B = \sqrt{B_x^2 + B_y^2 + B_z^2}$,$\tan\mu = B_y/B_x$,$\sin\nu = B_z/B$,则 B_x、B_y、B_z 可以用 B、μ、ν 这三个元素代替。

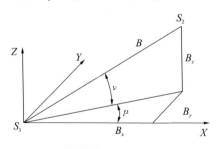

图 5-3 相对定向

于是,可以看出基线 B 的长度只影响立体像对的比例尺,并不影响两幅图像的相对方位。因此,该立体像对的相对方位元素只需要五个,即 μ、ν、φ、ω、κ。

相对定向的理论基础就是 2.5.2 节所介绍的共面关系方程。

由图 5-3 可知:

$$\begin{cases} B_y = B_x \cdot \tan\mu \approx B_x \cdot \mu \\ B_z = \dfrac{B_x}{\cos\mu} \cdot \tan\nu \approx B_x \cdot \nu \end{cases} \quad (5\text{-}2)$$

将式(5-2)代入共面关系方程可得:

$$F = \begin{vmatrix} B_x & B_y & B_z \\ X_1 & Y_1 & Z_1 \\ X_2' & Y_2' & Z_2' \end{vmatrix} = 0 \Rightarrow \begin{vmatrix} 1 & \mu & \nu \\ X_1 & Y_1 & Z_1 \\ X_2' & Y_2' & Z_2' \end{vmatrix} = 0 \qquad (5-3)$$

式中：

$$\begin{bmatrix} X_2' \\ Y_2' \\ Z_2' \end{bmatrix} = \boldsymbol{R} \begin{bmatrix} X_2 \\ Y_2 \\ Z_2 \end{bmatrix} \qquad (5-4)$$

式(5-3)中含有五个相对定向元素，其中 $\varphi、\omega、\kappa$ 隐含在 (X_2', Y_2', Z_2') 中。F 是一个非线性函数。为便于进行光束平差计算，将式(5-2)按多元函数做泰勒展开，取一次项得共面方程的线性表达式：

$$F = F^0 + \frac{\partial F}{\partial \mu}\Delta\mu + \frac{\partial F}{\partial \nu}\Delta\nu + \frac{\partial F}{\partial \varphi}\Delta\varphi + \frac{\partial F}{\partial \omega}\Delta\omega + \frac{\partial F}{\partial \kappa}\Delta\kappa \qquad (5-5)$$

式中：

$$\frac{\partial F}{\partial \mu} = B_x \begin{vmatrix} 0 & 1 & 0 \\ X_1 & Y_1 & Z_1 \\ X_2' & Y_2' & Z_2' \end{vmatrix}, \quad \frac{\partial F}{\partial \nu} = B_x \begin{vmatrix} 0 & 0 & 1 \\ X_1 & Y_1 & Z_1 \\ X_2' & Y_2' & Z_2' \end{vmatrix}$$

$$\frac{\partial F}{\partial \varphi} = B_x \begin{vmatrix} 1 & \mu & \nu \\ X_1 & Y_1 & Z_1 \\ \frac{\partial X_2'}{\partial \varphi} & \frac{\partial Y_2'}{\partial \varphi} & \frac{\partial Z_2'}{\partial \varphi} \end{vmatrix} = B_x \begin{vmatrix} 1 & \mu & \nu \\ X_1 & Y_1 & Z_1 \\ -Z_2 & 0 & X_2 \end{vmatrix}$$

$$\frac{\partial F}{\partial \omega} = B_x \begin{vmatrix} 1 & \mu & \nu \\ X_1 & Y_1 & Z_1 \\ \frac{\partial X_2'}{\partial \omega} & \frac{\partial Y_2'}{\partial \omega} & \frac{\partial Z_2'}{\partial \omega} \end{vmatrix} = B_x \begin{vmatrix} 1 & \mu & \nu \\ X_1 & Y_1 & Z_1 \\ 0 & -Z_2 & Y_2 \end{vmatrix}$$

$$\frac{\partial F}{\partial \kappa} = B_x \begin{vmatrix} 1 & \mu & \nu \\ X_1 & Y_1 & Z_1 \\ \frac{\partial X_2'}{\partial \kappa} & \frac{\partial Y_2'}{\partial \kappa} & \frac{\partial Z_2'}{\partial \kappa} \end{vmatrix}, \quad F^0 = B_x \begin{vmatrix} 1 & \mu & \nu \\ X_1 & Y_1 & Z_1 \\ X_2 & Y_2 & Z_2 \end{vmatrix}$$

对应的误差方程为：

$$V = F^0 + \frac{\partial F}{\partial \mu}\Delta\mu + \frac{\partial F}{\partial \nu}\Delta\nu + \frac{\partial F}{\partial \varphi}\Delta\varphi + \frac{\partial F}{\partial \omega}\Delta\omega + \frac{\partial F}{\partial \kappa}\Delta\kappa \qquad (5-6)$$

将 $\mu、\nu、\varphi、\omega、\kappa$ 的初值均设为 0，利用误差方程(5-6)进行迭代运算。如果收敛，那么再检查两幅图像对应相机光轴之间的夹角是否大于 30°，若大于 30°则相对定向成功。对于迭代不收敛或者收敛但对应相机光轴夹角小于 30°的情况，则换用另外两幅图像进行相对定向。利用这样的约束条件能够保证高质量的相对定向，并为后续计算提供可靠的初值。

5.2.2 图像的绝对定向

绝对定向指确定图像在世界坐标系中的绝对方位,也就是利用图片上像点坐标和对应的控制点的三维坐标来确定相机在世界坐标系下的绝对方位。

1. 单像空间后方交会

单像空间后方交会是把一张图像覆盖的一定数量的控制点的像点坐标作为观测值,以求解该图像内外参数的过程。仅仅进行外参数的单像后方交会解算,是单像空间后方交会的一个特例。在这种情况下,内参数和控制点坐标已知,则共线方程(2-19)对应的误差方程可表示为

$$V = At - L \tag{5-7}$$

式中: $V = \begin{bmatrix} v_x \\ v_y \end{bmatrix}$, $A = \begin{bmatrix} \dfrac{\partial x}{\partial X_S} & \dfrac{\partial x}{\partial Y_S} & \dfrac{\partial x}{\partial Z_S} & \dfrac{\partial x}{\partial \varphi} & \dfrac{\partial x}{\partial \omega} & \dfrac{\partial x}{\partial \kappa} \\ \dfrac{\partial y}{\partial X_S} & \dfrac{\partial y}{\partial Y_S} & \dfrac{\partial y}{\partial Z_S} & \dfrac{\partial y}{\partial \varphi} & \dfrac{\partial y}{\partial \omega} & \dfrac{\partial y}{\partial \kappa} \end{bmatrix}$, $L = \begin{bmatrix} x - x_0 \\ y - y_0 \end{bmatrix}$

$$t = \begin{bmatrix} \Delta X_S & \Delta Y_S & \Delta Z_S & \Delta \varphi & \Delta \omega & \Delta \kappa \end{bmatrix}^T$$

因为外参数只有六个未知数,所以只需要三个控制点即可进行计算。单像空间后方交会解算是对非线性方程进行线性化后的迭代运算,因此需要未知数的初值。好的初值可以加速迭代运算的收敛,反之,不好的初值会增加迭代次数,甚至造成算法不收敛。因此,准确求取外参数的初值非常关键。下面就介绍两种计算外参数初值的方法:直接线性变换法和角锥法[7]。

2. 直接线性变换法

直接线性变换(direct linear transformation,DLT)法是建立像素坐标与相应空间点坐标之间直接的线性关系的算法。直接线性变换法因为不需内参数和外参数的初始近似值,故适合于对非量测相机所摄影像进行摄影测量处理。直接线性变换法也是根据共线方程演变而来的。对于世界坐标系下的空间点 $M(X,Y,Z)$ 和图像坐标系下的图像坐标 $m(x,y)$,有矩阵

$$L = \begin{bmatrix} l_1 & l_2 & l_3 & l_4 \\ l_5 & l_6 & l_7 & l_8 \\ l_9 & l_{10} & l_{11} & l_{12} \end{bmatrix} \tag{5-8}$$

其满足下式:

$$\begin{bmatrix} x \\ y \\ 1 \end{bmatrix} = LM = \begin{bmatrix} l_1 & l_2 & l_3 & l_4 \\ l_5 & l_6 & l_7 & l_8 \\ l_9 & l_{10} & l_{11} & l_{12} \end{bmatrix} \begin{bmatrix} X \\ Y \\ Z \\ 1 \end{bmatrix} \tag{5-9}$$

将式(5-9)展开后可得

$$x - \frac{l_1 X + l_2 Y + l_3 Z + l_4}{l_9 X + l_{10} Y + l_{11} Z + 1} = 0$$

$$y - \frac{l_5 X + l_6 Y + l_7 Z + l_8}{l_9 X + l_{10} Y + l_{11} Z + 1} = 0 \tag{5-10}$$

由共线方程(2-18)可得：

$$\begin{cases} x + f \dfrac{a_1 X + b_1 Y + c_1 Z - (a_1 X_S + b_1 Y_S + c_1 Z_S)}{a_3 X + b_3 Y + c_3 Z - (a_3 X_S + b_3 Y_S + c_3 Z_S)} = 0 \\ y + f \dfrac{a_2 X + b_2 Y + c_2 Z - (a_2 X_S + b_2 Y_S + c_2 Z_S)}{a_3 X + b_3 Y + c_3 Z - (a_3 X_S + b_3 Y_S + c_3 Z_S)} = 0 \end{cases} \tag{5-11}$$

假设

$$\begin{cases} \gamma_1 = -(a_1 X_S + b_1 Y_S + c_1 Z_S) \\ \gamma_2 = -(a_2 X_S + b_2 Y_S + c_2 Z_S) \\ \gamma_3 = -(a_3 X_S + b_3 Y_S + c_3 Z_S) \end{cases}$$

则式(5-11)可表示为

$$\begin{cases} x - \dfrac{-\dfrac{fa_1}{\gamma_3}X - \dfrac{fb_1}{\gamma_3}Y - \dfrac{fc_1}{\gamma_3}Z - \dfrac{f\gamma_1}{\gamma_3}}{\dfrac{a_3}{\gamma_3}X + \dfrac{b_3}{\gamma_3}Y + \dfrac{c_3}{\gamma_3}Z + 1} = 0 \\ y - \dfrac{-\dfrac{fa_2}{\gamma_3}X - \dfrac{fb_2}{\gamma_3}Y - \dfrac{fc_2}{\gamma_3}Z - \dfrac{f\gamma_2}{\gamma_3}}{\dfrac{a_3}{\gamma_3}X + \dfrac{b_3}{\gamma_3}Y + \dfrac{c_3}{\gamma_3}Z + 1} = 0 \end{cases} \tag{5-12}$$

对比式(5-10)和式(5-12)可以得到旋转矩阵 **R** 的分量与矩阵 **L** 的分量之间的关系，即

$$\begin{cases} a_1 = -\dfrac{\gamma_3 l_1}{f}, b_1 = -\dfrac{\gamma_3 l_2}{f}, c_1 = -\dfrac{\gamma_3 l_3}{f} \\ a_2 = -\dfrac{\gamma_3 l_5}{f}, b_2 = -\dfrac{\gamma_3 l_6}{f}, c_2 = -\dfrac{\gamma_3 l_7}{f} \\ a_3 = \gamma_3 l_9, b_3 = \gamma_3 l_{10}, c_3 = \gamma_3 l_{11} \end{cases} \tag{5-13}$$

对于式(5-10)，令 $A = l_9 X + l_{10} Y + l_{11} Z + 1$，则式(5-9)对应的误差方程为

$$\begin{cases} v_x = \dfrac{1}{A}(l_1 X + l_2 Y + l_3 Z + l_4 + l_9 xX + l_{10} xY + l_{11} xX + x) \\ v_y = \dfrac{1}{A}(l_5 X + l_6 Y + l_7 Z + l_8 + l_9 yX + l_{10} yY + l_{11} yX + y) \end{cases} \tag{5-14}$$

利用式(5-13)进行光束平差计算后，得到矩阵 **L**，则根据式(5-12)可以得到相应的旋转矩阵 **R**。再利用旋转矩阵 **R** 计算平移矩阵 **T**：

$$\boldsymbol{T} = \boldsymbol{m} - \boldsymbol{R} \times \boldsymbol{M} \tag{5-15}$$

3. 角锥体法

直接线性变换法不需内外参数的初始近似值,属于线性解法,但它至少需要六个控制点。由于绝对定向只是提供光束平差计算的初值,所以需要的控制点数越少越好。故基于三个控制点的角锥体法在实际工作中比较实用。角锥体法应用摄影光束角锥体中的像方空间和物方空间的光线间顶角相等原理,来确定图像的外参数。

如图 5-4 所示,P_1、P_2 和 P_3 表示世界坐标系下的三个已知坐标的空间点(控制点),p_1、p_2 和 p_3 分别为三个像点,则角锥体 $Sp_1p_2p_3$ 和 $SP_1P_2P_3$ 相似,因此可得:

$$\angle p_1Sp_2 = \angle P_1SP_2, \quad \angle p_1Sp_3 = \angle P_1SP_3, \quad \angle p_2Sp_3 = \angle P_2SP_3$$

因为空间点 $P_i(i=1,2,3)$ 在世界坐标系 $O\text{-}XYZ$ 下的坐标和相应的像点 p_i 在像空间坐标系 $S\text{-}x_cy_cz_c$ 中的坐标均已知,所以 Sp_1、Sp_2、Sp_3、p_1p_2、p_2p_3、p_1p_3、P_1P_2、P_2P_3 和 P_1P_3 的长度均为已知量。

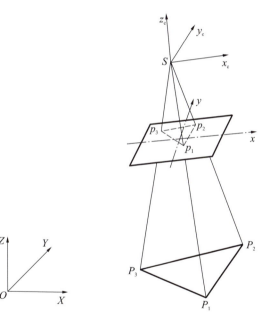

图 5-4 角锥体

在像空间坐标系下,对于角锥体 $Sp_1p_2p_3$,可以计算得到:

$$\begin{aligned}
\cos\angle p_1Sp_2 &= \frac{Sp_1^2 + Sp_2^2 - (p_1p_2)^2}{2Sp_1 \times Sp_2} \\
\cos\angle p_1Sp_3 &= \frac{Sp_1^2 + Sp_3^2 - (p_1p_3)^2}{2Sp_1 \times Sp_3} \\
\cos\angle p_2Sp_3 &= \frac{Sp_2^2 + Sp_3^2 - (p_2p_3)^2}{2Sp_2 \times Sp_3}
\end{aligned} \quad (5\text{-}16)$$

而在世界坐标系下,对于角锥体 $SP_1P_2P_3$,也存在同样的关系:

$$\cos\angle P_1SP_2 = \frac{SP_1^2 + SP_2^2 - (P_1P_2)^2}{2SP_1 \times SP_2}$$

$$\cos\angle P_1SP_3 = \frac{SP_1^2 + SP_3^2 - (P_1P_3)^2}{2SP_1 \times SP_3} \quad (5\text{-}17)$$

$$\cos\angle P_2SP_3 = \frac{SP_2^2 + SP_3^2 - (P_2P_3)^2}{2SP_2 \times SP_3}$$

在式(5-17)中,只有 SP_1、SP_2 和 SP_3 三个长度是未知量。因为式(5-17)是非线性方程,所以需要进行迭代求解。求初值的计算式为

$$SP_1 = \frac{Sp_1}{2} \times \left(\frac{P_1P_2}{p_1p_2} + \frac{P_1P_3}{p_1p_3} \right)$$

$$SP_2 = \frac{Sp_2}{2} \times \left(\frac{P_1P_2}{p_1p_2} + \frac{P_2P_3}{p_2p_3} \right) \quad (5\text{-}18)$$

$$SP_3 = \frac{Sp_3}{2} \times \left(\frac{P_2P_3}{p_2p_3} + \frac{P_1P_3}{p_1p_3} \right)$$

求得三边长 SP_1、SP_2 和 SP_3 之后,则可得三个空间点在像空间坐标系下的坐标:

$$P'_i = p_i \times SP_i / Sp_i \quad (5\text{-}19)$$

现在,三个空间点在世界坐标系和像空间坐标系下的坐标都已经获得,接下来要计算旋转矩阵。首先计算三个空间点在世界坐标系和像空间坐标系下的中心:

$$P_w = \frac{1}{3}(P_1 + P_2 + P_3)$$

$$P_c = \frac{1}{3}(P'_1 + P'_2 + P'_3)$$

则计算旋转矩阵的公式为

$$\boldsymbol{R} = [P_1 - P_w \quad P_2 - P_w \quad P_3 - P_w] \times [P'_1 - P_c, \quad P'_2 - P_c, \quad P'_3 - P_c]^{-1}$$

$$(5\text{-}20)$$

得到旋转矩阵之后,利用公式(5-15)可计算得平移矩阵 $\boldsymbol{T}$。

5.2.3 标志点匹配及三维重建

对图像上的编码标志点进行识别后就可以确定不同图像上像点坐标的对应关系,这些对应的像点坐标可用于实现相对定向,这时的编码标志点称为控制点。在利用控制点对图像进行定向之后,为了进行光束平差计算,需要计算图像上所有标志点的三维坐标,即进行三维重建。在三维重建前,需要明确不同图像上标志点的对应关系。编码标志点可以利用其编号直接匹配,而非编码标志点常采用基于核线约束的方法匹配。

1. 核线匹配

两幅图像之间的对极几何关系是像平面与以基线为轴的平面束的交线的几何关系。两相机投影中心的连线称为基线。假定三维空间点 M 在两幅图像中成像,在第一幅图像上的像为 u,在第二幅图像上的像为 u'。从图 5-5 中可以看出,像点 u、u'、空间点 M 和相机光心(投影中心)是共面的,称为五点共面。所形成的平面称为对极平面,它与两个像平面的交线称为核线。核线约束是指,如果已知第一幅图像上的像点 u 和两幅图像对应的投影中心,此三者可构成一个对极平面,则第二幅图像上的对应像点 u' 必定在第二幅图像的像平面与对极平面的交线上。反之亦然。只能得到核线约束,而不能确定第二幅图像上对应像点的准确位置的原因可以从图 5-5 中看出。沿着第一幅图像上投影中心 C_1 与像点 u 的摄像方向构造的空间点集,与两个投影中心构成的对极平面相同,而这些空间点在第二幅图像上投影的像点共线但位置不同。因此,两个投影中心和一个像点不能完全确定另一个像点坐标,只能得到核线约束。

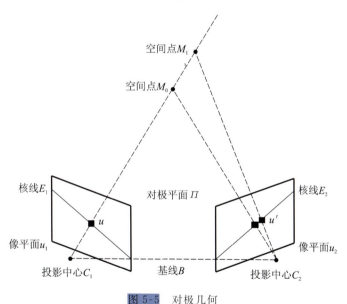

图 5-5　对极几何

假设 m、m' 分别是投影点 u、u' 在图像坐标系下的齐次坐标矩阵,则核线方程可以表示为

$$m'^{\mathrm{T}} F m = 0 \tag{5-21}$$

矩阵 F 是计算机视觉中非常重要的矩阵,称为基础矩阵(fundamental matrix)。如果图像已经被定向,则基础矩阵可以通过图像的定向参数计算得到。假设将世界坐标系定义在左相机的位置,K_L 和 K_R 分别为左右相机的内参数矩阵,R 和 T 为右相机坐标系相对于世界坐标系的旋转矩阵和平移矩阵。设 $T = [t_x \quad t_y \quad t_z]^{\mathrm{T}}$,定义其反对称矩阵

$$T_x = \begin{bmatrix} 0 & -t_z & t_y \\ t_z & 0 & -t_x \\ -t_y & t_x & 0 \end{bmatrix}$$

则基础矩阵可以表示为

$$F = K_R^T T_x R K_L^{-1} \tag{5-22}$$

当已知其中一个像点 u 的坐标和基础矩阵时，式(5-21)是一个关于像点 u' 的横向和纵向两个未知坐标的直线方程，用于描述核线约束。核线约束常用于图像间同名像点的确定。理论上，各同名像点应该在相应的核线上，但是由于实际测量中存在各种各样的误差，对应的像点常常会偏离理想位置，因此在实际的像点匹配中，应该设置一定的阈值，凡是在阈值条带内的都应该作为备选点。当图像上的标志点较为密集时，如果仅考虑两幅图像，沿某一核线搜索时有多个像点会被选为对应像点。利用三幅或四幅图像相互进行核线匹配则可以大大降低匹配的出错率[4,5]。

实际的匹配过程中，由于定向参数不够精确，可能会造成对应像点与核线距离较大，为了减少误匹配并提高匹配成功率，需进行多次匹配。首先采用比较小的阈值，第一次匹配时会有部分像点匹配成功，利用这部分像点进行三维重建，然后进行光束平差计算，得到更精确的定向参数；然后再进行匹配，又会有更多的点匹配成功，再进行光束平差计算；反复多次，直到能匹配的点全部匹配成功。

2. 计算三维坐标

匹配成功后，则对于任何一个标志点都可以在所有可见图像上找到其对应的准确像点坐标。利用两个位置相机的内外参数以及对应的像点，就可以重建得到空间点的三维坐标。具体如下：

假设 $M_L = K_L [R_L | T_L]$ 和 $M_R = K_R [R_R | T_R]$ 分别为两个相机的投影矩阵，而 (u_L, v_L) 和 (u_R, v_R) 为对应的图像坐标。使用最小二乘法可以得出该点的空间坐标：

$$W = (P^T P)^{-1} P^T Q$$

$$P = \begin{bmatrix} a_{0,0} - a_{2,0} u_L & a_{0,1} - a_{2,1} u_L & a_{0,2} - a_{2,2} u_L \\ a_{1,0} - a_{2,0} v_L & a_{1,1} - a_{2,1} v_L & a_{1,2} - a_{2,2} v_L \\ b_{0,0} - b_{2,0} u_R & b_{0,1} - b_{2,1} u_R & b_{0,2} - b_{2,2} u_R \\ b_{1,0} - b_{2,0} v_R & b_{1,1} - b_{2,1} v_R & b_{1,2} - b_{2,2} v_R \end{bmatrix}$$

$$Q = \begin{bmatrix} u_L a_{2,3} - a_{0,3} \\ v_L a_{2,3} - a_{1,3} \\ u_R b_{2,3} - b_{0,3} \\ v_R b_{2,3} - b_{1,3} \end{bmatrix} \tag{5-23}$$

式中：$a_{i,j}$ 和 $b_{i,j}$ ($i=0,1,2; j=0,1,2,3$) 分别是两相机的投影矩阵 M_L 和 M_R 的元素。

实际测量中,同一个标志点出现在多张照片上时,该标志点的空间位置理论上应该为多条空间射线的交点,如图 2-14 所示。这些射线理论上应该严格相交于同一点,则使用任意两张照片都可以完成标志点空间坐标的求解。但实际情况下,由于标志点定位误差、图像内外参数标定误差等因素的影响,这簇空间射线并不严格相交。需要利用多幅图像的内外参数及像点坐标计算对应空间点的三维坐标,即采用多视空间前方交会算法。可根据式(2-24)使用最小二乘法来逼近空间点的最优解。

5.2.4 光束平差算法

基于共线方程的摄影测量光束平差算法亦称捆绑调整算法(method of bundle adjustment),是一种把控制点的图像坐标、待定点的图像坐标以及控制点的空间坐标等测量数据的部分或者全部视作观测值,以整体求解待定点空间坐标的解算方法(见图 5-6)。其求解原则是使各类观测值对应的改正数 V 满足 $V^\mathrm{T}PV$ 为最小的条件。基于共线方程列出的光束平差误差方程为[8]:

$$V = AX_1 + BX_2 + CX_3 - L \tag{5-24}$$

式中:X_1 为相机内参数变化量;X_2 为相机外参数变化量;X_3 为空间点的坐标;L 为观察量也即像点坐标;A、B、C 分别是相应的变化量偏导矩阵。

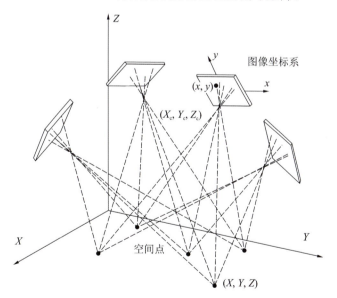

图 5-6 光束平差算法原理

光束平差算法的整体解算模型中,含有两类待定的未知参数:一类是相机的内外参数;另一类是每个待定点的空间坐标。后一类参数的数目往往比较大,一般达到几百个甚至上千个,所以算法方程的阶数很高,运算工作量较大。为了尽量减少计算量,采用逐点对原始误差方程进行等效化的办法,消去该点空间坐标未知参数,组成等效误差方程和相应的简化方程组,从而首先解算出各张照片的外参数,然后再利用多视前方交会算法,逐点计算待定点的空间坐标,这就是摄影测量中的"逐点消元、法化"方法[3]。

光束平差算法以共线方程作为基本模型,照片坐标观测值是未知数的非线性函数,因此需要经过线性化处理后,才能用最小二乘法进行计算。这里的最小二乘问题,实际上属于非线性的最小二乘问题,需要在提供一个近似解的基础上,通过逐步趋近的方法求出最佳解。所提供的初始值越接近最佳解,收敛速度越快;不合理的初始值不仅会影响收敛速度,甚至还可能造成计算结果不收敛。因此,在进行光束平差计算之前选择高质量的初始值对计算结果非常重要。

5.2.5 三维重建精度评估

1. 重投影误差

在近景工业摄影测量中,对测量精度的描述,一般使用重投影误差[9,10]。标志点重建完成之后,它们的三维坐标、相机的内参数以及每张照片所对应的相机的外参数都已经确定了。这时,将所有的空间点坐标通过相机模型投影在每幅图像上,会产生一个计算出的虚拟像点坐标,这些虚拟像点与实际的标志点中心坐标之间的偏差用统计学方法描述,可以作为摄影测量系统精度的评价指标。具体描述方法介绍如下。

设测量场景中包含了 N 个标志点,一共拍摄了 M 幅场景图像。设第 i 幅图像上有 N_i 个标志点,则第 i 幅图像上的误差为这幅图像上所有可见标志点的偏差均值,即

$$H_i = \frac{1}{N_i}\sum_{j=1}^{N_i} \overline{Q_{ij}q_{ij}} \quad (5-25)$$

式中:$\overline{Q_{ij}q_{ij}}$ 为第 i 幅图像上第 j 个可见点的标志点 Q_{ij} 与通过相机成像模型计算出的虚拟像点 q_{ij} 在像平面上的直线距离。则 M 幅图像的总偏差为

$$\varepsilon = \frac{1}{M}\sum_{i=1}^{M} H_i = \frac{1}{M}\sum_{i=1}^{M}\left(\frac{1}{N_i}\sum_{j=1}^{N_i}\overline{Q_{ij}q_{ij}}\right)$$
$$= \frac{1}{MN_i}\sum_{i=1}^{M}\sum_{j=1}^{N_i}\overline{Q_{ij}q_{ij}} \quad (5-26)$$

影响这个偏差的主要因素有标志点中心的定位精度、相机成像模型和镜头畸变模型数学描述的准确性以及光束平差算法的优劣。

2. VDI/VDE 2634 Part I 测试标准

VDI/VDE 2634 Part I 由德国工程师协会(VDI)/德国电气工程师(VDE)协

会之照相测量和自动控制的光学三维测量技术委员会和德国照相测量和遥感协会的近景摄影测量工作组于 2002 年起草。该标准规定三维长度测量误差值等于两点间的测量值和校准值之差：

$$\Delta l = l_m - l_k \tag{5-27}$$

测试前布置一测量体（见图 5-7），如尺寸为 2000 mm×2000 mm×1500 mm 的测量体，也可采用其他尺寸的测量体。将校准件置于测量体中，并至少测试五种长度。每种测试长度不大于测量体的最短边长，最长长度不大于测量体对角线的三分之二。

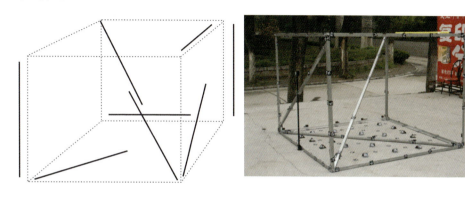

图 5-7 测量体

测试时，通过多次重复测量各种测试长度，获得测量误差分布图（见图 5-8），并最终求得质量参数 E：

$$E = A + k \cdot L \leqslant B \tag{5-28}$$

式中：A、k、B 为常量；L 为待测长度。质量参数 E 为验收检测和复检时最大允许长度测量误差。

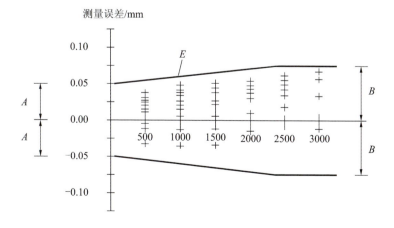

图 5-8 测量误差分布图

5.3 典型的近景工业摄影测量系统

近景工业摄影测量技术在国外发展很快,到目前为止,国外已经有多种近景工业摄影测量系统的成熟产品,比较典型的有美国 GSI 公司的 V-STARS 系统、德国 AICON 3D 公司的 DPA-Pro 系统、德国 GOM 公司的 TRITOP 系统、加拿大 EOS 公司的 PhotoModeler 系统、挪威 Metronor 公司的 Metronor 系统等。在我国,随着工业尤其是重大基础装备工业的飞速发展,高精度的测量技术显得越发重要,在国外视觉测量公司将其产品推向我国的同时,国内许多高校和科研机构也在借鉴和吸收国外产品的基础上,推出了各自的近景工业摄影测量系统。目前国内具有代表性的近景工业摄影测量软件有西安交通大学模具与先进成形技术研究所研制的 XJTUDP 系统和北京天远三维科技有限公司的 DigiMetric 系统等。

1. V-STARS 系统

V-STARS 系统是美国 GSI 公司研制的近景工业摄影测量系统。该系统三维测量精度高,测量速度快,自动化程度高,是目前国际上最成熟的商业化工业数字摄影测量产品之一,在工业制造中应用广泛。如图 5-9 所示,其系统组成有数码相机、装有 V-STARS 软件的笔记本电脑、标志点、自动定向棒及其他的测量附件。其测量精度可达到 0.01 mm/m。

图 5-9 V-STARS 系统

2. TRITOP 系统

TRITOP 系统是由德国 GOM 公司设计和研发的工业近景摄影测量系统。其测量范围为 0.1~20 m,测量精度可达到 0.01 mm/m。根据具体的测量任务,可选择不同的相机系统。如图 5-10 所示，TRITOP 系统主要由数码相机、编码标志点、非编码标志点、基准尺以及软件组成。TRITOP 系统单独使用可以测量工件关键点的三维坐标，还可与面扫描仪配合使用来提高整体拼接的精度。主要的应用范围有：钣金件和车身的检测、大型物体的质量控制、塑性模具的检验等。

图 5-10　TRITOP 系统

3. DPA 系统

DPA 系统是由德国 AICON 公司设计和研发的单相机摄影测量系统。如图 5-11 所示，其构成与 TRITOP 系统相同。DPA 系统可用来测量各种尺寸的物体，测量范围为几厘米到几十米，在静止的大型物体测量方面优势尤为突出。其测量精度可达到 0.015 mm/m。主要的应用有：隧道、大型容器的检查，机动车安全方面的变形分析，大型钢架结构的检查。

图 5-11　DPA 系统

4. XJTUDP 系统

如图 5-12 所示，XJTUDP 系统是一个便携式光学三坐标测量系统，用于测量物体表面的标志点和特征的精确三维坐标，其测量范围为 0.3～30 m，测量精度为 0.015 mm/m。XJTUDP 系统还提供有 CAD 数模比对和静态变形的分析功能。

其中:数模比对模式支持 stl、iges、step 等多种数模文件格式;在静态变形模式下,可以通过指定标志点搜索半径及搜索深度,提高标志点追踪稳定性。在两种模式下都可以创建多个观察域用于偏差变形分析。

图 5-12　XTDP 系统

5. DigiMetric 系统

如图 5-13 所示,DigiMetric 系统的组成部件与 XTDP 系统类似,也包含数码相机、标志点、基准尺、测量软件。其测量精度与 XTDP 系统相当,为 0.1 mm/m。

图 5-13　DigiMetric 系统

这些测量系统都是通过先在被测物表面粘贴编码标志点和非编码标志点,再用相机从多个位置和角度拍摄图像,最后将图像导入计算机,利用算法处理得到标志点的三维坐标的。因此,系统的构成和功能大同小异。区别体现在基于测量得到的三维坐标衍生出的后续附加功能,如数模比对和静态变形测量功能等方面。

5.4　近景工业摄影测量技术的应用

近年来,随着我国国民经济的快速发展,在各行各业的生产和工程中都存在对大尺寸测量的需求。近景工业摄影测量通过在测量场景中布置若干数量的标志点和标尺,使用高分辨率单反相机从不同角度定焦获取一定量的照片,再利用相应算法就可以求解出空间任意标志点的三维坐标。这一方法对大型或超大型物体的三维测量而言非常方便和灵活。由于没有传统三坐标测量仪的机械行程限制,因此近景工业三维摄影测量系统不受被测物体的大小、体积、外形的限制,能够有效减小累积误差,提高整体三维数据的测量精度[11]。

近景工业摄影测量方法可以得到物体表面标志点的三维坐标,配合扫描仪用于多幅点云的拼接,可快速获得高精度的超大物体的三维数据。另外,基于对场景中标志点三维坐标的获取,它可以对被测工件与CAD设计图进行三维几何形状比对,快速方便地进行大型工件的产品外形质量的检测,还可以测量出工件在不同静态加载时的三维变形。

5.4.1 关键点三维坐标测量

关键点三维坐标测量系统也被称为便携式三坐标测量仪,与传统三坐标测量仪相比,可实现现场测量或户外测量。例如在模具加工行业,往往需要在零件铸造完成之后,将实际尺寸与设计尺寸对比来检验偏差。图5-14为某大型挖掘机铲斗表面关键点检测的示例。在大型挖掘机铲斗模型表面粘贴编码点和非编码点,测量其外表面关键位置的三维坐标。然后将坐标数据导入设计模型,将测量的关键点模型与设计模型的坐标系对齐,并分析得到铲斗模型与设计模型之间的偏差,进而对设计模型进行改进,调整余量。

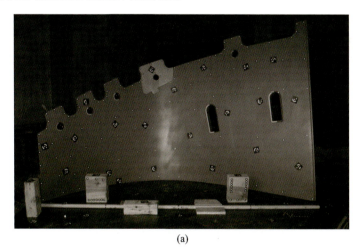

(a)

图 5-14 某大型挖掘机铲斗表面关键点检测
(a)铲斗标志点布置;(b)标志点识别与匹配;(c)重建标志点;
(d)正面偏差色谱;(e)背面偏差色谱

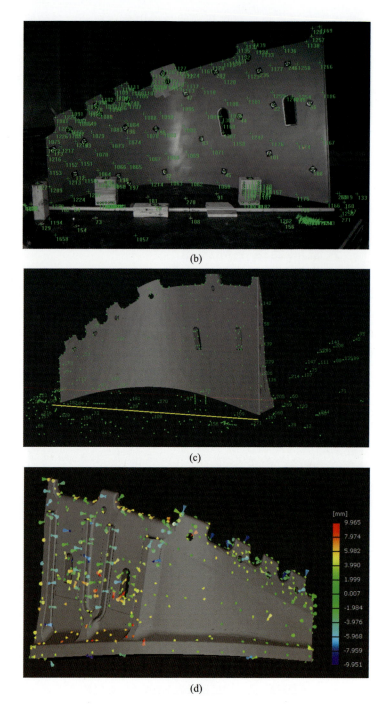

续图 5-14

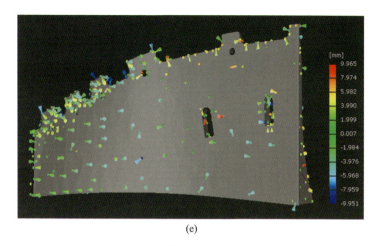

(e)

续图 5-14

5.4.2 静态变形测量

使用近景工业摄影测量方法还可以测量工件在稳定激励作用前后某些关键位置的变形情况,用以校核材料的性能和零件的使用寿命。可以在感兴趣的位置粘贴标志点,通过摄影测量求出加载前后对应空间点坐标的变化。图 5-15 所示为煤矿放顶模拟试验。每一次稳定加载后进行一次摄影测量,可求出此时所有标志点的空间坐标。最后以初始状态标志点的位置为基准,只要找到标志点前后的对应关系,就可以求出任何一个加载状态下,每个标志点对应的位置相对初始位置的变形情况,如图 5-16 所示。

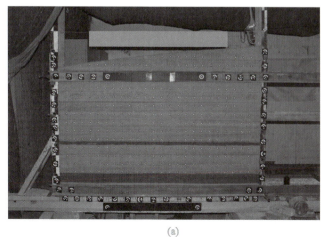

(a)

图 5-15 某煤矿放顶模拟试验

(a)放顶静态变形测量;(b)标志点识别与匹配

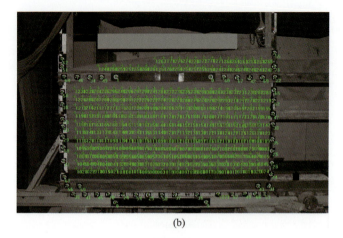

(b)

续图 5-15

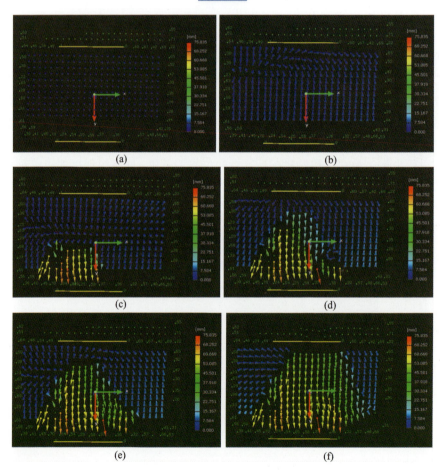

图 5-16 稳定载荷下不同时刻的变形图

5.4.3 金属板料成形应变测量

大尺寸板料成形过程较为复杂,通常在封闭空间中进行,不能或很难观察到成形的中间过程,只能得到板件成形前后的两个状态。网格应变分析法通过在板件表面制备网格,使用近景工业摄影测量的方法获得成形前后网格的三维坐标,并在此基础上进一步计算板件三维变形与应变。该方法属于离线测量,简单、高效,是板料应变测量的常用方法[12,13]。

1. 杯突试验过程中三维全场应变检测

首先在杯突试件表面印制点阵网格,如图 5-17 所示。杯突试件材料为不锈钢 304,材料厚度为 0.7 mm。然后在试件周围放置一些编码标志点及比例尺,用数码相机从不同的站位拍摄若干幅图像,并进行图像的识别、定向、匹配、重建、光束平差计算等操作,得到网格节点的三维坐标。将相邻的四个网格节点依次连接起来形成四边形网格。最后,根据同一网格在变形前后尺寸的变化,套用应变计算公式计算出网格节点的各种应变值及表面厚度减薄率,如图 5-18 所示。

图 5-17 基于近景工业摄影测量的杯突试件表面网格三维重建

2. 汽车钣金件三维全场应变检测

如图 5-19 所示的某汽车钣金件,由于被测量试件尺寸比较大,总共制备了十四块与网板大小一致的点阵网格,因此需要多次测量,每次测量一个网板大小的网格。测量过程中保证相邻的网格之间有公共编码标志点,将十四个网格的坐标统一。如图 5-20 所示,在第二块与第一块网格之间设置了公共拼接点,这样单块网格计算完成后,可以通过公共拼接点将坐标系统一起来。图 5-21 所示为该汽车钣金件表面三维应变场。

5.4.4 多视图三维重建

多视图三维重建(multi-view stereo)也称场景三维重建,可用于生成场景的密集点云。它不需要在测量环境中放置人工标志点,而是直接对被测场景从不同角度拍摄大量的彩色照片,保证场景中任意可视表面在图像集中都能够清晰地反映在至少两张照片上。这种方法的初始输入就是这些彩色照片,通过相应算法就可以生成场景的带有纹理的密集点云,最大限度地利用图像中的信息。加入比例尺后,点云就具有了真实的三维坐标。由于不布置标志点,相机内外参数的标定需要根据这些同名点用图像处理方法自动在彩色图像中搜索配对,因此重建后的密集点云精度一般不太高,用于精度要求不高的场合,如玩具与工艺品模型等的逆向建模。生成的密集点云经处理后可以直接交给 3D 打印机用于快速成形制造。另外,将相机安装在无人机上做多角度航拍,可实现大型场景如建筑物甚至城市地貌等数字化模型的构建。

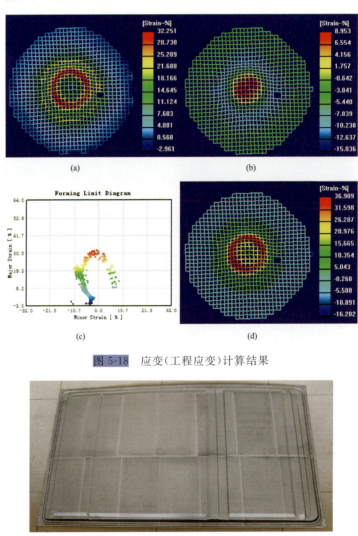

图 5-18　应变(工程应变)计算结果

图 5-19　某汽车车门钣金件(表面制备了点阵网格)

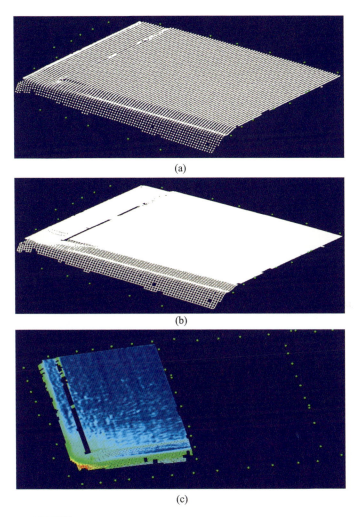

图 5-20　某汽车钣金件表面某一点阵网格的应变计算结果
(a)汽车钣金件表面网格节点三维重建；(b)网格连接；(c)应变计算

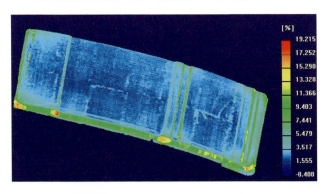

图 5-21　汽车钣金件表面三维应变场

多视图三维重建算法仅根据彩色图像组就能够重建带有颜色的密集场景,近些年来得到了国内外学者较为广泛的关注。目前对该算法主要从三个方面进行改进:生成点云的密度,精度和速度。某多视图重建网站(http://vision.middlebury.edu/mview/)提供了测试图像集,且能够对算法实现的效果进行评估。该网站公布的结果显示,重建效果最好的是 Furukawa 博士提出的方法[14],其源代码已公开(网址为 http://www.di.ens.fr/pmvs)。该方法采用 Bundler 捆绑标定,重点研究了如何基于稀疏种子点向密集点云扩散(PMVS/CMVS)。Wu Changchang 使用 GPU 和 CUDA 加速编写了一个可视化的软件 visualSFM(http://homes.cs.washington.edu/~ccwu/vsfm),该软件是 PMVS 的集成和实现,其在计算效率上有所提高。

多视图三维重建的基本步骤如图 5-22 所示。

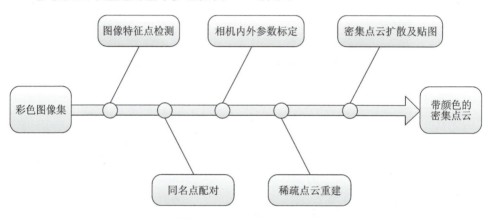

图 5-22　多视图三维重建的流程

基于输入的彩色照片,整个多视图三维重建的计算流程为:

(1)对图像进行关键点检测,将每幅图像中的特征点检测出来。这一步一般使用 SIFT 或者 SURF 算法,因为这两种算法能够提供带有描述身份信息的特征向量,这样对每张照片都能得到大量的关键点以及对应的特征向量。

(2)基于特征向量的相似性,利用向量夹角的余弦判断特征向量对应的特征点是否为同名点。进行一次全局判断与整理,统计出所有图像中的同名点。

(3)图像中的同名点可看作摄影测量中的编码点,用于对每幅图像对应相机在世界坐标系中的方位及相机焦距畸变等内参进行计算。利用这些同名点,采用光束平差算法求出这些相机的内外参数以及同名点在空间中的位置坐标。

(4)生成更多的三维点。由于相机的内外参数已经求解出来,利用核线约束,在每两幅图像中再次找到同名点进行三维重建,从而生成稀疏点云。

(5)把这些重建出来的稀疏点作为种子点向外扩散,进一步重建出其周围点,形成密集点云。PMVS 算法基于光照一致性进行片的扩散,得到密集点云。

密集点云以后可用于三角网格化封装,通常使用泊松重建方法。

在商业软件方面,首屈一指的当属 Agisoft 公司的 PhotoScan,其建模的速度和精度均居于领先地位。Agisoft PhotoScan 是一款基于影像自动生成高质量三维模型的优秀软件,在航拍及大型物体的重建方面具有高效的处理能力。软件能够根据航拍或者高分辨率数码相机拍摄的图像集,经过计算后建立场景的 3D 模型,不需输入初始值,也不需布置人工标记,整个工作流程完全自动化。目前还支持分布式并行运算,极大地加快了大量图像用于重建大型场景的速度。该软件已经被应用在文物保护、地形测量、建筑物三维建模、雕塑制作等多个行业。图 5-23 所示为其软件界面,工作流程如其下拉菜单所示。以下以一拍摄的彩色图像集,简要介绍该软件的三维重建流程。

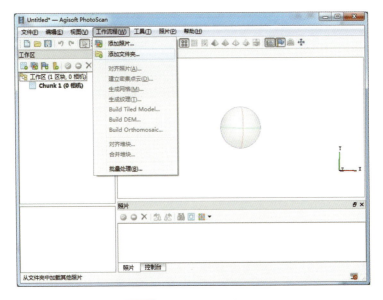

图 5-23 PhotoScan 软件界面

使用单反相机对布置有各种物件的办公桌从不同的角度进行定焦拍照,将得到的 58 幅彩色图像导入 PhotoScan 软件中。首先检测每幅图像中的特征点,检测结果如图 5-24 所示。其中白色的圆圈标记为单幅图像上检测处的特征点。单幅图像上特征点检测完成后,结合每幅图像上的特征点信息,进行全局同名特征点匹配,如果与其他图像的白色标记匹配为同名点,则标记为蓝色。

蓝色标记用于相机标定和稀疏重建。这些蓝色的有效同名像点可视为摄影测量中的编码点。利用这些同名像点在不同图像上的像点坐标,进行光束平差计算,得出相机的内外参数以及同名特征点的三维坐标。图 5-25 显示了稀疏重建后的点云结果。点云结果在软件中也可以显示为每幅图像对应的相机拍摄时的方位。计算得到的相机内外参数可以从图 5-26 所示的对话框中查看。

利用相机的标定信息和重建的稀疏点云进行扩散,生成的密集点云如图 5-27 所示。

图 5-24　特征点检测

图 5-25　稀疏重建结果

对密集点云进行三角网格化处理后的结果如图 5-28 所示,再对三角面片进行纹理贴图,可得带有颜色信息的三角面片几何特征,从而生成数字化的三维场景,如图 5-29 所示。在相机的分辨率较高,拍摄的照片数据较多的情况下,能够生成大型场景的更为细致的数字化模型。

第 5 章　近景工业摄影测量技术

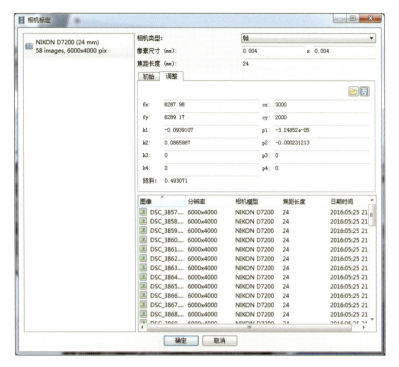

图 5-26　相机标定的结果

图 5-27　生成密集点云

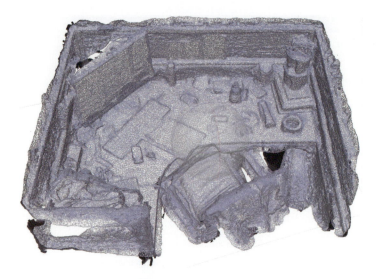

图 5-28 三角网格化

图 5-29 生成纹理

5.5 本章小结

近景工业摄影测量是指在场景中布置人工标志点(包括编码标志点和非编码标志点),使用相机在定焦模式下从不同角度对被测物体拍摄灰度照片。通过图像处理,利用检测到的编码标志点对每幅图像进行定向,用定向结果去约束非编码标志点,以确定不同图像中的同名点。再利用所有的标志点,对相机的内参数、每幅图像的位置以及所有编码标志点的像素坐标进行整体平差调整。计算完成后给定比例尺,从而得到所有标志点实际的空间坐标。本章主要论述了近景工业摄影测量的基本原理和主要技术,包括相对定向、绝对定向、标志点的匹配与重建、光束平差计算等,并介绍了近景工业摄影测量在工程中的应用。

参 考 文 献

[1] 唐正宗,梁晋,郭成.基于摄影测量校正的斜光轴数字图像相关方法[J].光学学报,2011,31(11):157-165.

[2] 肖振中.基于工业摄影和机器视觉的三维形貌与变形测量关键技术研究[D].西安:西安交通大学,2010.

[3] 黄桂平.数字近景工业摄影测量关键技术研究与应用[D].天津:天津大学,2005.

[4] 冯其强.数字工业摄影测量技术研究与实践[D].郑州:中国人民解放军战略支援部队信息工程大学,2010.

[5] 冯其强.数字工业摄影测量中的标志点匹配和自检校光束法平差快速解算[D].郑州:中国人民解放军战略支援部队信息工程大学,2007.

[6] ZHANG D H, LIANG J, GUO C, et al. Exploitation of photogrammetry measurement system [J]. Optical Engineering, 2010,49(3):263-276.

[7] 李磊刚,梁晋,唐正宗,等.用于工业三维点测量的接触式光学探针[J].光学精密工程,2014,22(6):1477-1485.

[8] 梁晋,郭翔,胡浩,等.机械与材料力学性能的三维全场变形与应变快速检测研究[J].中国工程科学,2013,15(01):51-56,105.

[9] 千勃兴,梁晋,郭楠,等.摄影测量中大量标志点的光束平差求解[J].光学精密工程,2015,23(10):133-138.

[10] GUO X, LIANG J, XIAO Z Z, et al. Precision control of scale using in industrial close-range photogrammetry [DB/OL]. [2018-03-18]. http://gr.xjtu.edu.cn/c/document_library/get_file?folderId=134750&name=DLFE-3449.pdf.

[11] SHI B Q, LIANG J. Circular grid pattern based surface strain measurement system for sheet metal forming[J]. Optics and Lasers in Engineering,2012,50(19):1186-1195.

[12] LI L G, LIANG J, SHI B Q, et al. Grid-based photogrammetry system for large scale sheet metal strain measurement[J]. Optik-International Journal for Light and Electron Optics,2014,125(19):5508-5514.

[13] FURUKAWA Y. Multi-view stereo:A tutorial[M]. Boston:Now Publishers Inc.,2015.

第6章　三维激光扫描测量技术

三维激光扫描测量(3D laser scanning measurement)技术基于激光测距的原理,通过采集被测物体表面大量的密集点云数据,快速构建被测物体的三维CAD数字模型。三维激光扫描测量技术具有速度快、效率高、精度高等优点,可在数小时内实现大型复杂物体或场景的三维重建,因此,也被称为实景复制技术。三维激光扫描测量技术已经在逆向建模、文物保护、城市建筑测量、飞机船舶制造等领域得到广泛应用,成为一种重要的计量与检测手段。本章首先介绍激光产生的原理及激光测距的原理,然后详细讲解三维激光扫描测量技术的原理,最后介绍几种典型的三维激光扫描测量系统。

6.1　激　　光

激光技术是20世纪最重要的科学技术之一。自从第一台红宝石激光器研制成功以来,激光技术便给工业生产、社会生活和科学研究等带来了许多革命性的变化。

6.1.1　激光的产生

1. 基本概念

(1)能级　能级表示粒子处于稳定运行状态时的能量值。能量值较高的能级称为高能级,能量值较低的能级称为低能级。

(2)跃迁　跃迁表示粒子从一个能级跳跃至另外一个能级的变化过程。

(3)自发辐射　如图6-1所示,处于高能级(能量为E_2)上的粒子以一定的概率自发地跃迁至低能级(能量为E_1)上并辐射出一个光子的过程,称为自发辐射。

(4)受激辐射　如图6-2所示,处于高能级(能量为E_2)上的粒子,受到频率为$(E_2-E_1)/h$的外来光子的激励,以一定的概率跃迁至低能级(能量为E_1)上并辐射出一个与外来光子同特征(相位、频率、偏振方向及传播方向等)的光子的过程,称为受激辐射。

(5)受激吸收　如图6-3所示,处于低能级(能量为E_1)上的粒子,受到频率为$(E_2-E_1)/h$的外来光子的激励,以一定的概率吸收外来光子的能量并跃迁至高

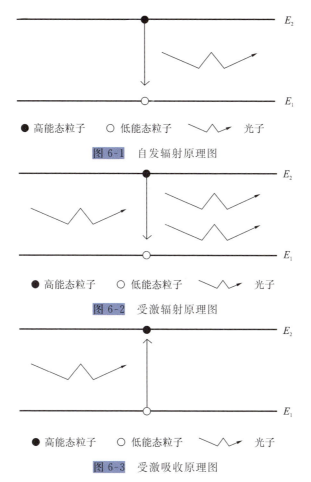

图 6-1 自发辐射原理图

图 6-2 受激辐射原理图

图 6-3 受激吸收原理图

能级(能量为 E_2)上的过程,称为受激吸收。

(6)激励 将低能级上的粒子"抽运"或"搬运"至高能级上的过程称为激励,也称泵浦。

(7)粒子数反转 在热平衡状态下,低能级上的粒子数远远大于高能级上的粒子数。如图 6-4 所示,通过外部激励将低能级上的粒子"抽运"或"搬运"至高能级上,使得高能级上的粒子数大于低能级上的粒子数,这种高能级上的粒子数大于低能级上的粒子数的现象,即粒子数反转。

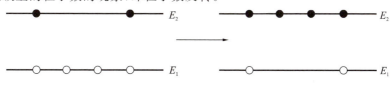

图 6-4 粒子数反转原理示意图

2. 激光产生原理

由受激辐射理论可知,一个光子经过一次受激辐射,可获得两个特征相同的光子。如果这两个光子继续受激辐射,则可能获得四个特征完全相同的光子。依此类推,光子数量便会按指数规律增长,产生激光。由于所有光子都具有相同的特征,因此激光具有单色性和相干性好、方向性强及能量高等优良的特性。

6.1.2 激光器

激光器是产生激光的装置。如图 6-5 所示,激光器一般由工作物质、激励系统和光学谐振腔等部分构成。

(1)工作物质 工作物质是实现粒子数反转的介质,可以是气体、液体、固体或半导体等。

(2)激励系统 它用于提供粒子数反转及维持反转所需的能量。针对不同的工作物质,可采用不同的激励方式,如光激励、电激励、化学激励及核能激励等。

(3)光学谐振腔 受激辐射的光子在光学谐振腔内能够多次往返,从而形成相干的、持续振荡的、方向性和单色性好的激光。

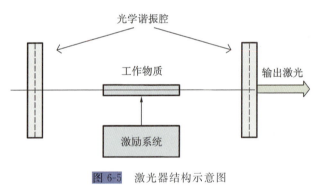

图 6-5 激光器结构示意图

6.1.3 激光器分类

1. 按照工作物质的不同分类

如图 6-6 所示,激光器可分为气体激光器、液体激光器、固体激光器、半导体激光器及其他新型激光器等。

1)气体激光器

气体激光器的工作物质为气体或蒸气[1]。气体激光器通常采用各种激励(气体放电激励、气动式激励、光激励、化学激励及核动激励等)方式,使气体粒子由低能级跃迁至高能级,实现粒子数反转,从而产生光的受激辐射。根据气体粒子的不同,气体激光器又可分为原子气体激光器、分子气体激光器、离子气体激光器及

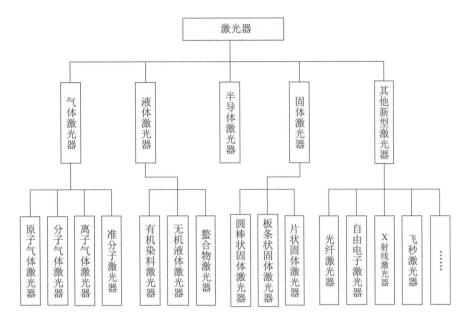

图 6-6　激光器按照工作物质的不同分类

准分子激光器等。

原子气体激光器主要采用惰性原子气体(如氦、氖、氩、氪、氙)及金属原子蒸气(如铜原子蒸气、锌原子蒸气、锰原子蒸气、铅原子蒸气)作为工作物质,He-Ne激光器是一种典型的原子气体激光器。分子气体激光器主要采用气体分子作为工作物质,如 CO_2、CO、N_2、O_2、H_2 等;CO_2 激光器是一种典型的分子气体激光器。离子气体激光器主要采用惰性离子气体(如氩离子和氪离子)和金属离子蒸气等作为工作物质;氩离子激光器是一种典型的离子气体激光器。准分子激光器主要采用处于激发态的惰性气体准分子或惰性气体氧化物准分子,如 Xe_2、XeO 及 XeF 等,作为工作物质。气体激光器可输出真空紫外至远红外波段的激光,主要用于计量、激光通信、材料加工及激光医疗等领域。

2)液体激光器

液体激光器的工作物质为液体,如有机染料液体和无机化合物液体等[2,3]。液体激光器采用光泵激励等方式使液体粒子(有机染料分子或金属离子等)从低能级跃迁至高能级,实现粒子数反转,从而产生光的受激辐射。液体激光器又可分为有机染料激光器、无机液体激光器及螯合物激光器[2]。有机染料激光器以液态有机染料作为工作物质,如有机化合物氯化铝酞菁等。无机液体激光器将掺稀土金属离子的无机液体作为工作物质,如掺钕的氧氯化硒等。液体激光器利用液体的循环流动特点可以将泵浦时产生的热量及时排出,从而保证激光器稳定运转。液体激光器可输出紫外到红外波段激光,在光谱分析、同位素分离及光生物学等领域得到了广泛的应用。

3)固体激光器

固体激光器的工作物质为固体,如掺入激活离子(Cr^{3+}、Nd^{3+} 及 U^{3+} 等)的单晶(Al_2O_3、$CaWO_4$ 等)、玻璃(钡冕玻璃等)及陶瓷等。固体激光器通常采用光泵激励方式使金属离子从低能级跃迁至高能级,实现粒子数反转,从而产生光的受激辐射。按照固体工作物质形状的不同,固体激光器又可分为圆棒状固体激光器、板条状固体激光器及片状固体激光器[4]。固体激光器可输出可见光至远红外波段的激光,在激光测距、材料加工、外科和眼科手术、脉冲全息照相及大气检测等领域得到了广泛应用。

4)半导体激光器

半导体激光器[5]的工作物质为半导体(直接带隙半导体及间接带隙半导体等)材料,如 GaAs、ZnS 及 Si 等。半导体激光器通常采用电注入等激励方式使非平衡载流子实现粒子数反转,从而产生光的受激辐射。半导体激光器可输出紫外至红外波段的激光,在测距、通信、制导跟踪等领域得到了广泛的应用。

5)其他新型激光器

其他新型激光器包括近年来新研制的一些激光器如光纤激光器[6]、自由电子激光器、X射线激光器及飞秒激光器等。其中,光纤激光器的工作物质为掺杂光纤。由于光纤也属于一种固体材料,所以光纤激光器也可归属为一类特殊的固体激光器,其受激辐射原理与其他固体激光器类似。光纤激光器按结构可进一步分为单包层光纤激光器和双包层光纤激光器。光纤激光器可输出脉冲激光及连续激光,在数据存储、光学通信、光谱分析等领域得到了广泛的应用。

2. 按照激励方式的不同分类

如图 6-7 所示,激光器可分为光激励激光器、电激励激光器、化学能激励激光器和核能激励激光器等。

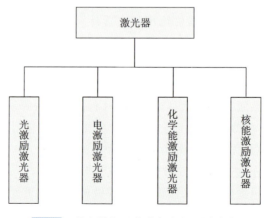

图 6-7 激光器按照激励方式的不同分类

1) 光激励激光器

光激励激光器是利用外界光源进行激励的激光器。

2) 电激励激光器

电激励激光器是采用气体放电方式或电流注入方式进行激励的激光器。

3) 化学能激光器

化学能激光器是利用化学反应释放的能量进行激励的激光器。

4) 核能激励激光器

核能激励激光器是利用小型核裂变反应所释放的能量进行激励的激光器。

3. 按照输出激光波长范围的不同分类

如图 6-8 所示，按照输出激光波长范围的不同，激光器可分为红外激光器、可见光激光器、紫外激光器及 X 射线激光器等。

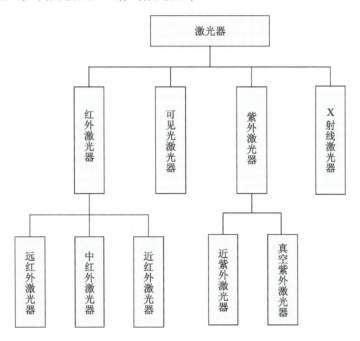

图 6-8 按照输出波长的激光器分类

此外，还可按运转方式及激光调制方式的不同对激光器进行分类，感兴趣的读者可以查阅相关文献。

6.1.4 激光技术的应用

激光技术在全息照相、激光制导、激光雷达、激光加工、激光测距、激光医疗等领域得到了广泛的应用。其中激光测距主要是利用激光方向性强、单色性和相干性好等优良特性，实现高精度的距离、角度和速度等的测量。激光测距集激光技术、光电转换技术及信号处理技术等于一体,相较于传统测量方式,其测程更远、测量精度更高、测量时间更短。激光测距按原理可分为激光飞行时间法测距、激光干涉法测距及激光三角法测距等[7-10]。其中,激光飞行时间法测距又可分为脉冲式激光测距及连续波相位式激光测距(简称相位式激光测距)[7]。

6.2 脉冲式激光测距技术

激光技术的高速发展为脉冲法测距提供了可能。现在的激光器可发出脉宽为几十纳秒级别的光脉冲,其瞬时功率大,能量相对集中,只需要控制激光脉冲的发射周期,就可实现重复测量,测距方式简单。在无合作目标时,利用光电探测器可直接接收漫反射回来的回波信号,实现近距(几千米以内)测量。在有合作目标时,可实现远距(几千米以上)测量。

6.2.1 脉冲式激光测距原理

脉冲式激光测距原理如图6-9所示。首先,激光测距系统中的激光器发出单个或者连续的多个脉宽极窄的光脉冲,经待测目标反射后,脉冲信号被测距系统接收,经内部回波信号处理电路处理,可计算出激光脉冲往返测线的飞行时间。由于激光脉冲在空气中的飞行速度几乎不变,所以激光脉冲飞行的距离等于光速乘以激光脉冲的飞行时间间隔[7],即

$$s = \frac{1}{2}ct \tag{6-1}$$

式中:s 为被测物体与测距系统间的距离;t 为激光脉冲往返的飞行时间间隔;c 为光速,其值约等于 3×10^8 m/s。

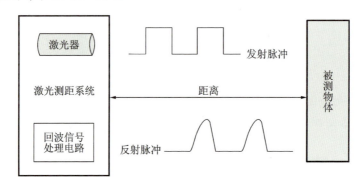

图6-9 脉冲式激光测距原理图

由式(6-1)可知,脉冲式激光测距系统的测距精度为:

$$\Delta s = \frac{1}{2}c\Delta t \tag{6-2}$$

即脉冲式激光测距系统的测距精度取决于激光飞行时间间隔的测量精度,提高计时脉冲的频率可提高测距精度。

6.2.2 飞行时间间隔测量方法

脉冲式激光测距的关键在于精确地测量出激光脉冲往返的飞行时间间隔。飞行时间间隔的测量方法包括直接计数法、时间间隔扩展法、时间-幅度转换法及时间-数字转换法等[8-10]。

1. 直接计数法

直接计数法也称为脉冲计数法或电子计数法。如图 6-10 所示,假设量化时钟频率为 f_0,那么时钟周期为 $T_0=1/f_0$。当待测脉冲第一个上升沿到来时,计数电路记录的量化时钟脉冲个数为 M,当待测脉冲第二个上升沿到来时,计数电路记录的量化时钟脉冲个数为 N,则激光脉冲往返的飞行时间间隔为

$$t = (N-M) \cdot T_0 = (N-M)\frac{1}{f_0} \tag{6-3}$$

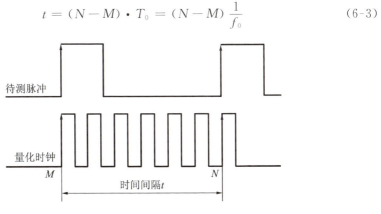

图 6-10 理想直接计数法原理图

以上为理想情况,即待测脉冲上升沿与量化时钟的上升沿同时到来。如果待测脉冲的上升沿与量化时钟的上升沿不同步,如图 6-11 所示,假设待测脉冲的上升沿与量化时钟上升沿之间分别存在 T_1 与 T_2 的时间间隔,那么待测飞行时间间隔为

$$t = (N-M) \cdot T_0 + \Delta t = (N-M)\frac{1}{f_0} + T_1 - T_2 \tag{6-4}$$

由式(6-4)可知,如果待测脉冲上升沿与量化时钟上升沿不同步,那么计算的飞行时间间隔存在误差 $\Delta t = T_1 - T_2$,该误差称为原理误差,最大为一个量化时钟周期。总之,直接计数法原理简单、易于实现,然而由于存在原理误差,所以测量精度低,只能应用在对测距精度要求比较低的场合。

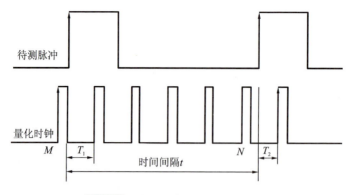

图 6-11　非理想直接计数法原理图

2. 时间间隔扩展法

时间间隔扩展法也称为模拟内插法。其基本原理是将直接计数法与模拟法相结合，利用直接计数法得到量化时钟周期后，再通过电容充放电技术精确测量待测脉冲与量化时钟上升沿之间的时间间隔，即利用模拟法精确测量待测脉冲与量化时钟上升沿之间的时间间隔 $\Delta t = T_1 - T_2$。

模拟法测量时间间隔 Δt 的基本原理是采用时间扩展器将时间间隔 Δt 放大 n 倍，获得扩展时间 $T = \Delta t \times n$ 后，再利用直接计数法测量扩展时间 T。时间扩展器的工作原理如图 6-12 所示。首先采用恒流源 I_1 对电容进行充电，充电时长为 Δt；其次使用恒流源 I_2 对其电容进行放电，放电时长为 T。假设充放电所使用的恒流源的大小关系为 $I_1 = nI_2$，由于充放电的电荷相等，存在 $I_1 \Delta t = I_2 T$，于是放电时间为 $T = n\Delta t$。

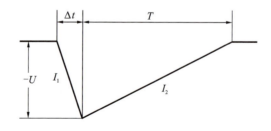

图 6-12　时间扩展器工作原理示意图

由于将待测脉冲与量化时钟上升沿之间的时间间隔 Δt 放大了 n 倍后再进行测量，因此时间间隔的测量精度就提高了 n 倍。在理想情况下，时间间隔扩展法的测量精度能达皮秒级别。然而，电容在充放电过程中存在着非线性现象，容易导致测量精度降低。

3. 时间-幅度转换法

时间-幅度转换法通过改进时间间隔扩展法获得。在使用恒流源对电容进行充放电的过程中，电容两端的电压与充放电时间成正比关系，于是，可以将电容充电时间的测量转换为电容两端电压的测量。电容两端的电压值可通过 A/D 转换器进行测量。

由于 A/D 转换过程代替了时间扩展法中电容的放电过程,因此,解决了电容在放电过程中时间长及非线性的问题。该方法的不足之处是测量精度受恒流源的影响较大,为了获得较高的测量精度,必须采用稳定可靠的恒流源。

4. 时间-数字转换法

如图 6-13 所示,时间-数字转换法利用非门的传输延迟时间来实现时间间隔的测量。当发射脉冲信号进入延迟系统时,开始沿着非门传递,当回波脉冲信号到来时,发射脉冲信号已通过若干个非门,电路自动记录非门的数量 N。由于每个非门的传输延迟时间相同且是固定值,假设传输延迟时间为 T,则激光脉冲往返的飞行时间间隔为 $t=NT$。

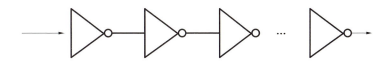

图 6-13　时间-数字转换法原理图

由于采用了传输延迟技术,时间-数字转换法测量精度高,在实际应用中,该方法测时精度可达到皮秒级别。

6.3　相位式激光测距技术

相位式激光测距技术通过测量连续的调制激光光波往返测线所产生的相位延迟,间接测量调制激光光波在测线上的往返时间,然后乘以光速求得被测距离[11]。与脉冲式激光测距相比,相位式激光测距的精度更高,配合合作目标,可实现远距离精密测量。然而,由于采用连续波,其测量距离小于脉冲式激光测距法。相位式激光测距法通常用于中远程距离测量。

6.3.1　相位式激光测距原理

相位式激光测距原理如图 6-14 所示。假设调制激光光波在测线上往返距离 D 所花费的时间为 t,所产生的相位移为 Φ,则存在[11]:

$$D = \frac{1}{2}ct = \frac{1}{2}c\frac{\Phi}{2\pi f} \tag{6-5}$$

式中:c 为光速;f 为调制激光光波的频率。由于相位移 Φ 为调制激光光波的 N 个整周期加上不足一个整周期的尾数 $\Delta\Phi$,因而有

$$D = \frac{1}{2}\frac{c}{f}\frac{\Phi}{2\pi} = \frac{1}{2}\frac{c}{f}\frac{N \cdot 2\pi + \Delta\Phi}{2\pi} = \frac{1}{2}\frac{c}{f}(N + \frac{\Delta\Phi}{2\pi}) \tag{6-6}$$

定义 $c/2f$ 为测尺长度 L,则式(6-6)可进一步改写为

$$D = L(N + \frac{\Delta\Phi}{2\pi}) \tag{6-7}$$

由式(6-7)可知,测量距离 D 最终转换为测量调制激光光波在测线上经过的整周期数 N 及尾数 $\Delta\Phi$。如果被测距离 D 小于测尺长度 L,则整周期数 $N=0$,通过测量相位移尾数即可测量距离 D。如果被测距离 D 大于测尺长度 L,整周期数 N 是不能确定的,因此被测距离 D 也不能确定。为了解决这一问题,可在测量过程中将几个长度不同的测尺组合起来使用,用长测尺确定整周期数 N,用短测尺确定尾数 $\Delta\Phi$。其中,长测尺决定了激光测距的量程,短测尺决定了激光测距的精度。

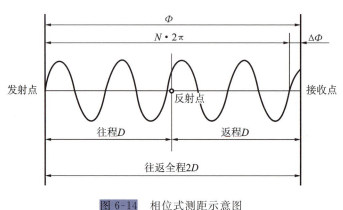

图 6-14 相位式测距示意图

6.3.2 差频测相

相位式激光测距系统通过检测调制激光光波与测尺信号之间的相位差,来间接测量调制激光光波的飞行时间间隔,从而求解被测距离。因此,相位式激光测距系统的测量精度与测尺频率相关,为了获得高精度,测尺必须具有较高的频率(最高可达几百兆赫兹)。而在高频下比较测尺信号与调制激光光波的相位会降低测相精度。此外,在测量过程中将几个长度不同的测尺组合起来使用时,若对不同频率的测尺直接测量,则需要多套检相电路,这将增加检相的复杂度。

差频测相的原理是:将高频的调制激光光波信号(测距信号)及测尺信号进行混频,得到差频测距信号及差频测尺信号[11]。差频测距信号及差频测尺信号的相位与原高频信号的相位相同,但频率变为中低频。因此,通过测量中低频的差频测距信号与差频测尺信号间的相位差就可间接获得原高频信号之间的相位差。由于差频信号的频率低、相位周期长,因而检相精度高。

6.3.3 检相技术

检相即检测差频测尺信号与差频测距信号之间的相位差。检相精度决定了相位式激光测距系统的测距精度。常用的检相方法包括异或门法及数字信号处理(DSP)法等[11,12]。

1. 基于异或门的相位差测量方法

如图 6-15 所示,差频信号 A 与差频信号 B 经过零比较(即大于零的点赋予固定的正值,其他点赋予零值)后,得到两路方波信号,将方波信号异或后得到脉冲信号,脉冲信号的占空比(即脉冲宽度与信号周期的比值)就是差频信号 A 与差频信号 B 的相位差。

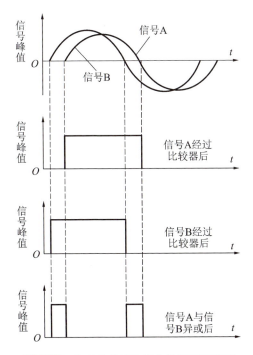

图 6-15 基于异或门的相位差测量原理图

包含相位差信息的脉冲信号占空比(即相位差)求解方法有两种。

1) 电压测量法

采用积分电路将含相位差信息的脉冲信号的脉冲宽度转换成电压信号,通过测量电压值间接计算出脉冲信号的占空比。

2) 数字计数法

通过微处理器或定时、计数器对包含相位差信息的脉冲信号进行计数,由得到的计数结果可求出占空比。

2. 基于 DSP 的相位差测量方法

1)函数计算法

假设差频信号 A 的表达式为 $S_1=K_1\cos(\omega t+\varphi_1)$,差频测距信号 B 的表达式为 $S_2=K_2\cos(\omega t+\varphi_2)$,那么将差频信号 A 与信号 B 的表达式相乘可得:

$$S_1 S_2 = K_1 K_2 \cos(\omega t+\varphi_1)\cos(\omega t+\varphi_1) \\ = \frac{K_1 K_2}{2}[\cos(2\omega t+\varphi_1+\varphi_2)+\cos(\varphi_1-\varphi_2)] \quad (6\text{-}8)$$

式中:K_1 与 K_2 分别为差频信号 A 与 B 的幅度;ω 为角频率;φ_1 与 φ_2 分别为差频信号 A 和 B 的初相位;$\Delta\varphi=\varphi_1-\varphi_2$ 为差频信号 A 与 B 的相位差。

将式(6-8)中的二次谐波滤除,保留直流分量 M,则差频信号 A 与 B 的相位差为:

$$\Delta\varphi = \varphi_1-\varphi_2 = \arccos\left(\frac{2M}{K_1 K_2}\right) \quad (6\text{-}9)$$

2)离散傅里叶变换法

通过采样电路对差频信号 A 及差频信号 B 进行采样,并对采样信号进行离散傅里叶变换(DFT):

$$\begin{cases} X_1(m) = \sum_{n=0}^{N-1} x_1(n)\mathrm{e}^{-\mathrm{j}2\pi nm/N} = \sum_{n=0}^{N-1} x_1(n)[\cos(2\pi nm/N)-\mathrm{j}\sin(2\pi nm/N)] \\ X_2(m) = \sum_{n=0}^{N-1} x_2(n)\mathrm{e}^{-\mathrm{j}2\pi nm/N} = \sum_{n=0}^{N-1} x_2(n)[\cos(2\pi nm/N)-\mathrm{j}\sin(2\pi nm/N)] \end{cases} \quad (6\text{-}10)$$

式中:$x_1(n)$ 与 $x_2(n)$ 表示差频信号 A 与 B 的采样样本函数;N 表示采样点数目;m 表示谐波次数。

$X_1(m)$ 与 $X_2(m)$ 的初相可表示为:

$$\begin{cases} \varphi_1 = \arctan\left(\frac{\mathrm{Im}[X_1(m)]}{\mathrm{Re}[X_1(m)]}\right) \\ \varphi_2 = \arctan\left(\frac{\mathrm{Im}[X_2(m)]}{\mathrm{Re}[X_2(m)]}\right) \end{cases} \quad (6\text{-}11)$$

式中:$\mathrm{Im}[X_1(m)]$、$\mathrm{Im}[X_2(m)]$ 分别表示 $X_1(m)$ 与 $X_2(m)$ 的实部;$\mathrm{Re}[X_1(m)]$、$\mathrm{Re}[X_2(m)]$ 分别表示 $X_1(m)$ 与 $X_2(m)$ 的虚部。于是

$$\tan\Delta\varphi = \tan(\varphi_1-\varphi_2) \\ = \frac{\tan\varphi_1-\tan\varphi_2}{1+\tan\varphi_1\tan\varphi_2} \\ = \frac{\mathrm{Im}[X_1(m)]\mathrm{Re}[X_2(m)]-\mathrm{Im}[X_2(m)]\mathrm{Re}[X_1(m)]}{\mathrm{Im}[X_1(m)]\mathrm{Im}[X_2(m)]+\mathrm{Re}[X_1(m)]\mathrm{Re}[X_2(m)]} \quad (6\text{-}12)$$

则差频信号 A 与 B 之间的相位差为

$$\Delta\varphi=\arctan\left(\frac{\text{Im}[X_1(m)]\text{Re}[X_2(m)]-\text{Im}[X_2(m)]\text{Re}[X_1(m)]}{\text{Im}[X_1(m)]\text{Im}[X_2(m)]+\text{Re}[X_1(m)]\text{Re}[X_2(m)]}\right) \qquad (6\text{-}13)$$

6.4 激光三角法测距技术

与激光飞行时间法测距(包括脉冲式激光测距及相位式激光测距)原理不同,激光三角法测距是根据被测物体表面对激光光条的调制,利用光学三角法实现深度信息的测量的。激光三角法测距技术测量精度高、测程短,通常用于近距离测量。

6.4.1 激光三角法测距原理

按激光器发射的激光与参考平面的位置关系,激光三角法可分为直射式激光三角法和斜射式激光三角法[13]。以直射式为例,其测距原理如图 6-16 所示。测量前,激光器向参考平面发射激光,形成激光光斑或光条,并通过图像传感器记录其位置。测量时,激光器向被测物体表面发射激光,图像传感器再次拍摄所形成的激光光斑或光条的位置。受物体外形轮廓的调制,与记录的参考平面上的激光光斑或光条相比,图像传感器再次拍摄的激光光斑或光条的位置会发生改变,并且存在下列关系:

$$\Delta H = \frac{l \cdot \Delta h}{f\sin\theta + \Delta h\cos\theta} \qquad (6\text{-}14)$$

式中 $l \gg \Delta h$,故式(6-14)可进一步简化为

$$\Delta H \approx \frac{l}{f\sin\theta} \cdot \Delta h \qquad (6\text{-}15)$$

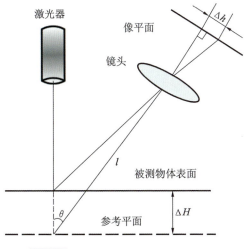

图 6-16 直射式激光三角法测距原理

6.4.2 光源模式

如图 6-17 所示,按照光源模式(点、线及多线)的不同,激光器发射的激光照射在物体表面可形成激光光斑、单个激光光条或多个激光光条[13,14]。

在点光源模式下,如图 6-17(a)所示,激光器发射的光照射在物体表面上时会产生一个光斑,光斑沿着图像传感器的光路在像平面上形成一个二维像点。根据激光三角法测距原理,可以唯一确定该光斑在空间中的三维坐标。基于点光源模式的测量系统称为点结构光测量系统,其具有处理简单可靠的优点,但每次只能够获得物体表面上一个点的坐标信息。

在线光源模式下,如图 6-17(b)所示,激光器发射的光照射在物体表面上时会产生一个激光光条,并在图像传感器的像平面上形成一条曲线。该曲线由离散的像素点构成,是一条离散的曲线,曲线上的每个像素点对应激光光条上的一个光点,构成与点光源模式中类似的三角几何约束。因此,根据激光三角法测距原理,可以确定出每个光点在空间中的三维坐标。基于线光源模式的测量系统称为线结构光测量系统(也称为光条法、光带法或光切法测量系统)。与点结构光测量系统相比,线结构光测量系统一次测量可获得一条激光光条上若干个光点的三维坐标,效率更高。

在多线光源模式下,如图 6-17(c)所示,激光器发射的光照射在物体表面上时会产生多条亮的激光光条,每一条激光光条上的光点三维坐标求解方法与线光源模式下的求解方法一致。基于多线光源模式的测量系统称为多线结构光测量系统。与点结构光测量系统及线结构光测量系统相比,多线结构光测量系统在效率和测量范围上有了很大的提高,但标定的复杂度和光条匹配的难度也有所增加。

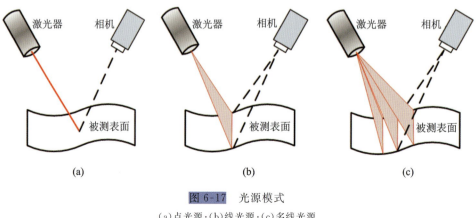

图 6-17 光源模式
(a)点光源;(b)线光源;(c)多线光源

6.4.3 光平面标定

在线光源或多线光源模式下,激光器发射的光会形成单个或多个光平面,因此光照射在物体表面上时会生成单个或多个激光光条。为了确定激光光条上每个光点的坐标信息,就需要确定光平面相对于图像传感器的位置关系,即进行光平面的标定[13-15]。

1. 基于棱块靶标的光平面标定

棱块靶标包括直角棱块靶标及锯齿棱块靶标等[14,15]。若采用直角棱块靶标标定光平面,则标定方法如图 6-18(a)所示。首先建立世界坐标系,原点位于根据光平面与直角棱块靶标的棱线 L_1 的交点,三条坐标轴方向分别与直角棱块靶标三条棱线 L_1、L_2 及 L_3 所在方向一致。其次,将激光光条与直角棱块靶标上圆形人工标志点轮廓的交点作为特征点,根据靶标的设计获得特征点在所建立的世界坐标系下的三维坐标,通过图像识别算法获得特征点的二维图像坐标,在已知特征点二维图像坐标及三维世界坐标的基础上,根据共线方程确定图像传感器坐标系。最后,计算特征点在图像传感器坐标系下的三维坐标并拟合出光平面方程,从而确定光平面相对于图像传感器坐标系的位置[14]。

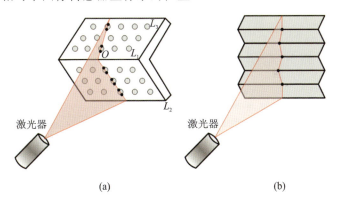

图 6-18 基于棱块靶标的光平面标定
(a)直角棱块靶标;(b)锯齿棱块靶标

采用锯齿棱块靶标的光平面标定过程与采用直角棱块靶标的标定过程类似,感兴趣的读者可参考文献[14]、[15]了解标定细节。基于棱块靶标的光平面标定方法的优点是标定精度高,缺点是要求棱块靶标加工精度高。

2. 基于平面靶标的光平面标定

平面靶标包括棋盘格及印制圆形图案的平面靶标等[13,14]。若采用棋盘格,则标定方法如图 6-19 所示。首先建立世界坐标系,原点位于平面靶标左下角(或平面靶标的中心),X 轴与 Y 轴分别平行于平面靶标水平及竖直的棱边,Z 轴垂直于靶标平面。其次,将激光光条与棋盘格上黑白格之间的分界线的交点作为特征点,在测量视场内移动棋盘格,用图像传感器拍摄棋盘格图像。棋盘格上各个角点在世界坐标系下的三维坐标已知,于是可以插值得出各个特征点的三维坐标;通过图像处理算法提取特征点的二维图像坐标;在已知特征点二维图像坐标及三维世界坐标的基础上,根据共线方程确定图像传感器坐标系。最后,计算特征点在图像传感器坐标系下的三维坐标并拟合出光平面方程,从而确定光平面相对于图像传感器坐标系的位置。

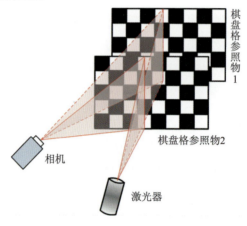

图 6-19　基于平面靶标的光平面标定

6.4.4　激光光斑与光条中心提取方法

1. 激光光斑中心提取方法

在点光源模式下,激光器发射的光束照射在物体表面上时将产生一个光斑,光斑在图像传感器像平面上的成像覆盖若干像素。光斑中心的提取即通过算法获得光斑成像中心点的坐标。常用的激光光斑中心提取方法包括灰度质心法、平方加权质心法、抛物面拟合法等[16,17]。

1)灰度质心法

假设激光光斑位于 $N \times N$ 大小的窗口内,那么激光光斑中心坐标为:

$$\begin{cases} x' = \dfrac{\sum\limits_{i=1}^{N}\sum\limits_{j=1}^{N} x_i I(x_i, y_j)}{\sum\limits_{i=1}^{N}\sum\limits_{j=1}^{N} I(x_i, y_j)} \\ y' = \dfrac{\sum\limits_{i=1}^{N}\sum\limits_{j=1}^{N} y_i I(x_i, y_j)}{\sum\limits_{i=1}^{N}\sum\limits_{j=1}^{N} I(x_i, y_j)} \end{cases} \quad (6\text{-}16)$$

式中：$I(x_i,y_j)$ 表示窗口内位于 (x_i,y_j) 坐标处的像素的灰度值。

2）平方加权质心法

平方加权质心法与灰度质心法类似，也是采用窗口内像素点的灰度值作为权值。不同之处在于平方加权质心法是将窗口内像素点的灰度值的平方作为权值来求取激光光斑的中心坐标的：

$$\begin{cases} x' = \dfrac{\sum\limits_{i=1}^{N}\sum\limits_{j=1}^{N} x_i I^2(x_i,y_j)}{\sum\limits_{i=1}^{N}\sum\limits_{j=1}^{N} I^2(x_i,y_j)} \\ y' = \dfrac{\sum\limits_{i=1}^{N}\sum\limits_{j=1}^{N} y_i I^2(x_i,y_j)}{\sum\limits_{i=1}^{N}\sum\limits_{j=1}^{N} I^2(x_i,y_j)} \end{cases} \tag{6-17}$$

3）抛物面拟合法

假设 $N\times N$ 大小的方形窗口内像素灰度分布符合

$$I(x_i,y_j) = a(x_i^2+y_j^2)+bx_i+cy_j+d \tag{6-18}$$

式中：a、b、c、d 为待定系数。令

$$\boldsymbol{Y} = \begin{bmatrix} I(x_1,y_1) \\ I(x_2,y_2) \\ \vdots \\ I(x_n,y_n) \end{bmatrix},\quad \boldsymbol{B}=[a\ b\ c\ d]^{\mathrm{T}},\quad \boldsymbol{A}=\begin{bmatrix} x_1^2+y_1^2 & x_1 & y_1 & 1 \\ x_2^2+x_2^2 & x_2 & y_2 & 1 \\ \vdots & \vdots & \vdots & \vdots \\ x_n^2+y_n^2 & x_n & y_n & 1 \end{bmatrix}$$

那么，式（6-18）的最小二乘解为：

$$\boldsymbol{B} = [a\ b\ c\ d]^{\mathrm{T}} = \boldsymbol{A}^{-1}\boldsymbol{Y} \tag{6-19}$$

至此，可求解出待定系数 a、b、c、d，而函数的极值点即为激光光斑中心点坐标，故有

$$\begin{cases} x' = -\dfrac{b}{2a} \\ y' = -\dfrac{c}{2a} \end{cases} \tag{6-20}$$

2. 激光光条中心提取方法

在线光源或多线光源模式下，激光器投射的光呈平面状照射至被测物体表面上，形成一条或多条亮的光条，在图像传感器像平面上的成像一般具有 3～12 个像素宽度。激光光条中心提取即通过算法获得激光光条中心的像素坐标。激光光条中心提取的精度会影响测量精度。常用的激光光条中心提取算法包括边缘法、几何中心法、灰度质心法及骨架细化法等[13,14]。

1) 边缘法

采用数字图像处理技术提取激光光条的边缘线(内轮廓线及外轮廓线),将边缘线作为激光光条的中心线。由于激光条纹具有一定的宽度(3~12个像素宽度),用边缘线代替中心线便会引入误差,因此,该方法精度较低。

2) 几何中心法

采用数字图像处理技术提取激光条纹的边缘线(内轮廓线及外轮廓线),然后根据边缘线求取激光光条的中心线。中心线求取方法如下:

$$\begin{cases} x' = (x_1 + x_2)/2 \\ y' = (y_1 + y_2)/2 \end{cases} \tag{6-21}$$

式中:(x_1, y_1) 与 (x_2, y_2) 表示激光光条某截面与内外轮廓线的交点坐标。

几何中心法原理简单,但在激光条纹出现缺失的情况下(如物体表面反光导致某一段条纹成像缺失),提取的结果将产生误差。此外,当激光条纹不对称时,该方法也会引入额外误差。

3) 灰度质心法

首先采用数字图像处理技术将激光光条从背景图像中分离出来,然后对激光光条进行截切,在每个截面内,采用公式(6-16)计算出灰度质心,所有截面内的灰度质心的连线即为待求的激光光条的中心。灰度质心法可以消除激光条纹分布不对称性引起的误差。

4) 骨架细化法

首先对图像进行二值化处理,然后利用形态学处理技术迭代地"腐蚀"激光光条的边缘像素,直至获得一条单像素宽度的细化线,用该细化线来替代激光光条中心。将形态学处理技术引入激光条纹中心的提取是一个重要的推广,然而由于算法未考虑激光条纹的截面光强特性,提取的中心线精度不高。此外,为了保持细化线的连通性,需要进行多次细化操作,使得提取算法的效率较低。

6.5 三维激光扫描技术

三维激光扫描是基于激光测距(脉冲式、相位式及激光三角法)原理,高分辨率地获取被测物体表面大量的密集点云数据,从而快速构建出被测物体的三维模型的方法。

6.5.1 三维激光扫描测量原理

三维激光扫描测量原理主要包括测距原理、测角原理、扫描原理及定向原理[18]。

第 6 章　三维激光扫描测量技术

1. 测距原理

三维激光测距技术是三维激光扫描测量的基础,详细测距原理如本章 6.2 节至 6.4 节所述。

2. 测角原理

扫描角度值可以通过角位移测量或线位移测量获得[18]。

3. 扫描原理

三维激光扫描系统主要由激光测距系统、扫描系统、数码相机及全球定位系统(GPS)等组成。其中,扫描系统主要实现从左至右、从上至下的全自动高精度步进测量(即扫描测量),从而获得被测物体完整的点云数据。

基于激光飞行时间法(脉冲式或相位式)测距原理的三维激光扫描系统通过精密控制扫描装置转动来实现三维点云数据的快速扫描[19]。常用的扫描装置包括扫描转镜、扫描振镜等。转镜(多面镜及单面镜)扫描原理如图 6-20(a)所示,电动机驱动多面体棱镜绕自身对称轴匀速转动实现扫描,扫描速度快。振镜扫描的原理与转镜扫描原理类似,不同之处在于振镜扫描是反射镜在电动机的作用下快速振动,而不是沿某一转轴旋转。如图 6-20(b)所示,当入射脉冲激光以一定角度入射到达反射镜表面上时,反射镜位置发生变化,导致入射角改变,根据反射原理,入射角改变时反射角会同步改变,这样就实现了测量视场的扫描。振镜扫描速度慢,但精度高。总之,借助扫描装置,可以快速、高精度地获得被测物体表面的密集点云数据,实现三维快速扫描测量。

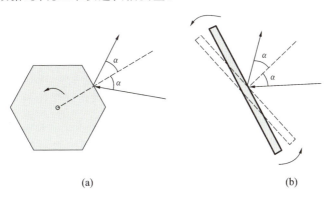

图 6-20　扫描装置
(a)扫描转镜;(b)扫描振镜

基于激光三角法测距原理的扫描系统通常将激光三角测量系统安装在三维位移平台上,通过计算机控制三维位移平台的精确移动,实现对被测物体的扫描[20]。如图 6-21 所示,典型的激光三角法扫描测量系统由运动控制器、激光器、采集系统、三维位移平台、计算机等组成。作为整个系统的核心,计算机主要负责控制三维位移平台的精确移动、图像采集系统的正常工作以及图像数据的后续处理。系统开始测量时,计算机通过运动控制器控制三维位移平台做扫描运动,随着三维位移平台的运动,整个激光三角测量系统也持续运动,从而实现对被测物体的扫描。

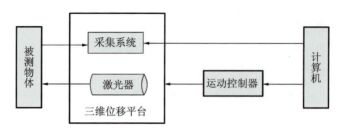

图 6-21 典型的激光三角法扫描测量系统

基于激光三角法测距原理的扫描系统也可以安装在三坐标测量机或机械臂上,代替传统的接触式测量探头,实现非接触式测量。当然,该系统也可以安装在手持式的装置上,通过人工操作实现复杂零件或结构的内外表面测量。

4. 定向原理

三维激光扫描系统采集的密集点云数据都在其自定义的扫描坐标系中。为了将点云数据转换至世界坐标系下,就需要建立扫描坐标系与世界坐标系之间的转换关系,这一过程被称为三维激光扫描系统的定向。为了实现精确的定向,通常在测量视场放置一些人工标志点(靶标)作为公共点,通过公共点在两个坐标系下的三维坐标,计算两个坐标系之间的变换矩阵。

6.5.2 三维激光扫描系统分类

1. 按照工作平台的不同分类

按照工作平台的不同,三维激光扫描系统可分为机载三维激光扫描系统、车载三维激光扫描系统、地面固定型三维激光扫描系统和手持式三维激光扫描系统等[21]。

1)机载三维激光扫描系统

机载三维激光扫描系统将飞机作为工作平台,一般由三维激光扫描仪、成像设备、GPS、惯性导航系统(INS)、计算机数据采集与处理系统等构成。采集点云数据时,GPS给出三维激光扫描仪及成像系统的空间坐标,惯性导航系统给出空中的姿态参数,三维激光扫描仪从空中对地面目标进行扫描,获得密集点云数据。

2)车载三维激光扫描系统

车载三维激光扫描系统将汽车作为工作平台,一般也是由三维激光扫描仪、成像设备、GPS、惯性导航系统、计算机数据采集与处理系统等构成。三维激光扫描仪通常安装在汽车顶部,在汽车行驶中,三维激光扫描仪根据设定好的扫描角度和速率对周边场景进行快速扫描,之后由 GPS 提供扫描仪及成像系统的位置坐标,由惯性导航系统给出汽车的姿态。

3) 地面固定型三维激光扫描系统

地面固定型三维激光扫描系统通常固定在三脚架等支撑设备上,由三维激光扫描仪及成像设备构成。地面固定型三维激光扫描系统在单个站点扫描时是固定不动的,为了获得被测物体完整的外形轮廓,通常从多个站点进行扫描,最后将多个站点采集的多视角点云数据拼接在一起。

4) 手持式三维激光扫描系统

手持式三维激光扫描系统是一种便携式扫描系统,一般扫描仪尺寸较小,重量较轻,通过手握扫描仪实现复杂零件的快速、高精度的扫描建模。

2. 按照激光测距原理的不同分类

按照激光测距原理的不同,三维激光扫描系统可分为脉冲式三维激光扫描系统、相位式三维激光扫描系统及激光三角法扫描系统等[18]。

1) 脉冲式三维激光扫描系统

脉冲式三维激光扫描系统基于脉冲式激光测距原理,扫描精度相对较低,扫描范围可以达到几百米甚至上千米。

2) 相位式三维激光扫描系统

相位式三维激光扫描系统基于相位式激光测距原理。与脉冲式三维激光扫描系统相比,它的精度较高,可以达到毫米量级,扫描范围通常在百米内。

3) 激光三角法扫描系统

激光三角法扫描系统基于激光三角法测距原理,扫描精度可以达到亚毫米级,扫描范围通常在数米内。

6.6　典型的三维激光扫描系统及其应用

6.6.1　激光跟踪仪

激光跟踪仪一般由激光跟踪头、反射器(靶镜)及测量附件等组成。其工作原理是:在被测量目标点上安装一个合作靶标(通常为靶球),激光跟踪仪发出的激光束经过带有两个角度编码器的旋转镜,射向合作靶标。经合作靶标反射及分光镜分解,一部分反射光与参考光进行干涉,用于测量距离,另一部分反射光射向光电位置感应器,用于测量旋转角度。由于采用了激光干涉测距原理,因此,激光跟踪仪具有较高的测量精度,在实际测量中可以达到微米及或亚微米级的精度,适合于大尺寸工件测量,如飞行器的定位安装及外形尺寸检测等[22,23]。

目前,市场上有多家激光跟踪仪制造厂商,包括瑞士 Leica,美国 API、FARO 等。瑞士 Leica 公司在 1990 年生产了出第一台激光跟踪仪 SMART310。目前,Leica 公司已推出其第五代 AT 系列绝对激光跟踪仪,如图 6-22(a)所示。此外,API 公司及 FARO 公司也推出了相应的激光跟踪仪,分别如图 6-22(b)、(c)所示。

图 6-22　商业化激光跟踪仪

(a)Leica AT 960;(b)API Laser Tracker 3;(c)FARO Vantage

6.6.2　激光全站仪

激光全站仪也称为全站型电子测距仪,其在电子经纬仪的基础上,增加了激光测距的功能。激光全站仪测距基于激光飞行时间法(脉冲式或相位式)测距原理,通过测量激光束在待测距离上往返的时间来实现距离的测量,采用度盘实现角度值的读取。激光全站仪可借助合作靶标(棱镜或反射片)进行测量,也可无靶标测量。在有合作目标(棱镜或反射片)时,测量距离可达 3000 m 以上,测距精度可达±(2 mm+2×10^{-6}D)(D 为实测距离,单位为 km);无棱镜测量距离可达 2000 m,测距精度可达±(3 mm+2×10^{-6}D);测角精度可达 1″。由于具有较高的测量精度及较远的测量距离,激光全站仪在测绘工程、交通与水利工程、大型工业生产设备和构件的安装调试等领域得到了广泛的应用。

目前,市场上有多种型号的商业化激光全站仪,如图 6-23 所示。国外有日本 Topcon 公司生产的普及型全站仪 ES-100 系列、专业型 OS-100 系列全站仪等,日本 Pentax 公司生产的 R-100 系列、200 系列激光全站仪等,瑞士 Leica 公司生产的 TPS700 系列、TPS800 系列激光全站仪等,美国 Trimble 公司生产的 M3 系列激光全站仪等。国内有广东科力达仪器有限公司生产的 KTS-472 系列、KTS-580 系列激光全站仪等,苏州一光仪器有限公司生产的 RTS100 系列、RTS350 系列激光全站仪等,广州瑞得仪器有限公司生产的南方瑞得 RTS-822RX 全站仪、RTS-861RA 全站仪等。

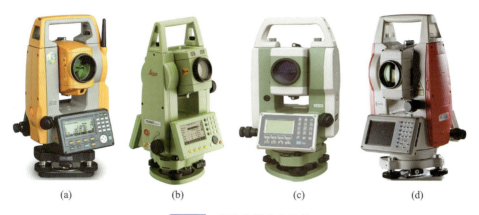

图 6-23　商业化激光全站仪

(a)Topco ES-101；(b)Leica TPS800；(c)苏州一光 RTS100；(d)科力达 KTS-472

6.6.3　室内 GPS(iGPS)

室内 GPS（indoor GPS，iGPS）主要由发射器、传感器、信号扩大器及信号处理器等部分构成。发射器也称为基站，主要用来发射红外激光信号。传感器主要用于接收红外激光信号，有丁字形、球形及圆柱形等形状的。测量时，基站向外发射单向红外激光，传感器收到激光信号后，可测出基站相对于传感器的位置和方位。只要有两个以上的基站，通过角度交会即可计算出传感器的三维坐标信息[24]。iGPS 主要用于大尺寸构件的测量与定位，如美国波音公司将 iGPS 技术应用于波音 747、777 及 787 等型号飞机的总装对接中（见图 6-24）。

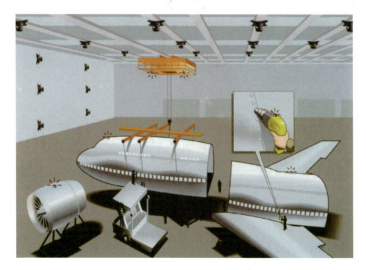

图 6-24　波音公司在装配线上使用的 iGPS

6.6.4 三维激光扫描仪

三维激光扫描仪可快速获得被测物体表面大量的密集点数据及纹理信息等,从而复建出被测物体的三维模型,因此三维激光扫描技术又被称为实景复制技术。相对于激光跟踪仪或激光全站仪等单点测量设备,三维激光扫描仪从单点测量进化到面测量,实现了所见即所得的效果。三维激光扫描仪按测量距离可分为短程和中远程扫描仪。短程三维激光扫描仪扫描精度较高,主要应用于高精度三维CAD模型重建、产品质量检测等领域。中远程三维激光扫描仪扫描精度低,但扫描范围大,主要应用于公路、桥梁、建筑物地基测绘等领域。

目前,市场上有多种型号的商业化三维激光扫描仪(见图6-25),如瑞士Leica公司生产的HDS8400及P40三维激光扫描仪等,美国FARO公司生产的Focus S和Focus X系列扫描仪及Freestyle智能手持式三维激光扫描仪等,加拿大Creaform公司生产的MetraSCAN 3D扫描仪和HandySCAN系列手持式三维激光扫描仪等,加拿大Optech公司生产的ILRIS系列三维激光扫描仪等,奥地利RIGEL公司生产的VZ系列三维激光扫描仪等,德国Z+F公司生产的IMAGER 5006 EX系列等,日本Topcon公司生产的GLS-2000系列三维激光扫描仪等,澳大利亚Maptek公司生产的I-Site 8820系列三维激光扫描仪等。

图6-25 商业化三维激光扫描仪
(a)Leica P40;(b)MetraSCAN 3D;(c)HandySCAN 3D;(d)FARO Focus 3D

6.6.5 激光雷达

激光雷达(light detection and ranging,LiDAR)由激光扫描仪、GPS和惯性导航系统等组成。激光雷达采用激光扫描仪进行探测和测距,可精确获取目标的位置、运动状态和形状等信息。激光雷达的探测精度和分辨能力远远超过普通的微波雷达。按照工作平台的不同,激光雷达可分为地面激光雷达及移动激光雷达。地面激光雷达主要安装在便携式三脚架或固定平台上,而移动激光雷达可安装在车辆、轮船、飞机或卫星等移动平台上。激光雷达在环境监测、深空探测及军事等领域得到了广泛应用[25]。尤其在军事领域,激光雷达对于各个国家的国防事业具有重要的意义。

目前已有多种型号的激光雷达问世,如美国 Leica 公司生产的 ALS80 机载地形探测激光雷达及 HawkEye 机载深海探测激光雷达等,加拿大 Optech 公司生产的 Lynx 车载激光雷达及 Orion 机载地形探测激光雷达等,德国 IGI 公司生产的 LiteMapper 机载激光雷达系统等,日本 Topcon 公司生产的 IP-S2 系列车载激光雷达(见图 6-26)等。

图 6-26　Topcon 公司生产的 IP-S2 系列车载激光雷达

6.6.6　深度相机

深度相机基于激光飞行时间法测距原理或结构光编码技术捕获物体表面深度。其中,大部分深度相机是基于飞行时间法测距原理来获取物体表面深度的。与传统三维激光扫描仪和机器立体视觉设备相比,深度相机具有结构小巧、价格低廉及使用方便等优点,在人机交互、游戏、增强现实及机器人等领域得到了广泛的关注[26]。

1. TOF 相机

TOF(time of flight)相机是一种基于激光飞行时间法测距原理的深度相机。与基于飞行时间法的三维激光扫描仪类似,TOF 相机也是通过直接或间接测量入射激光光波往返于相机与物体之间的时间来实现距离的测量的,不同的是,TOF 相机的光探测器上每个像素都可以独立进行时间测量,相当于每一个像素点都可以各自独立地完成对该像素点距离的计算,因此,通过一次曝光,便可以获得整幅图像的深度信息。目前已有多种型号的 TOF 相机在市场上出现(见图 6-27),如瑞士 Mesa Imaging AG 公司生产的 SR4000 与 SR4500 深度相机,德国 PMD Tec 公司生产的 Camcube 系列深度相机及 Basler 公司生产的 ToF640-20gm_850nm 深度相机,瑞典 Fotonic 公司生产的 P60U 系列、G 系列等,美国微软公司生产的第二代体感传感器 Kinect Ⅱ等。

图 6-27　几款商业化 TOF 相机
(a)Mesa SR4000；(b)PMD Tec Camcube 3.0；(c)Fotonic G

2. 基于结构光编码技术的深度相机

以色列 PrimeSense 公司生产的 Carmine 系列深度相机及美国微软公司生产的第一代体感传感器 Kinect Ⅰ(见图 6-28)是基于结构光编码(light coding)技术原理而工作的。激光穿透毛玻璃后会形成随机衍射斑点，这些散斑(laser speckle)具有高度的随机性，会随着距离的不同呈现不同的图案。空间中任意两处散斑图案都不同，因此可以认为实现了一个具有三维纵深的"体编码"。根据物体表面不同的散斑图案，可以推断出物体表面的几何位置[26]。

图 6-28　Carmine 深度相机和 Kinect 体感传感器
(a)Carmine 深度相机；(b)Kcinect 体感传感器

美国 Intel 公司生产的 RealSense 3D 深度相机(见图 6-29)采用了不同的结构光编码技术。其中，近距离使用的 RealSense 3D 摄像头采用结构光技术，主动发出红外光，红外光遇到环境中的各种障碍物发生折射，然后由设备上的摄像头接收这些折射光，并通过芯片进行实时计算分析，计算出障碍物所处的空间位置。而远距离使用的 RealSense 3D 摄像头采用"主动立体成像原理"，模仿人眼的"视差原理"，通过打出一束红外光，以左红外传感器和右红外传感器追踪这束光的位置，然后用三角定位原理来计算出图像中的深度信息。

图 6-29　Intel 公司生产的 RealSense 3D 相机

6.7 本章小结

三维激光扫描测量技术是工程实践中应用最为广泛的 3D 打印反求技术之一。本章对激光产生原理、激光器工作原理及三种常见的激光测距(脉冲式激光测距、相位式激光测距及激光三角法测距)原理进行了详细的介绍。在此基础上,简单阐述了三维激光扫描测量原理及几种典型的三维激光扫描系统工作原理与应用领域。

参考文献

[1] 李志行,张军. 气体激光器与激光混合气体[J]. 低温与特气,2009,27(5):1-4.

[2] 戚林. 无机液体激光器[J]. 复旦学报(自然科学版),1973(2):41-47.

[3] 王墨戈. 液体激光器流动热管理的研究及应用[D]. 长沙:国防科学技术大学,2009.

[4] 王栋梁. 固体激光器工作介质热效应的有限元分析[D]. 长沙:国防科学技术大学,2006.

[5] 张金胜. 高功率半导体激光器结构研究[D]. 北京:中国科学院大学,2014.

[6] 杨青,俞本立,甄胜来,等. 光纤激光器的发展现状[J]. 光电子技术与信息,2002,15(5):13-18.

[7] 史芪纬. 脉冲式激光测距系统的研究[D]. 南京:南京理工大学,2013.

[8] 班超. FPGA 高精度时间测量[D]. 北京:北京邮电大学,2013.

[9] 王洪喆,辛德胜,张剑家,等. 脉冲激光测距时间间隔测量技术[J]. 强激光与粒子束,2010,22(08):1751-1754.

[10] 杨佩. 基于 TDC-GP2 的高精度脉冲激光测距系统研究[D]. 西安:西安电子科技大学,2010.

[11] 徐家奇. 相位差式激光测距传感器设计[D]. 上海:上海交通大学.2010.

[12] 叶林,周弘,张洪,等. 相位差的几种测量方法和测量精度分析[J]. 电测与仪表,2006,43(4):11-14.

[13] 吴庆阳. 线结构光三维传感器中关键技术研究[D]. 成都:四川大学,2006.

[14] 王鹏. 线结构光三维自动扫描系统关键技术的研究[D]. 天津:天津大学,2008.

[15] 段发阶,刘凤梅,叶声华. 一种新型线结构光传感器结构参数标定方法[J]. 仪器仪表学报,2000,21(1):108-110.

[16] 林润芝,杨学友,邹剑,等.面向大尺寸检测CCD图像中心提取精度的研究[J].传感器与微系统,2010,29(12):51-53.
[17] 冯新星,张丽艳,叶南.二维高斯分布光斑中心快速提取算法研究[J].光学学报,2012,32(5):78-85.
[18] 张启福,孙现申.三维激光扫描仪测量方法与前景展望[J].北京测绘,2011(01):39-42.
[19] 张翰林.激光三角同步扫描轮廓测量关键技术研究[D].天津:天津大学.2015.
[20] 汤强晋.激光三角法在物体三维轮廓测量中的应用[D].南京:东南大学,2006.
[21] 董秀军.三维激光扫描技术及其工程应用研究[D].成都:成都理工大学,2007.
[22] 梅中义,朱三山,杨鹏.飞机数字化柔性装配中的数字测量技术[J].航空制造技术,2011(17):44-49.
[23] 周莹.基于激光跟踪测量系统的研究及其在管片检测中的应用[D].上海:同济大学,2007.
[24] 郭洪杰,王碧玲,赵建国.iGPS测量系统实现关键技术及应用[J].航空制造技术,2012,407(11):46-49.
[25] 赵一鸣,李艳华,商雅楠,等.激光雷达的应用及发展趋势[J].遥测遥控,2014,35(5):4-22.
[26] 童晶.基于深度相机的三维物体与人体扫描重建[D].杭州:浙江大学,2012.

第 7 章　光栅投影式面结构光三维测量技术

光栅投影式面结构光测量原理是：测量时，光栅投影装置（通常选用投影仪）投影多幅光栅条纹图案到被测物体表面，此时两个相机（成一定夹角）同步采集相应的光栅图像；然后，对采集的光栅图像进行解码和相位计算，并利用立体匹配、三角测量原理等技术，解算出两个相机公共视区内像素点的三维坐标；最后，重复上述解算过程，得到的三维坐标点集即为被测物体三维形貌的数字模型。图 7-1 所示为测量时相机与被测物体的位置关系。

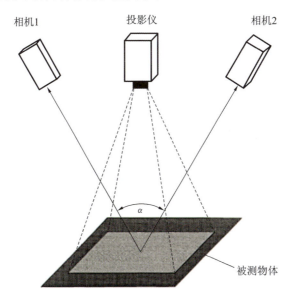

图 7-1　相机与被测物体位置关系示意图

7.1　结构光编码方法

常用的结构光编码方法主要包括时间编码方法、空间编码方法和直接编码方法[1]，如图 7-2 所示。

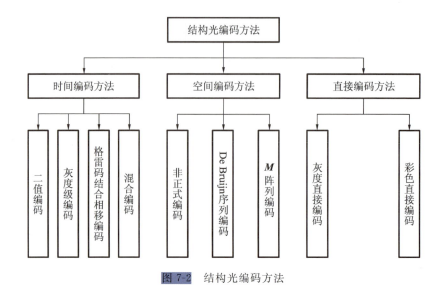

图 7-2 结构光编码方法

7.1.1 时间编码方法

时间编码方法的原理是:在不同的时刻,将编码结构光图案投射到实体表面,实体表面的每个点按照时序对应一组编码,通过该组编码可以实现相机像点和投影像点之间的匹配。时间编码方法主要包括:二值编码方法[2]、灰度级编码方法[3,4]、格雷码结合相移编码方法[5]和混合编码方法等[6]。

1. 二值编码方法

二值码通常包括普通二值码和格雷码,如图 7-3 所示。普通二值码利用 0 和 1 进行编码(黑条纹表示 0,白条纹表示 1),相邻两幅编码图像的条纹数以 2 的指数增加,即投射 m 幅光栅条纹图像可以得到 2^m 个条纹。格雷码是在普通二值码的基础上演变而来的,它的边界数少于普通二值码,可以降低解码误差,同时可在获取相同条码数的前提下减少光栅条纹图像的投射数。例如,选择灰度级为 4 的格雷码图案,投射 3 幅光栅条纹图像,可以得到 $64(4^3)$ 个条纹,而利用普通二值码图案,需要投射 $6(64=2^6)$ 幅图像。二值码投影图像数受投影仪分辨率限制,同时,该方法不适用于动态实体测量。

2. 灰度级编码方法

对于一些高精度三维重建场景,需要投射较多数量的光栅条纹图像,可以通过增加条纹图案的灰度级数量,来减少投射图像的数量,这就是灰度级编码[3,4]。如图 7-4 所示,3 幅光栅条纹图像,灰度级为 3,据此可以生成 $3^3=27$ 个灰度条纹。同理,灰度级增加到 4,则可以产生 $4^3=64$ 个灰度条纹。在获取相同条纹数量的情况下,灰度级编码方法所需投射图像数量少于二值编码方法。

第7章 光栅投影式面结构光三维测量技术

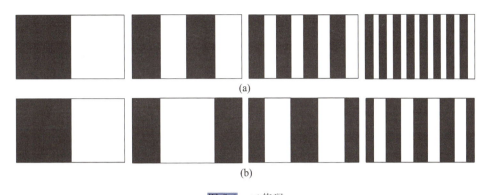

图 7-3　二值码
(a)普通二值码；(b)格雷码

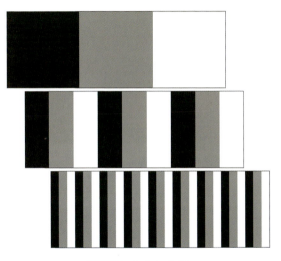

图 7-4　灰度级编码

3. 格雷码结合相移编码方法

相移法通常通过向实体投射几幅正弦光栅图案，获取相位后利用三角原理解算出实体表面的深度信息。因为相移法的周期性会带来二义性问题，多数情况下将格雷码和相移编码结合起来使用，不仅能够去除二义性问题，而且能在一定程度上提高空间分辨率[7]。为了提高测量精度，按照投射图案的数量划分，相继出现了多步相移法，如三步相移法[8]、四步相移法以及为满足特殊测量需求而开发的高速三步相移法[9]等，目的是提高测量速度和精度。

4. 混合编码方法

混合编码方法综合了时间编码方法获取精度较高的优点，同时利用了空间编码方法可以获取动态物体变形的优势。Hall-holt 提出的支持匀速移动场景三维重建的编码方法是混合编码方法的代表之一，它通过穷举法给出一个包含 110 个黑白条纹的编码方案,并对黑白条纹的边界在一个四帧图案序列中给出唯一的编码,基于此编码进行三维重构,最后通过迭代最近点(iterative closest point,ICP)算法将单帧模型配准起来[10]。

7.1.2 空间编码方法

空间编码图案中每个像素的码字是利用其邻域信息(如像素值、色彩、几何形状等)得到的,与时间编码不同的是该方法只需要一幅投影图案,就可以用于动态物体的三维形态测量,但是空间解码方法比较复杂,易受被测物体和环境的影响,同时精度低于时间编码方法。常用的空间编码方法包括非正式编码方法、De Bruijn 序列编码方法和 M 阵列编码方法。

1. 非正式编码方法

最常用的就是采用基于模板的非正式编码方法,常用模板包括光条模板[11,12]、多缝模板[13]、栅格模板[14]等。非正式编码方法能够适应场景深度突变的情况,对于颜色较丰富物体的重建具有较高的鲁棒性,同时满足动态物体测量需求。除此之外,如排列编码法[15]、随机分布法[16]、自适应法[17]等,在一些应用领域也表现出了较好的特性。

2. De Bruijn 序列编码方法

De Bruijn 序列可以通过哈密顿回路或欧拉回路获得,同时具有窗口特性。例如,取窗口大小 $m=4$,进制 $n=2$,可以生成一个长度为 16 的编码序列"1000010111101001",该序列中长度为 4 的子序列具有唯一性,这就是窗口特性[18]。为了提高编码的鲁棒性和分辨率,基于 De Bruijn 序列衍生了许多编码方法,如六色三阶[19]、三色五阶[20,21]、四色二阶[22]、栅格模式[23,24]编码方法等。

3. M 阵列编码方法

与 De Bruijn 阵列编码相比,M 阵列编码也具有窗口特性,但它是二维编码。根据 M 阵列模板构造方法的不同,典型模板包括:基于颜色的 M 阵列模板和基于几何特征的 M 阵列模板。

基于颜色的 M 阵列模板采用的是随机抽样编码策略,通过指定码值(代表颜色)、窗口大小、生成矩阵大小,随机生成其余元素,并限定所有窗口子矩阵的汉明距离等于1,即可实现编码[21]。基于几何特征的 M 阵列模板的编码思想与基于颜色的 M 阵列模板类似,如可以将基元由颜色替换为简单几何图形(如小圆、短线、矩形等),据此生成编码。

7.1.3 直接编码方法

直接编码是对图像中每个像素进行编码的一种方法,因为相邻像素信息差异很小，所以该方法对噪声比较敏感。该方法易受被测物体纹理影响，不适宜用于深度物体重建；同时为了获得高分辨率的投影图案，通常需要多次投射，常用于静态物体的重建。

直接编码方法主要包括灰度直接编码和彩色直接编码。灰度直接编码即利用图像的灰度信息直接编码，并利用灰度值作为像素间区分的手段[25]。彩色直接编码比较具有代表性的是 Tajima 提出的一种彩虹投射编码模式，通过计算两幅图像中各像素点的光强比来确定相机图像与投影图形的对应关系[26]。

7.2 结构光三维重建

7.2.1 单相机面结构光三维重建

1. 基本原理

单相机面结构光三维重建属于主动式数字光栅测量范畴，其系统由相机和投影仪组成。它的基本原理是：通过光栅投影装置投射若干幅正弦结构光栅图案到被测物体上，由相机同步采集相应的光栅图像，然后对采集的光栅图像进行解码，计算视区内像素点的相位值，最后根据相位高度对应关系重建出各对应点的三维坐标，从而实现物体的三维形貌测量和信息数字化[27]。

2. 重建过程

利用单相机面结构光三维重建系统重建物体三维点云的过程如图 7-5 所示。

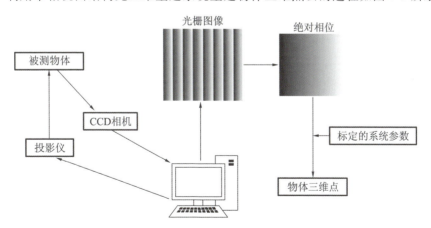

图 7-5　单相机面结构光三维重建系统重建物体三维点云的过程

重建步骤具体包括：

（1）投射光栅图像。通过投影仪向被测物体表面投射一组标准正弦结构光栅图案,同时控制相机同步采集经过物体表面高度调制的变形光栅图像。

(2)计算相位值。分析采集到的变形光栅图像,通过相移法和多频外差算法,计算出图像中代表物体高度信息的绝对相位值。

(3)解算三维点坐标。根据预先标定的系统参数,计算出物体表面三维点坐标,进而生成表示物体形貌的三维点云。

其中,像素点绝对相位的求解精度和扫描系统的标定精度是物体形貌三维重构精度的决定性因素。因此,在重建之前需要对单相机面结构光三维重建系统进行标定。

3. 系统标定

单相机面结构光三维重建系统的标定,需要借助一块平面标定板作为标定参照物来实现,且该标定板上需粘贴环形的编码标志点和圆形的非编码标志点。标定开始时,将标定板在空间内依次呈八个不同的姿态摆放,控制相机同步采集对应姿态下的图像,即可得到八组图像用于系统标定。整个标定过程可以分为三步:相机内参数标定、投影仪内参数标定、相机和投影仪外参数标定[28,29]。标定过程主要涉及投影仪模型的选取、标定图像的采集和内外参数的计算等,下面做一简要介绍。

1)投影仪模型

投影仪与相机在结构上基本相似,可采用小孔成像模型进行分析,如图 7-6 所示。

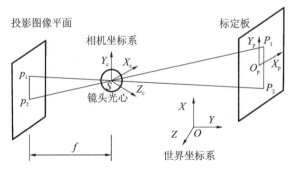

图 7-6　投影仪模型

为了提高标定精度,采用包括径向畸变、偏心畸变和像平面畸变在内的镜头畸变模型,再加上主点误差、焦距,得到系统的十个内参数用于标定。而外参数计算主要涉及坐标系的转换,包括旋转矩阵和平移矩阵。

2)标定图像采集

在相机内参数标定过程中,以相机直接采集的八组标定板图像作为输入,然后利用近景工业摄影测量系统软件(如 XTDP[29])计算出相机的内参数。与相机不同的是,投影仪自身不能采集图像,因此可以利用虚拟图像来实现标定。投影仪标定虚拟图像的生成采用如下步骤：

(1) 利用投影仪投射光栅相移图像到标定板，同时触发相机进行同步采集，得到一系列相移图案；

(2) 对采集到的横向光栅相移图像和纵向光栅相移图像分别进行解相位处理，得到各自的总相位图；

(3) 根据总相位图，获取标志点中心所在的横、纵向相位值；

(4) 根据求解出的相位值，对投影仪的理想相位图进行差值计算，得到投影仪图像中标志点的虚拟坐标。

采用上述方法，就可以确定投影图像与标定板之间的对应关系，得到投影仪标定时的虚拟照片。

3) 内外参数计算

(1) 标志点识别。首先对光栅图像上的标志点进行粗定位和像素级的边缘提取，然后经过亚像素提取、中心点拟合，获得标志点的中心坐标，最后识别出编码标志点的编号。

(2) 重建编码标志点三维坐标。利用前两幅图像中的公共编码标志点进行相对定向计算，重建这些编码标志点的三维坐标。

(3) 重建非编码标志点三维坐标。先利用空间后方交会技术定向剩余图像，再利用空间前向交会技术重建所有非编码标志点的三维坐标。在这个过程中，相机内参均使用理论初值参与计算。

(4) 平差调整。利用光束平差算法迭代优化所有相机内外参数以及标志点的三维坐标，最后加入比例尺得到真实的三维坐标值和准确的相机内外参数。

4) 系统组成

单相机面结构光三维重建系统主要包括相机(1个)、投影仪(1个)、控制箱、标定板、比例尺和系统软件。如图 7-7 所示的单相机面结构光三维重建系统中，左侧安装的是相机，右侧安装是投影仪。

图 7-7　单相机面结构光三维重建系统

7.2.2 双相机面结构光三维重建

1. 基本原理

双相机面结构光三维重建系统主要利用双目立体视觉技术来实现三维点云的重建。它通过光栅投影装置投影数幅特定编码的条纹光栅到被测物体上,并由成一定夹角布置的两个相机同步采集相应的图像,然后对图像进行解码和相位计算,并利用外差式多频相移技术,将空间频率接近的多个投影条纹解相位,计算出两个相机公共视区内像素点的三维坐标,从而实现物体的三维信息数字化和测量[30]。

2. 重建过程

利用双相机面结构光三维重建系统重建物体三维点云的过程如图 7-8 所示。

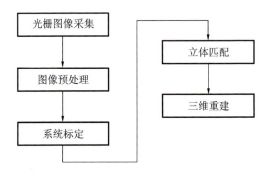

图 7-8 双相机面结构光三维重建系统重建过程

重建的具体步骤包括:

(1)光栅图像采集。通过投影仪向被测物体表面投射经过编码的光栅条纹图案,利用双目相机同步采集相应的光栅条纹图像。

(2)图像预处理。因为采集的光栅条纹图像含有多种随机噪声和畸变,需要对它们进行预处理,以便于后续计算。

(3)系统标定。利用标定板采集多组不同姿态下的标定板图像,求解相机的内外参数。

(4)立体匹配。根据所选的特征,按照一定约束条件,建立特征之间的对应关系,从而将同一个空间物理点在不同图像中的映射点对应起来,为后续三维重建奠定基础。

(5)三维重建。在已知标定结果的前提下,采用双目立体视觉技术重建被测物体表面点的三维坐标。

3. 核线约束匹配

核线约束匹配的原理是:如果已知其中一幅图像上的像点 u,则另外一幅图像

上的对应像点 u'，必然在像点 u 在第二幅图像上对应的核线 l' 上，反之亦然。核线约束匹配作为立体匹配中的一项关键技术，可以用来检查左右相机图像间匹配结果的准确性。两幅图像之间的对极几何描述的是像平面与以基线为轴的平面束的交线的几何关系，如图 7-9 所示，其中，基线定义为两相机中心的连线。假定三维空间点 M 在两幅图像中成像，在第一幅图像上的像点为 u，在第二幅图像上的像点为 u'。从图中可以看出，像点 u、u'、空间点 M 和相机中心是共面的。

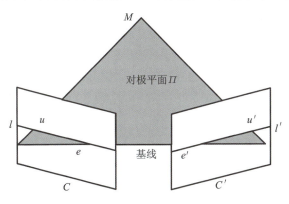

图 7-9　对极几何原理示意图

采用核线约束可以将两幅图像立体匹配的二维搜索问题简化为一维搜索问题。理论上，对应像点应该在相应的核线上，但是由于实际测量中存在各种各样的误差，对应的像点往往会偏离理想的位置。因此在实际匹配中，应选用多幅图像进行相互匹配，利用三幅或者四幅图像进行核线匹配就可以极大地降低匹配误差。

4. 双目立体视觉技术

左右两幅图像对应像点匹配完成后，需要利用双目立体视觉技术，重建出二维像点对应的空间点的三维坐标。双目立体视觉基于双视几何基本原理实现三维坐标解算，即从两个视点观察物体表面，得到不同视角下的图像，通过计算分析左右光栅图像同一像点的视差来获取物体表面的三维坐标信息。

5. 系统组成

双相机面结构光三维重建系统主要包括测量头（包括相机、投影仪等）、控制箱、计算机、标定板、系统软件，如图 7-10 所示。

6. 重建效果

图 7-11 所示为利用双相机面结构光三维重建系统对一个工件进行三维重建的效果，图 7-11 右侧为测量头两个相机实时视图区，中间视图窗口内为重建的三维点云模型。

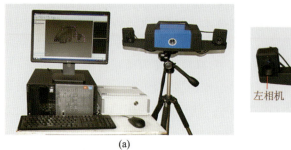
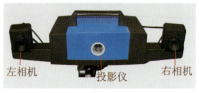

(a)   (b)

图 7-10　双相机面结构光三维重建系统
(a)系统组成；(b)测量头

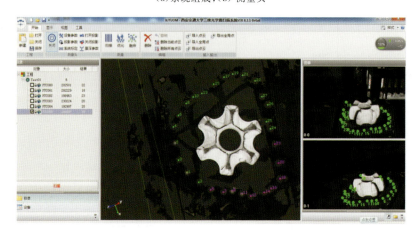

图 7-11　双相机面结构光三维重建效果

7.2.3　三维重建精度评估

目前，面结构光三维重建精度的评估可以参照德国的 VDI/VDE-2364 标准和我国的国家标准《锻压制件及其模具三维几何量光学检测规范》(GB/T 25134—2010)，它们为基于不同原理的面结构光三维重建系统精度的评估提供了评价标准[31]。其中，VDI/VDE-2364 标准包括三个部分：逐点扫描系统的测试标准、面扫描系统的测试标准、多视角面扫描系统的测试标准。面结构光三维重建可参照第二个部分，所以对该部分做简要介绍。

1. 适用范围

VDI/VDE-2364 中的面扫描系统的测试标准适用于根据三角测量原理工作的面结构光三维重建系统。这些系统可以采用不同配置方法，其传感器(感应设备)也可以有多种结构，例如可以由一个或多个图像测量仪(相机)和一个或多个投影系统组成。

2. 评估方法

1) 标准件规定

本标准规定的精度评估标准件是带有特征标记的二维或三维对象,例如可机械化探测光学边缘的交叉点、环形或某些表面,一般选用由陶瓷、钢或其他适合漫反射面的材料(非容积散射)制成的球体标准件。此外,必须对所有的标准件的尺寸和形状进行校准,并且标准件的尺寸和形状应该被严格设计以对测量结果无明显的影响。

2) 精度测试方法和过程

精度评估必须采用在有效范围内至少具有五个任意位置的标准件样本,而且样本应尽量在整个测量范围内分布。

3) 精度测试计算方法

为了确定测量误差,需要计算每次测量时标准件的最佳球面。针对每个位置上的球体,可以忽略的测量点不超过所有测量点总数的千分之三。

7.3 光栅投影式面结构光扫描策略

7.3.1 表面处理

理想的物体表面是亚光白色,如果被测物体表面透明或反光,则需要在物体表面喷一薄层白色物质。根据工件的要求不同,选用的喷涂物也不同。对于一些不需要进行喷涂后清理的物体,一般可以选择白色的消光漆、白色显像剂等;而对于一些要进行喷涂后清理的物体,只能使用白色显像剂,它使用完毕后很容易就可去除掉,便于测量完成后还物体以本来面目。如图7-12所示为表面喷雾剂及物体表面处理效果。需要注意的是:①不要喷得太厚,只要均匀地喷薄薄一层就行,否则会带来表面处理误差;②贵重物体最好先试喷一小块,确认不会对表面造成破坏;③不可对人体进行喷涂(皮肤一般可直接扫描,若确有需要可以施以适量化妆粉底等)。

图 7-12　表面处理喷雾剂及处理效果

7.3.2 小尺寸物体扫描策略

1. 借助转盘扫描

如图 7-13 所示,对于小尺寸的物体,如汽车模型及手机外壳等,将其放置在转盘上,保持设备不动,旋转转盘便可以完成扫描。为了实现自动拼接,在物体表面布置少数的几个标志点或不布置标志点,在转盘上布置大量的标志点,这样可以方便地从不同的角度对物体进行扫描。

图 7-13　小型汽车模型及手机外壳扫描策略

2. 借助测量框架进行扫描

如图 7-14 所示为一个女士鞋跟实型,其质地硬不易变形,但表面多为曲率变化较大的弧面。对于这类小尺寸物体,可将其夹装在一个预先已经测量过全局标志点坐标的框架内,测量前导入全局坐标点作为拼接基准,从而实现扫描点云的自动拼接。

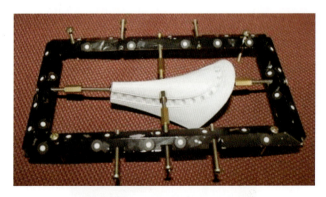

图 7-14　鞋跟实型扫描策略

3. 借助外部其他特征进行扫描

如图 7-15 所示为笔记本电脑的壳体,由于其表面的特征很多,并且尺寸相对比较大,故采用转盘或测量框架的策略均不合适。在此种情形下,可以通过增加外部特征,如在电脑外壳旁边放置一些适配器,在适配器上粘贴标志点实现自动拼接,来完成扫描。

图 7-15　笔记本电脑外壳扫描策略

7.3.3　大型物体扫描策略

1. 仅采用面扫描系统进行扫描

如图 7-16 所示,在被测物体(汽车钣金件)表面粘贴一定数量的标志点,移动测量头完成被测物体表面的扫描。扫描过程中需保证有三个以上的公共标志点,从而可以将扫描的点云数据通过标志点自动拼接至已采集的点云数据上。这种扫描方法存在累积误差,扫描完成后需对采集的点云数据进行精确的匹配,不适合测量精度要求高的应用场合。

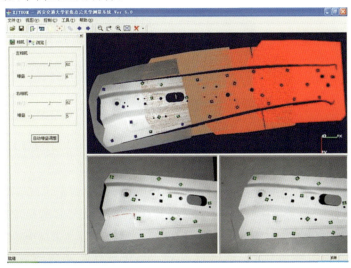

图 7-16　汽车钣金件扫描

2. 近景工业摄影测量与面扫描系统相结合进行扫描

首先采用近景工业摄影测量系统解算出被测物体表面标志点的三维坐标,如图 7-17 所示。其次,将标志点三维坐标导入面扫描系统,作为全局拼接点,并将扫描头对准被测物体表面进行扫描,扫描的点云自动拼接,如图 7-18 所示。这类扫描方法的测量精度高,适用于大型复杂工件的高精度三维重建。

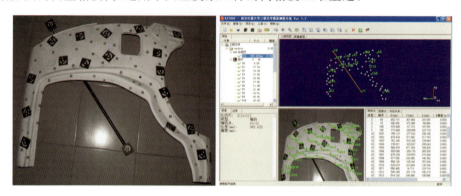

图 7-17　汽车车门表面标志点摄影测量三维重建

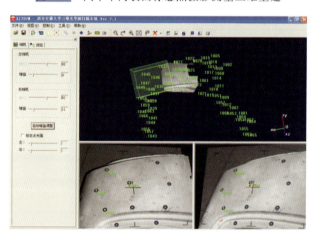

图 7-18　汽车车门表面密集点云扫描

7.4　典型面结构光三维重建系统的应用

目前,商业面结构光三维重建系统,国内主要以西安新拓三维光测科技有限公司 XTOM 工业型光学面扫描系统(其前身为西安交通大学模具与先进技术研究所开发的 XJTUOM 系统,以下简称 XTOM 系统)、北京天远 OKIO 系列、华朗三维 HD-3D 系列等为代表,国外以德国 GOM ATOS 系统为代表。下面以 XTOM 系统为例,简要介绍面结构光三维重建系统的应用。

1. XTOM 系统介绍

XTOM 系统广泛应用于三维复杂曲面的逆向设计和三维全尺寸检测。它基于双目立体视觉原理,采用国际先进的外差式多频相移技术,测量精度和速度等性能都达到了国际先进水平。与传统的测量方法相比,该系统的测量精度高、抗干扰能力强、受被测工件表面明暗度影响小,能够测量表面凹凸差别大的工件,并且可以对大型工件进行分块测量,测量数据能实时自动拼合,适用于任意复杂形状物体的三维扫描、检测和建模。

2. XTOM 系统的应用领域

(1)逆向设计:快速获取零件的表面点云数据,建立三维数模,达到快速设计产品的目的。

(2)产品检测:生产线产品质量控制和几何尺寸检测,适合于复杂曲面的检测,可以检测铸件、锻件、冲压件、模具、注塑件和木制品等产品。

(3)其他应用:文物扫描和三维显示、医学上牙齿修复及畸齿矫正、整容及上颌面手术的三维数据采集。

3. XTOM 系统应用案例

1)石块三维重建

因石块表面为黑色,故对其用显像剂喷涂,利用双面胶或 502 粘胶将其固定于旋转平台,利用平台上所贴的标志点进行拼接,完成扫描。从结果可观察到石块表面结构以及棱角清晰,完整无缺,如图 7-19 所示。

(a)　　　　　　　　　　(b)

图 7-19　石块三维重建

(a)石块实物;(b)石块数据模型

2)蜗轮三维重建

由于蜗轮尺寸较小,其螺旋齿面间隙小,且需正反扫描,因此其三维重建工作难度较大。考虑借助支撑框架,将标志点贴置于支撑框架上,如图 7-20 所示。利用摄影测量系统获取框架上的标志点作为扫描过程中的全局点,对小蜗轮喷涂显像剂后,用支撑铁框进行固定,保证二者相对位置不变,实现扫描过程中的自动拼接,完成扫描。

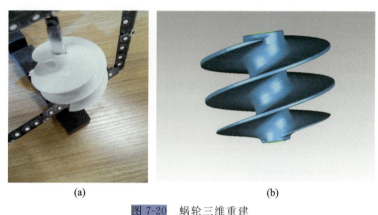

图 7-20　蜗轮三维重建

(a)借助支撑框架来进行扫描;(b)蜗轮数据模型

3)空气开关三维重建

如图 7-21 所示,空气开关尺寸较小,且其制作工艺烦琐,细小结构多,增加了扫描难度。因此,考虑借助支撑框架,将标志点贴置于支撑框架上。利用摄影测量系统获取框架上的标志点作为扫描过程中的全局点,对空气开关喷涂显像剂后,用支撑铁框进行固定,保证二者相对位置不变,实现扫描过程中的自动拼接,完成扫描。

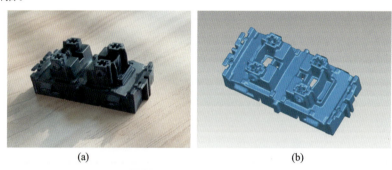

图 7-21　空气开关三维重建

(a)空气开关实物;(b)空气开关数据模型

4)艺术品三维重建

结构光三维重建技术为艺术工作者提供了一把"利器",利用它可以快速获取艺术品的数字化模型,而且对于形貌复杂的艺术品也可以轻松实现数字化建模,如图 7-22 所示。有了数字化模型,艺术工作者可以在此基础上进行二次设计,在满足个性化设计需求的同时,有效缩短研发周期和生成成本,也为工艺品的质量提供了一种诊断方式。

5)手机钢化屏质量检测

手机钢化屏是透明的,故对其用显像剂喷涂,表面粘贴标志点,再将其置于工作台,完成扫描(见图 7-23)。从结果可观察到手机钢化屏扫描完整,可进行相应的数据处理,与理论模型进行比对,获取尺寸数据以及相应关键点的数据。

图 7-22　艺术品数字模型

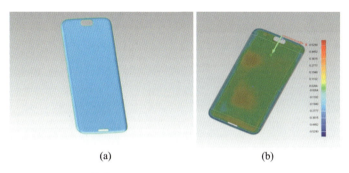

(a)　　　　　　　　　　　　(b)

图 7-23　手机钢化屏三维质量检测

(a)数字模型；(b)检测结果

6)汽车钣金件质量检测

首先利用三维结构光扫描系统对汽车覆盖件进行三维扫描,将获取的三维扫描数据与 CAD 数据进行比对,从而得到汽车覆盖件尺寸误差分布,为覆盖件的修复或检测提供依据,如图 7-24 所示。

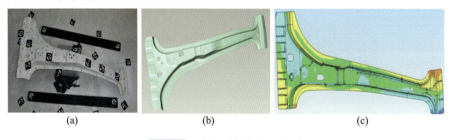

(a)　　　　　　　(b)　　　　　　　(c)

图 7-24　汽车覆盖件质量检测

(a)检测现场；(b)点云数据；(c)检测结果

7)汽车仪表盘质量检测

仪表盘表面呈黑色,故对其用显像剂喷涂,利用工作台上的标志点实现扫描过程中的自动拼接。扫描完成后与理论模型进行对比可得到相应的加工偏差。创建截线,分析相关数据,如图7-25所示。

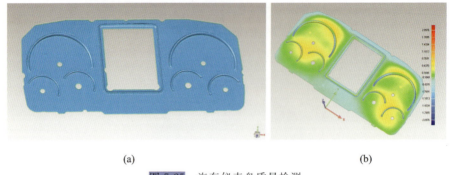

图7-25　汽车仪表盘质量检测
(a)数据模型;(b)检测结果

8)三角车架模具质量检测

三角车架模具质量检测如图7-26所示。首先喷涂显像剂,粘贴标志点,完成扫描。其次将扫描的点云数据与设计模型进行对比,得到相应的制造偏差,并且创建截线,获取相应的数据。

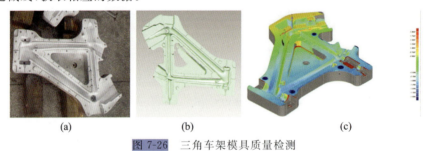

图7-26　三角车架模具质量检测
(a)模具实物;(b)点云数据;(c)检测结果

9)转轴套质量检测

转轴套质量检测如图7-27所示。首先喷涂显像剂,粘贴标志点,完成扫描。其次将扫描后的数据与设计模型进行对比,得到相应的制造偏差。

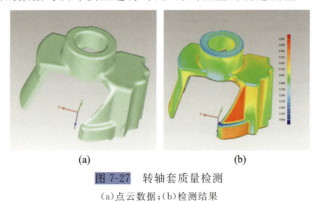

图7-27　转轴套质量检测
(a)点云数据;(b)检测结果

10) 塑料风扇质量检测

塑料风扇质量检测如图 7-28 所示。首先喷涂显像剂,粘贴标志点,完成扫描。其次将扫描后的数据模型与设计模型进行对比,得到相应的制造偏差。

图 7-28　塑料风扇质量检测
(a) 数据模型;(b) 设计模型;(c) 检测结果

7.5　本章小结

本章主要对光栅投影式面结构光三维重建系统所涉及的结构光编码方法、结构光三维重建系统进行了介绍。首先,对三种结构光编码方法——时间编码方法、空间编码方法和直接编码方法,进行了介绍并给出了一些编码示例。然后,分别对单相机面结构光三维重建系统和双相机面结构光三维重建系统的原理、重建过程以及一些关键技术进行了介绍,同时给出了三维重建精度评估的方法。最后,以 XTOM 工业型光学面扫描系统为代表,对其组成和应用进行了介绍。

参 考 文 献

[1] SALVI J, FERNANDEZ S, PRIBANIC T, et al. A state of the art in structured light patterns for surface profilometry[J]. Pattern Recognition, 2010, 43(8): 2666-2680.

[2] POSDAMER J L, ALTSCHULER M D. Surface measurement by space-encoded projected beam systems [J]. Computer Graphics and Image Processing, 1982, 18(1): 1-17.

[3] CASPI D, KIRYATI N, SHAMIR J. Range imaging with adaptive color structured light[J]. IEEE Transactions on Pattern Analysis and Machine Intelligence, 1998, 20(5): 470-480.

[4] HORN E, KIRYATI N. Toward optimal structured light patterns[J]. Image and Vision Computing, 1999, 17(2): 87-97.

[5] GÜHRING J. Dense 3D surface acquisition by structured light using off-the-shelf components[DB/OL].[2018-05-24]. https://www.researchgate.net/publication/200018605_Dense_3-D_surface_acquisition_by_structured_light_using_off-the-shelf_components.

[6] HALL-HOLT O, RUSINKIEWICZ S. Stripe boundary codes for real-time structured-light range scanning of moving objects[DB/OL].[2018-05-24]. http://www.bupam.boun.edu.tr/cmpe699/Burak/realtimerange.pdf.

[7] BERGMANN D. New approach for automatic surface reconstruction with coded light[J]. Proceedings of SPIE,1995,2572:2-9.

[8] ZHANG S, YAU S T. High-speed three-dimensional shape measurement system using a modified two-plus-one phase-shifting algorithm[J]. Optical Engineering,2007,46(11):113603-113603-6.

[9] HUANG P S, ZHANG C, CHIANG F P. High-speed 3-D shape measurement based on digital fringe projection[J]. Optical Engineering,2003,42(1):163-168.

[10] 田里. 基于时间空间混合结构光编码的可移动式三维扫描技术研究[D]. 杭州:浙江大学,2010.

[11] FORSTER F. A high-resolution and high accuracy real-time 3D sensor based on structured light[C]//IEEE. Proceedings of the Third International Symposium on 3D Data Processing, Visualization, and Transmission. Washington,D.C.:IEEE Computer Society,2006:208-215.

[12] TEHRANI M A, SAGHAEIAN A, MOHAJERANI O R. A new approach to 3D modeling using structured light pattern[C]//IEEE. Proceeding of the Information and Communication Technologies: From Theory to Applications. Piscataway:IEEE,2008:1-5.

[13] FECHTELER P, EISERT P. Adaptive color classification for structured light systems[C]//IEEE. Proceedings of 2008 IEEE Computer society Conference on Computer Vision and Pattern Recognition Workshops. Washington,D.C.:IEEE Computer Society,2008:1-7.

[14] KAWASAKI H, FURUKAWA R, SAGAWA R, et al. Dynamic scene shape reconstruction using a single structured light pattern[DB/OL].[2018-04-25]. http://www.cvg.ait.kyushu-u.ac.jp/papers/2007_2009/3-1/7-cvpr08final.pdf.

[15] CHENG F H, LU C T, HUANG Y S. 3D object scanning system by coded structured light[C]//IEEE. Proceedings of the 2010 Third International Symposium on Electronic Commerce and Security. Washington,D.C.:IEEE Computer Society,2010:213-217.

[16] MARUYAMA M, ABE S. Range sensing by projecting multiple slits with random cuts[J]. IEEE Transactions on Pattern Analysis and Machine

[17] KONINCKX T P, VAN GOOL L. Real-time range acquisition by adaptive structured light[J]. IEEE Transactions on Pattern Analysis and Machine Intelligence, 2006, 28(3): 432-445.

[18] FREDRICKSER H. A survey of full length nonlinear shift register cycle algorithms[J]. SIAM Review, 1982, 24(2): 195-221.

[19] LI R, ZHA H. One-shot scanning using a color stripe pattern[C]//IEEE. Proceedings of the 2010 20th International Conference on Pattern Recognition. Washing, D. C.: IEEE Computer Society, 2010: 1666-1669.

[20] ZHANG L, CURLESS B, SEITZ S M. Rapid shape acquisition using color structured light and multi-pass dynamic programming[DB/OL]. [2018-05-05]. https://homes.cs.washington.edu/~seitz/papers/zhang-3dpvt02.pdf.

[21] 高乐. 彩色结构光编码的视觉测量研究[D]. 哈尔滨: 哈尔滨工程大学, 2013.

[22] PAGÈS J, SALVI J, COLLEWET C, et al. Optimised de Bruijn patterns for one-shot shape acquisition[J]. Image and Vision Computing, 2005, 23(8): 707-720.

[23] SALVI J, BATLLE J, MOUADDIB E. A robust-coded pattern projection for dynamic 3D scene measurement[J]. Pattern Recognition Letters, 1998, 19(11): 1055-1065.

[24] ULUSOY A O, CALAKLI F, TAUBIN G. One-shot scanning using de Bruijn spaced grid[DB/OL]. [2018-05-26]. https://www.researchgate.net/publication/224135203_One-shot_scanning_using_De_Bruijn_spaced_grids.

[25] WONG A K C, NIU P, HE X. Fast acquisition of dense depth data by a new structured light scheme[J]. Computer Vision and Image Understanding, 2005, 98(3): 398-422.

[26] TAJIMA J, IWAKAWA M. 3-D data acquisition by rainbow range finder[C]//IEEE. Proceedings of the 10th International Conference on Pattern Recognition. Piscataway: IEEE, 1990, 1: 309-313.

[27] 刘建伟, 侯军兴, 刘小波, 等. 单目结构光扫描仪的系统标定技术研究[J]. 机床与液压, 2015, 43(13): 12-17.

[28] 张德海, 梁晋, 唐正宗, 等. 基于近景摄影测量和三维光学测量的大幅面测量新方法[J]. 中国机械工程, 2009, 20(7): 817-822.

[29] 肖振中. 基于工业摄影和机器视觉的三维形貌与变形测量关键技术研究[D]. 西安: 西安交通大学, 2010.

[30] 刘建伟, 梁晋, 梁新合, 等. 大尺寸工业视觉测量系统[J]. 光学精密工程, 2010, 18(1): 126-134.

[31] 张德海, 梁晋, 郭成. 锻压制件及其模具的三维光学测量系统精度评价[J]. 光学精密工程, 2009, 17(10): 2431-2439.

第 8 章　点云处理技术

受到被测物体表面属性（如透明度、高反射率）、反求设备自身约束（如分辨率、视场大小）、人为扰动、遮挡和环境光照等因素的影响，采集的点云数据中往往存在离群点、噪声、冗余、孔洞等缺陷，需要处理。此外，为了获得物体完整的外形点云数据，需要在多个站位进行多次扫描，获得多视角点云数据，然后进行粗配准、精配准及融合等处理，才能获得被测物体完整的、单层的、光顺的点云模型，如图 8-1 所示。对反求设备采集的原始点云数据所执行的一系列处理称为点云处理，其目的就是通过去伪存真、去粗取精来提高点云数据的质量，最终获得满足使用需求的高质量点云模型。

图 8-1　多视角密集点云数据采集与处理

如图 8-2 所示，点云处理包括点云初始化、点云配准、点云融合、点云去噪、点云采样、孔洞修补等。其中，点云初始化主要是去除原始点云数据中的杂点（背景点及离群点等），并获取原始点云数据的一些基本属性，如点数据的邻域、法向量和曲率等。

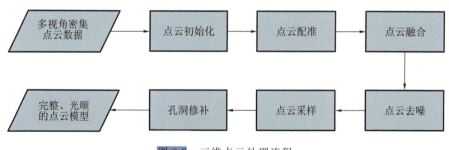

图 8-2　三维点云处理流程

8.1 点云初始化

点云处理通常是在点数据的局部邻域内进行。常用的点数据邻域包括 k 邻域(k-nearest neighbors)、BSP 邻域(BSP neighbors)和 Voronoi 邻域(Voronoi neighbors)。其中,k 邻域应用最为广泛,BSP 邻域和 Voronoi 邻域是 k 邻域的子集,即这两种邻域是在 k 邻域的基础上建立的。三维空间中任意一点数据 P 的 k 邻域定义为以点数据 P 为中心、以 r 为半径的球形区域内的点数据集合。其中,半径 r 的值可由使用者事先指定或者在搜索过程中确定。由于任意一点数据 P 的 k 邻域一定位于以点数据为中心的一个球形区域内,因此,k 邻域也被称为球形邻域。

8.1.1 点云 k 邻域搜索

对于结构化点云数据,可以根据点云数据所包含的栅格线信息快速查询点云中任意一个点数据的 k 邻域;对于散乱点云数据,则要首先构建离散点数据之间的拓扑关系,然后进行 k 邻域的查询。对于小规模点云数据,可以直接计算待查询点数据与其余点数据的欧氏距离,并对距离排序,然后取前 k 个欧氏距离最近的点数据作为 k 邻域点数据。对于大规模(也称海量)点云数据,直接比对欧氏距离的方法效率低下、不可行,需要首先建立点云中点数据之间的拓扑关系,然后进行 k 邻域搜索。常用的散乱点云拓扑关系构建方法包括八叉树法、k-D 树法和立体栅格法。

1. 八叉树法

首先建立点云的包围盒(也称为根节点,如图 8-3 中的大立方体),设定最小包围盒的边长值为终止条件;然后在三个维度方向上平均分割得到八个子立方体(即子节点,如图 8-3 中编号为 0、1、2……的小立方体),重复该过程以进行递归式分割,直至满足终止条件。建立八叉树以后,可采用各种遍历方法快速搜索待查询点数据所在的子节点,从而确定其 k 邻域。

2. k-D 树

为了说明 k-D 树的构建原理,以六个二维数据点(2,7)、(4,7)、(5,4)、(7,2)、(8,1)、(9,6)为例,详述其 k-D 树创建过程。如图 8-4(a)所示,首先,在 x、y 两个维度上分别计算六个点的方差,结果显示 x 轴方差大于 y 轴,并将六个数据根据 x 维数值降序排列,得到中值 7,因此根节点为点(7,2),分割超平面过点(7,2)并垂直于 x 轴,由此将六个数据点分割为左子空间和右子空间。然后,分别在左子空间($x < 7$)内,通过计算方差确定分割方向与子节点,得到过点(5,4)且垂

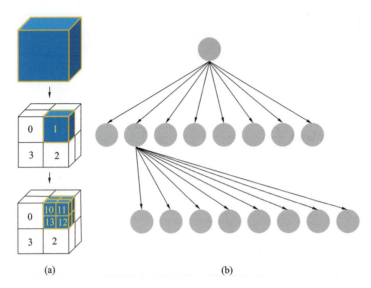

图 8-3 八叉树空间划分示意图
(a) 结构图；(b) 平面图

直于 y 轴的分割超平面；采用同样的方法在右子空间 ($x>7$) 内,得到过点 $(9,6)$ 且垂直于 y 轴的分割超平面。最后,重复上述过程,对每一个子空间进一步细分,直到每个子空间内只包括 1 个数据点为止。由图 8-4(b)可以看出,点 $(7,2)$ 为根节点,点 $(5,4)$ 和点 $(9,6)$ 分别为根节点的左、右子节点,点 $(2,3)$ 和点 $(4,7)$ 为左子节点 $(5,4)$ 的子节点,点 $(8,1)$ 为右子节点 $(9,6)$ 的子节点。一旦完成了数据的 k-D 树创建,就可采用各种遍历方法快速搜索待查询点数据所在的子节点,从而确定其 k 邻域。

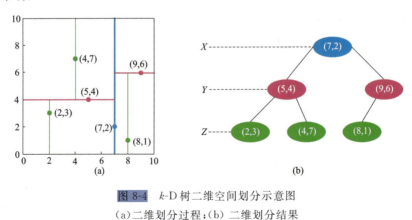

图 8-4 k-D 树二维空间划分示意图
(a) 二维划分过程；(b) 二维划分结果

3. 立体栅格法

立体栅格法也是一种基于包围盒划分来建立点数据之间的拓扑关系的方法。它的基本原理是：先计算点云的包围盒,选定单元栅格的合适边长,将包围盒划分为多个单元栅格；接着将点云数据归入对应的单元栅格，进而建立起点数据之间的拓扑关系。图 8-5 为立体栅格划分示意图，点云中的点数据(蓝色点)位于不同的单元栅格中，通过栅格拓扑关系可以快速搜索待查询点数据(红色点)的 k 邻域(绿色点)。

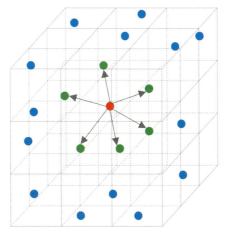

图 8-5　立体栅格划分示意图

8.1.2　点云法向量估计

法向量是点云的重要几何属性。在对点云进行渲染时，为了产生符合人眼视觉习惯的效果，需要依靠点云法向量；此外，点云三角化、特征提取等也需要借助法向量信息来完成。因此点云法向量计算是点云后处理操作的基础。针对点云法向量的计算，现有的方法主要包括三类：基于局部表面拟合的方法、基于 Delaunay 三角剖分和 Voronoi 图的方法、基于鲁棒统计的方法。图 8-6 展示了对一个点云模型进行法向量计算并对其进行可视化处理后的效果(法向量用蓝色线条表示)。

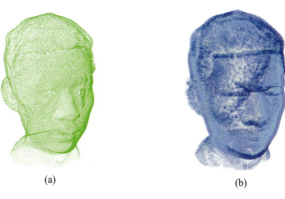

图 8-6　点云法向量可视化
(a)点云模型；(b)法向量可视化

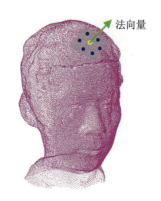

图 8-7　基于局部表面拟合的方法估计法向量示意图

1. 基于局部表面拟合的方法

该方法首先由 Hoppe 提出，其基本原理为：首先查找目标点的局部邻域点集，再根据局部点集拟合一个平面并计算该平面的法向量，以平面的法向量作为目标点的法向量[1]，如图 8-7 所示。其中，最小二乘法常用于拟合平面，主成分分析（principal component analysis，PCA）法常用于解算法向量。

2. 基于 Delaunay 三角剖分和 Voronoi 图的方法

该方法的原理是：首先构建点云的 Voronoi 图并对其进行 Delaunay 三角化，然后为每一个目标点选定一个对应的极点，将目标点与极点的连线作为该目标点的法向量；也可以为目标点构建一个局部 Voronoi 子图，根据该子图拟合一组二次曲线，以二次曲线的切向量作为目标点的法向量。

3. 基于鲁棒统计的方法

与前两种方法相比，对于含有噪声、尖锐特征丰富的点云模型，该方法具有较好的鲁棒性。它利用移动最小二乘（moving least squares，MLS）法将目标点的邻域点集划分为多个光滑子区，接着在各光滑子区内进行 MLS 投影，而法向量计算则是在点云重建过程中附带完成的。

8.1.3　点云曲率计算

曲率作为点云的另一个重要几何属性，反映了模型表面的变化程度。曲面拟合法作为常用的点云曲率计算方法，其基本原理为：搜索目标点的邻域点集，根据邻域点集来拟合曲面，通过微分几何理论估算出点云的曲率。其中，拟合曲面一般选用二次曲面、三次曲面以及一般多项式曲面，估算常采用主成分分析法。

图 8-8 展示了点云曲率计算的可视化效果。可以看出，模型的眼窝、鼻角等非平坦区域曲率较大（颜色较深），而额头、脸颊等平坦区域曲率较小（颜色较浅）。

图 8-8　点云曲率计算的可视化效果

8.1.4　离群点去除

离群点一般是由于被测部位光照条件较差（如过暗或过亮）或者被测物体表

面具有明显的非朗伯(Lambertian)反射属性(如半透明物体)而形成的。离群点在扫描点云中多以孤点或者多点聚簇的形式存在。图 8-9 展示了人体点云模型的离群点识别效果,其中红色的点即为识别出的离群点。离群点的去除方法主要分为三类:基于概率识别的方法、基于特征分析的方法和基于投影采样的方法。

图 8-9　离群点识别效果

(a)点云模型;(b) 识别出的离群点;(c) 局部放大

1. 基于概率识别的方法

顾名思义,该方法就是通过一定准则来判定某个点成为离群点的概率,从而识别离散点的。目前主要采用三个量化准则:平面拟合准则、最小球准则和最近邻相互性准则,根据每个准则的量化结果进行加权平均,得到某个点是离群点的概率值[2]。还有学者提出了这种方法:从非局部加权平均(non-local means)的角度出发,计算点云中某个点属于内点的概率,将概率值小于一定阈值的点判定为离群点[3]。

2. 基于特征分析的方法

现实中存在这样一类离群点:它们是由许多孤立离群点组成的一个与源点云表面接触的点簇,如果采用基于距离的检测方法则很难对其进行识别,因为离群点簇内各离群点之间的距离很小且整个点簇与源点云表面接触。针对该类离群点的去除,有学者提出了基于谱分析的方法,它的基本原理为:首先对每个点的局部邻域进行协方差分析,根据最小方差原理(minimum variance principle)选择可能是外点的候选点;然后使用双均值(bi-mean)对归一化的方差进行聚类,识别出可能的外点簇;最后,为了防止尖锐特征被误判为外点,根据表面传播确定的几何一致性得出最终的外点簇。基于谱分析法的离群点去除原理如图 8-10 所示[4]。

3. 基于投影采样的方法

这类方法主要是借助一些点云去噪的思想来实现离群点的去除,如局部最优(LOP)投影去噪法[5]、均值漂移法(mean-shift)[6]。这里以均值漂移法为例,简要

图 8-10　基于谱分析法的离群点去除原理示意图[4]

介绍基于投影采样的方法的离散点去除原理。如图 8-11 所示,对于每个点 x_1,计算它的 k 邻域点 k_1,根据 k_1 计算出它的重心位置,将点 x_1 偏移至重心位置得到点 x_2(这是一个迭代过程);然后计算点 x_2 的 k 邻域点 k_2,接着计算出 x_2 与 k_2 中所有点的距离和的平均值 L,如果 x_2 与 x_1 的距离值大于 $3L$,则将点 x_1 判定为离群点[6]。

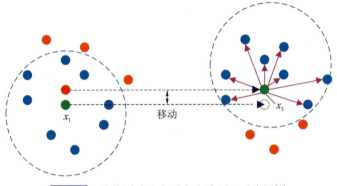

图 8-11　均值漂移法离群点去除原理示意图[6]

8.2　点云配准

由于受测量设备和扫描环境的影响,对于外形较大的被测对象,需要多角度扫描以获取多幅局部点云。为了将不同坐标系下的局部点云统一,需要对局部点云进行对齐,以获取表示被测物体形貌的完整点云。一般情况下,均采用先进行初始配准(粗配准)再进行精确配准(精配准)的思路来实现点云的配准。对于粗配准,常用的方法包括质心重合法、标签法、基于几何特征的配准方法和随机采样一样性(random sample consensus,RANSAC)算法;而对于精配准,主要采用 ICP 算法及其他的各种改进算法。点云配准效果如图 8-12 所示。

8.2.1　粗配准

1. 质心重合法

即通过计算两幅点云的质心并使其重合来实现配准。这种方法比较简单,但

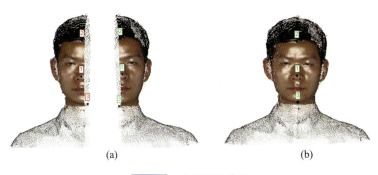

图 8-12　点云配准效果

（a）配准前；(b) 配准后

是不能减小旋转位错，只能减小平移位错，配准精度较低，因此实际应用中很少采用[7]。

2. 标签法

即在被测物体表面人为粘贴一些特征标志点，通过这些特征标志点来计算点云之间的旋转和平移矩阵以实现配准。这种方法也比较简单，但是配准精度在很大程度上依赖于扫描设备，且配准前需要手动粘贴标志点[8]。

3. 基于几何特征的配准方法

它是根据点云之间的几何特征来确定点云的对应关系，进而计算初始变换矩阵（旋转和平移矩阵）来进行配准的方法。常用的几何特征一般选用点的法向量、曲率、积分不变量、特征直方图、旋转图像等，其中，法向量和曲率最为常用[9]。

4. 随机采样一致性算法

该方法的配准过程包括随机采样、计算参数、评估参数、获取最优解，具体为：通过随机选取 n 个点计算出模型的参数，将剩余点代入模型验证，如果存在足够多点的误差在设定范围内，那么选取的样本为最优时即停止迭代，否则重复此过程。该方法对重叠区域较小以及存在大量离群点的点云具有较高的鲁棒性，但是时间复杂度较高[10,11]。图 8-13 为对一个齿轮点云模型利用改进的 RANSAC 算法进行配准的效果。

8.2.2　精配准

精配准是在粗配准的基础上，对点云之间的位置关系做一步调整，以达到高度融合的效果。目前，最常用的精配准算法是 ICP 算法，以及它的各种演变优化算法[12,13]。经典 ICP 算法的基本原理为：对于给定的两幅待配准点云 Q 和 P，在点云 P 中查找与点云 Q 中点 q_i 距离最近的对应点 p_i，得到初始对应点对 (q_i, p_i)；然后，通过这些对应点对，计算使得目标函数 $f(R,T)$ 值最小的刚体变换矩阵（即

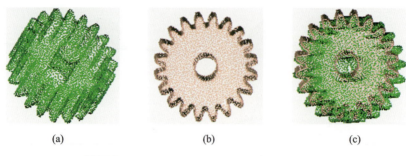

图 8-13　基于改进的 RANSAC 算法的点云配准
（a）源点云；(b) 目标点云；(c) 配准效果

旋转矩阵 $\boldsymbol{R}$ 和平移矩阵 $\boldsymbol{T}$）；最后，将刚体变换作用于点云 $\boldsymbol{Q}$ 得到点云 $\boldsymbol{Q}'$，判断是否满足设定的迭代终止条件，如果满足则迭代完成，点云 $\boldsymbol{Q}'$ 即为点云 $\boldsymbol{P}$ 的配准结果，否则重复上述迭代过程，直至收敛。其中目标函数 $f(\boldsymbol{R},\boldsymbol{T})$ 的表达式为

$$f(\boldsymbol{R},\boldsymbol{T}) = \frac{1}{N}\sum_{i=1}^{N}\|\boldsymbol{q}_i - (\boldsymbol{R}\boldsymbol{p}_i + \boldsymbol{T})\|^2$$

经典 ICP 算法受初值影响较大，具有较高的时间复杂度，因此，许多学者对它进行了改进和优化，如：引入 k-D 树搜索来提高邻域点搜索效率[14]；加入一些约束条件以提高对应点对匹配的准确性[15]；采用点到面、面到面的误差计算形式等[16]。图 8-14 是人体点云模型 ICP 精配准的效果。

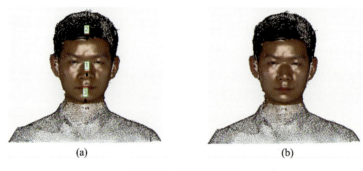

图 8-14　ICP 配准效果
（a）ICP 配准前；(b) ICP 配准后

8.3　点云融合

由于受测量误差和配准误差的影响，经过精配准后的点云，局部往往存在分层现象，会导致模型出现表面粗糙、冗余等缺陷，因此，需要将多层点云融合为单层点云，去除冗余部分以获得特征保持、表面光顺的紧致面点云数据。现有的点云融合方法主要包括：单面法、网格缝合法[17]、增量式网格化法（incremental approaches)、基于空间容积的方法(volumetric approaches)和基于聚类的方法[18]。

8.3.1 单面法

它的基本原理如下:如果两幅点云有重叠区域,那么在重叠区域以其中一幅点云为基准删除与其重叠的另一幅点云中的重叠点,从而得到单层的点云[19]。其中,在另一幅点云中,判定每个点是否为重叠点的方法为:以基准点云中的点为中心,设定上下偏差带,将另一幅点云中落在偏差带内的点定义为重叠点。如图8-15所示,以点云1为中心,给定偏差带,将属于点云2但位于点云1偏差带内的点剔除,以此形成单层点云。

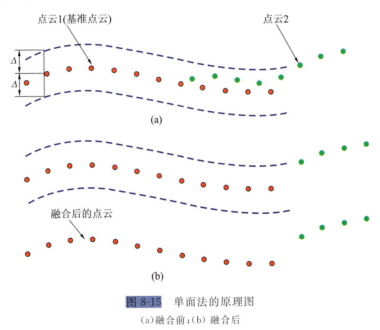

图 8-15 单面法的原理图
(a)融合前;(b) 融合后

该方法的优点是:算法简单,效率高,融合速度快,可以用于对实时性要求很高的场合(如在线检测)。但是,如果点云配准的效果不好,那么多幅点云融合后,会在边界处留下一条明显的缝隙,该缝隙的宽度就是重叠面删除时设定的偏差带的宽度。

8.3.2 网格缝合法

该方法是在点云三角化基础上实现的,本质是对网格进行融合,具体原理如下:首先,将点云进行三角化,得到三角网格,如图8-16(a)所示;然后,裁剪网格A

落在网格 B 红色边界线内的部分,如图 8-16(b)所示;其次,连接网格 A 和网格 B 在裁剪边界线上相交的点,如图 8-16(c)所示;最后,对网格进行调整、优化,去除网格内的狭长三角形,得到融合后的网格[17],如图 8-16(d)所示。该方法的特点是:运算量较大,且与单面法类似,最终的融合结果也严重依赖于点云配准精度。

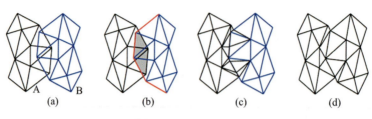

图 8-16　网格缝合步骤

(a)两幅点云网格化;(b)裁剪网格 A 落入 B 中红色边界线内的部分;
(c)连接裁剪边界线上的交点;(d)经过调整优化的网格

8.3.3　增量式网格法

该方法可通过点云三角化实现多层点云的融合,因此效率较高,典型的方法如滚球法(ball-pivoting)[20]。下面以滚球法(其基本原理见图 8-17)为例介绍点云融合过程。首先确定滚动球的半径,并选定一个基准的三角形或边界边,在滚动球沿边界边滚动过程中,如果有三个点(其中包括滚动球所在边上的两个端点)落入滚动球内,那么将这三个点连接成一个新的三角形。然后,检查这三个点的法向量是否一致,如果法向量夹角均小于180°,则法向一致,可以构成三角形,否则舍弃。最后,更新边界边链表,让滚动球沿着新边重复前述步骤,直至所有的点被处理完。该方法的优点是原理简单、易于实现,缺点是滚动球的半径不易确定。

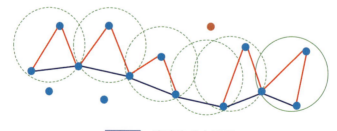

图 8-17　滚球法基本原理

8.3.4　空间容积法

该方法也是通过点云三角化实现融合的,但它属于隐式曲面重建方法范畴[21]。首先,为点云建立距离函数 f(该函数返回值有正负两种情况);然后,利用移动立方体(marching cubes)方法抽取 $f=0$ 的节点;最后,通过这些节点构建曲面。如图 8-18 所示,先建立空间网格,再利用距离函数 f 确定所有点的符号(内部点定义为 +1,外部点定义为 -1),最后通过连接位于内部点和外部点交界线上的零值点,构成最终的曲面。

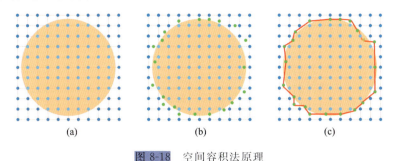

图 8-18 空间容积法原理

(a)建立空间网格;(b)根据 f 确定内外点;(c)抽取 $f=0$ 的点

8.3.5 聚类法

它是一种迭代方法,首先需要搜索两幅点云的重叠区域,然后初始化聚类核中心(聚类核中心会对点云融合时的收敛速度产生影响),迭代更新直至聚类核中心稳定,最后用稳定的聚类核中心替换重叠区域的点云以实现融合[22]。图 8-19(a)所示绿色点表示形成的初始聚类核中心。图 8-19(b)所示绿色点表示多次迭代后形成的稳定聚类核中心,用于替换两幅点云中的重叠点(即红色点和蓝色点)。

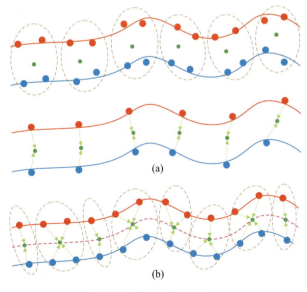

图 8-19 聚类融合原理

(a)初始聚类核中心确定的过程(绿色点为聚类核中心)

(b)聚类核中心的迭代过程(中间一层为最终稳定的聚类核中心)

8.4 点云去噪

点云去噪,即给定一幅含有噪声的原始点云,通过对其进行平滑处理,得到一幅与被测对象形貌尽可能接近的新的光滑点云,如图 8-20 所示。较好的点云去噪方法应具有以下特点:能够有效去除点云中的各种噪声;去除噪声的同时能够保持其固有几何特征;具有较低的时间复杂度和空间复杂度;能够有效防止点云空间体积收缩和变形。

现有的点云去噪方法大致可按三种分类方法分类。

(1)根据算法复杂程度,可分为基于拉普拉斯算子的去噪方法、简单的非迭代去噪方法、基于最优化思想的去噪方法。

(2)根据去噪方向的保持性,可分为各向同性方法、各向异性方法。

(3)根据去噪算子的连续性,可分为基于曲面拟合的去噪方法、数理统计分析去噪方法。

上述分类方法都是从算法特性角度进行分类的,为了更加全面地了解和概述现有点云去噪方法,采用文献[23]的分类方法,将现有点云去噪方法分为四类:基于信号处理的方法、基于邻域滤波的方法、基于投影的方法和基于统计的方法。

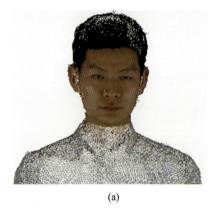

图 8-20 点云去噪效果
(a)去噪前;(b)去噪后

8.4.1 基于信号处理的方法

将数字信号处理技术中的信号滤波方法(如拉普拉斯算法)应用于点云去噪,并在此基础上不断改进和优化,是基于信号处理的方法所具有的特点[24,25]。之后,有学者将傅里叶变换和频谱分析技术引入到点云去噪中:首先,对点云模型进行分解得到多个块状点云,采用快速离散数据近似(SDA)对单块点云进行采样;然后,通过离散傅里叶变换获取每块点云的频谱,利用频谱滤波器对频谱进行处理以实现去噪,接着经过傅里叶逆变换由频域转换到空域并对块状点云进行重采样;最后,通过将去噪后的各块状点云拼接生成一幅完整点云,实现去噪增强[26]。

8.4.2 基于邻域滤波的方法

该方法来源于图像处理领域的双边滤波(bilateral filter),之后被引入网格模型去噪[27],其基本原理为:首先,计算网格顶点 U 的邻域点集和其邻域点到顶点 U 切平面的符号距离;然后,利用双边滤波技术计算顶点 U 在其法向上移动的距离;最后,将顶点 U 沿其法向按计算出的距离进行移动,同时更新网格模型所有顶点的位置和拓扑关系,以此实现网格模型去噪。基于邻域滤波的方法的去噪效果如图 8-21 所示。此外,受双边滤波方法的启发,也有一些学者将二维图像的均值滤波思想引入点云去噪,也能获得较好的去噪效果。

图 8-21 基于邻域滤波的方法的去噪效果
(a) 去噪前;(b) 去噪后;(c) 去噪前法向量显示;(d) 去噪后法向量显示

8.4.3 基于投影的方法

该类方法主要是利用局部点云拟合曲面,将目标点向拟合曲面进行投影得到投影点,以此实现对目标点位置的移动,进而实现点云去噪。MLS 算法作为最典型的基于投影的去噪方法,其去噪原理为:首先,对于输入的含噪点云 P_i,利用 MLS 拟合一个光滑曲面 S_p;然后在曲面 S_p 上进行采样,得到新的采样点云 r_i,以采样点云 r_i 作为输入点云再次拟合曲面;最后,重复上述迭代采样直至收敛,得到逼近原始含噪点云的光滑拟合曲面,实现点云去噪[28]。图 8-22 所示是对一个点云模型利用 MLS 算法进行去噪处理的效果。

同时,人们对 MLS 算法进行了诸多改进,提出了如加权处理[29]、局部分区投影等方法[30],以尽可能保留细节特征,它们均是 MLS 算法的变体。此外,还有一些学者将 MLS 算法和数理统计结合起来用于点云去噪,这类点云去噪方法如局部最优投影(locally optimal projection)法[5]等。

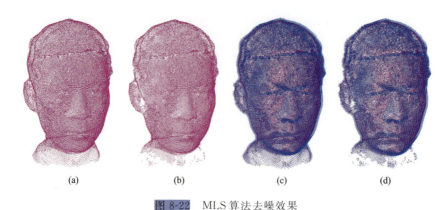

图 8-22　MLS 算法去噪效果

(a) 去噪前；(b) 去噪后；(c) 去噪前法向量显示；(d) 去噪后法向量显示

8.4.4　基于统计的方法

该类方法的核心是为含噪点云建立概率分布模型，使用局部定义的核函数来定义全局概率分布函数，在此基础上将每个点移动至具有最大可能性的位置以实现去噪。此外，也可以将贝叶斯统计思想引入点云去噪，利用采样点、先验知识（如密度、光滑性和尖锐特征等方面信息）进行概率分布建模，根据求取的最大概率值，实现特征保持的点云去噪[31]。

8.5　点云采样

随着三维扫描精度和速度的提高，获取的点云个数可以达到百万、千万数量级甚至亿级。而庞大的点云数据不仅会增加后续数字几何模型处理的难度，而且也会加重计算机硬件的负担，因此，有必要在保证精度和保持特征的前提下，对冗余点云进行精简。图 8-23 所示是对一个点云模型进行下采样的效果。

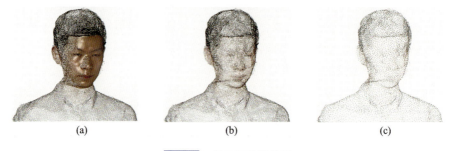

图 8-23　点云下采样效果

(a) 源点云(点云数为 62 029)；(b) 采样点云一(点云数为 30 073)；(c) 采样点云二(点云数为 8 032)

目前,点云采样的方法通常可以分为三类:基于网格拓扑信息的采样、基于曲面拟合的采样和直接作用于点云的采样。其中基于网格拓扑信息的采样方法包括聚类法和迭代法;基于曲面拟合的采样方法通常先由局部点云拟合一个近似曲面,再在该拟合曲面上根据某种准则重采样;直接作用于点云的采样方法如包围盒法、曲率法、均匀采样法,通常需要借助某种数据结构(如空间栅格、八叉树、Riemann 图)来查找邻域信息,然后在邻域信息的基础上进行简化[32]。下面对比较常用的聚类法、迭代法、曲率法进行简单介绍。

8.5.1 聚类法

1. 区域生长聚类

区域生长聚类采样原理如图 8-24 所示。首先,随机选择一个种子点 S_1(紫色点),查找点 S_1 的邻接点直至满足设定的聚类尺寸,至此,生成一个聚类 C_0。然后,以聚类 C_0 中的一个点作为下一个聚类的种子点,查找该种子点的邻域点并使 C_0 不断生长,直至满足聚类尺寸阈值,生成第二个聚类 C_1。接着,以同样的方法生成第三个聚类 C_2。最后,求取每个聚类的重心(棕色小三角形),替换该聚类所包围的查找点,实现点云的简化。为了更好地保留特征,可以减小高曲率处点云的聚类尺寸,而对于不属于任何聚类的游离点(黑色点),可以将其划分至与该聚类重心最近的聚类。

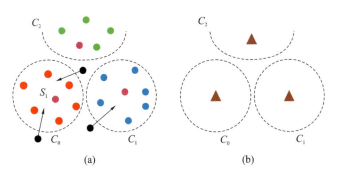

图 8-24 区域生长聚类采样原理示意图
(a) 聚类生长;(b) 重心替换

2. 分层聚类

分层聚类法采用了二叉树分割的思想,如图 8-25 所示。首先求取点云的重心,以及点云协方差矩阵最大特征值的特征向量;然后,通过重心和最大特征值向量定义分割平面,以该分割平面分割点云并进行迭代,直至分割空间内点的个数小于设定阈值或误差;最后,采用分割空间内点集的重心进行替换以实现点云简化。图 8-26 所示是对一个点云模型利用分层聚类法进行采样的效果。

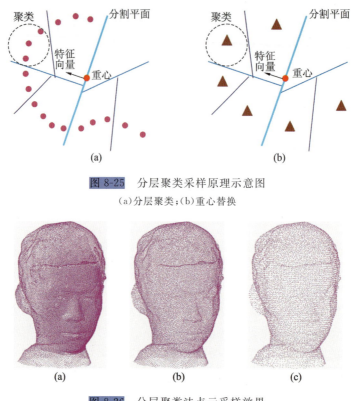

图 8-25 分层聚类采样原理示意图
(a)分层聚类；(b)重心替换

图 8-26 分层聚类法点云采样效果
(a)源点云(点云数为 54 104)；(b) 采样点云一(点云数为 30 634)；
(c) 采样点云二(点云数为 11 980)

8.5.2 迭代法

这里介绍一种典型的点云迭代简化方法，它来源于三角网格边收缩简化思想。首先，每两个点组成一个点对(v_1, v_2)，计算每个点的二次误差 Q_v，则点对(v_1, v_2)的误差为 $Q = Q_{v1} + Q_{v2}$。然后根据点对误差大小进行队列排序，对误差最小的点对进行"折叠"，用一个新的点 v_m 代替当前点对。最后，按照上述方法对其他点对进行折叠，直至满足终止条件[33]。图 8-27 所示是一个人体模型经过迭代采样后的效果。

8.5.3 曲率法

通过计算点云的曲率，可以实现自适应的点云采样，即在曲率较大的区域，考虑特征变化剧烈，保留足够多的点，而在曲率较小的区域保留少量的点以减少冗

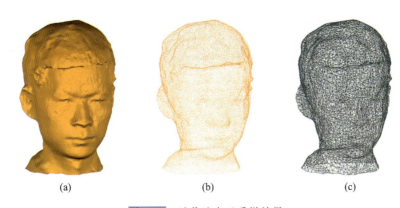

图 8-27　迭代法点云采样效果
(a)源点云(点云数为 27 166)；(b)采样点云(点云数为 5 095)；
(c)采样后网格线框显示

余[34]。图 8-28 所示是利用曲率法对一个小狗点云模型进行两次点云采样的效果，点云数由 191 385 减少到 76 554，而且在耳朵、鼻子等高曲率区域保留了更多的点。

图 8-28　曲率法点云采样
(a)源点云(点云数为 191 385)；(b)第一次采样点云(点云数为 133 970)；
(c)第二次采样点云(点云数为 76 554)

8.6　孔洞修补

　　点云模型的孔洞主要来源于两种情况：第一种是点云模型代表的实测对象自身存在孔洞；第二种是由于测量对象、测量过程、测量设备等方面原因，生成的点云模型中存在孔洞。本节主要针对第二种类型的孔洞进行介绍。在逆向工程领域，针对点云模型孔洞的修补主要采用两种思路：第一种是先将点云模型三角化得到网格模型，然后利用网格孔洞修补方法进行修补，进而实现孔洞的填充，该方法对于曲率变化较小、点数较少的模型修复效果较好，但是对于特征丰富、点数较多的模型修复效果和修复效率都不理想；第二种方法是直接作用于点云模型进行孔洞修补。本节主要讨论点云模型的孔洞修补，并将点云模型的孔洞修补方法分为以下三类：基于曲面采样的修补方法、基于匹配粘贴的修补方法和其他方法。图 8-29 所示是对一个点云模型孔洞进行修补的效果。

图 8-29　点云模型孔洞的修补效果
(a)含有孔洞的点云模型；(b)孔洞填充后的点云模型

8.6.1　基于曲面采样的修补方法

该类方法需要先识别出孔洞的边界，然后利用孔洞边界点的邻域点来构建曲面，最后对构建的曲面进行采样，得到新增填充点，进而实现孔洞的填充。对于孔洞的识别，可以通过定义三个计算准则(角度准则、半圆盘准则和形状准则)并对它们进行加权求和，来得到每个点成为边界点的概率，据此确定边界点，接着遍历所有边界点以构建一个闭合的边界，实现孔洞识别。孔洞识别完成后，选用不同的函数或曲线来构造诸如径向基函数拟合曲面、B 样条拟合曲面、Bezier 拟合曲面和 MLS 拟合曲面等，通过在这些拟合曲面上采样取点来得到新增填充点，实现点云孔洞的修补[35,36]。

此外，有学者提出了"喷桶"填充的孔洞修补策略，它根据孔洞的大小，采用两种方法进行填充。对于小洞，利用一种"喷桶"工具(spray can tool)，在桶体包围区域内生成一些点，然后将它们投影到 MLS 拟合曲面上得到新增孔洞填充点，最后对填充点进行分布调整以使其分布均匀，实现小孔的修补。对于较大、复杂的孔洞，引入 Davis 的体素扩张思想，并利用 MLS 投影替代距离场估计，来进行点云孔洞的修补[37]。

8.6.2　基于匹配粘贴的修补方法

该方法可以直观理解为：查找→复制→粘贴→后处理。主要思想为：通过对孔洞区域的点云进行分析，在点云模型其他区域寻找特征最关联匹配的点云子集，然后将此点云子集粘贴在孔洞区域并对其进行一些后处理，最终实现孔洞的填充[38,39]。这种方法的关键问题在于：原始点云中需要存在一些多个局部相似的点云子集对,如何确定这些点云子集对,以及采用什么样的策略来匹配到与孔洞区域特征最有关联的点云子集。

8.6.3 其他方法[40,41]

除了上面提到的两种方法外,还有一种"排斥推送"的点云孔洞修补方法。它采用加权局部最优投影(weighted locally optimal projection,WLOP)算子来获取分布均匀的子集,同时对子集中的每个点进行重定向;通过基于代数点集表面(algebraic point set surface,APSS)的排斥算子,将子集中位于孔洞周围的点"推"到孔洞区域内并进行上采样;最后重复上述过程,进行迭代,实现孔洞修补。该方法可以认为是匹配粘贴孔洞修补算法的一种改进和优化,实质也是"植皮式"补洞[6]。

8.7 三 角 化

在计算机图形学领域,多边形网格具有强大的表达能力,对任意形状的物体都能够用多边形网格的形式进行表达,而且三角网格的几何绘制和处理已经得到高速图形硬件的支持[42]。点云三角化(即曲面重建)就是将点云模型转化为三角网格模型的过程,图 8-30 所示是对一个点云模型进行三角化后的效果。

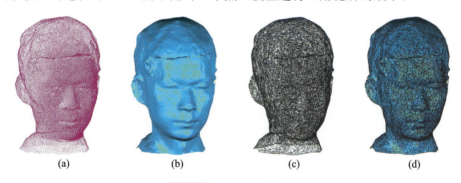

图 8-30　点云三角化效果

(a)点云模型;(b) 三角网格;(c) 三角网格线框显示;(d) 三角网格面片加线框显示

目前,点云三角化方法主要分为三类:隐式曲面三角化方法、Delaunay 三角化方法、区域生长法。

8.7.1 隐式曲面三角化方法

顾名思义,隐式曲面三角化方法即通过选择一种隐函数对目标点云进行拟合,采用某种提取策略在零等值面上提取出三角网格,以实现点云的三角化。该方法重建的曲面模型比较光滑，具有较好的抗噪特性，但会导致尖锐特征退化或消除。

隐函数通常采用径向基函数（radial basis function，RBF）、B样条函数和多项式函数[42]，而等值面提取多采用移动立方体法和Bloomenthal方法[43]。径向基函数是隐式曲面重建中使用最为频繁的隐函数。一般函数通常由基函数的线性组合构成，而基函数一般选择薄板样条函数、高斯函数等。

此外，还有一些比较经典的方法，如Hoppe的距离函数曲面重建法[1]、Kazhdan的泊松曲面重建法（见图8-31(b)）[44]、Alexa的MLS算法（见图8-31(c)）[28]。

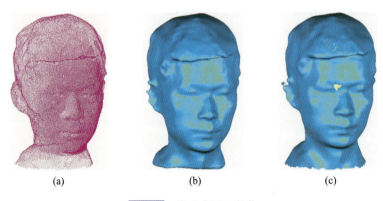

图 8-31　隐式曲面三角化
(a) 点云模型；(b) 泊松重建；(c) MLS重建

8.7.2　Delaunay 三角化方法

Delaunay三角化方法作为最经典的点云三角化方法，主要包括三种：逐点插入法、分治法、三角网生长法[45]。

逐点插入法需要先构建一个包含所有输入点云的凸多边形并生成初始三角形，然后依次插入每一个剩余点，新增三个三角形，最后通过边交换规范化剖分三角形[46]。分治法的原理是：根据点云坐标进行升序排序，得到两个近似相等的子集，然后分别对两个子集进行 Delaunay 三角剖分，合并两个子集 Delaunay 三角网，最后重复子集剖分和子集合并，直至所有点都参与三角剖分为止[47]。三角网生长法的原理则是：通过查找点云中距离最近的两个点，并将它们连接起来，作为一条初始边，然后根据 Delaunay 三角网判别法则查找第三个点，利用上述三个点构造一个三角形，最后重复上述查找过程生成新的三角形，直至所有点均参与剖分为止[48]。

在这三种方法中，分治法时间复杂度较低，但是由于使用了递归运算，不宜用于处理大容量点云数据。处理大容量点云数据选用逐点插入法更合适。三角网生长法由于效率低一般很少使用。

8.7.3 区域生长法

滚球法是区域生长法中最经典的方法,下面以它为例来介绍区域生长法的三角化过程。

首先,选择一个种子三角形,将种子三角形的三条边加入到构造边集中;然后,针对构造边集中的每一条边,采用一定方法搜索满足判定准则的一个点,以此构造一个新的三角形,同时将该构造边从集合中删除,并加入新增三角形的边集中;最后,重复上述过程,直到构造边集为空,完成三角化[20]。对区域生长法而言,最优点的选取对三角化的效果有很大影响。常用的最优点选取原则包括:三角形张角最大准则[49]、螺旋边准则[50]和平坦度准则等[51]。图 8-32 所示是对一个点云模型利用滚球法完成三角化后的效果。

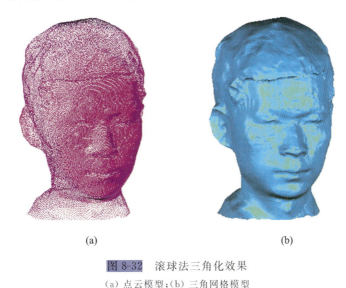

图 8-32　滚球法三角化效果
(a) 点云模型;(b) 三角网格模型

8.8　本　章　小　结

本章主要对三维点云处理的相关内容进行了总结和介绍,对其中所涉及的一些关键技术,按照常规的点云处理先后顺序进行了概述,并通过实际的点云处理效果的示例来进一步对相关概念或内容进行阐述。首先,给出了三维点云处理的总体流程,从宏观上对三维点云处理技术进行把握。然后,分别按照点云初始化、点云配准、点云融合、点云去噪、点云采样、孔洞修补和三角化的常规点云处理顺序,对它们所涉及的概念、方法和效果,采用文字与图像的形式进行了详细概述和分析。

参考文献

[1] HOPPE H, DEROSE T, DUCHAMP T, et al. Surface reconstruction from unorganized points[J]. ACM Siggraph Computer Graphics, 1992, 26(2): 71-78.

[2] WAND M, BERNER A, BOKELOH M, et al. Processing and interactive editing of huge point clouds from 3D scanners[J]. Computers & Graphics, 2008, 32(2): 204-220.

[3] HUHLE B, SCHAIRER T, JENKE P, et al. Fusion of range and color images for denoising and resolution enhancement with a non-local filter[J]. Computer Vision and Image Understanding, 2010, 114(12): 1336-1345.

[4] SHEN J, YOON D, SHEHU D, et al. Spectral moving removal of non-isolated surface outlier clusters[J]. Computer-Aided Design, 2009, 41(4): 256-267.

[5] LIPMAN Y, COHEN-OR D, LEVIN D, et al. Parameterization-free projection for geometry reconstruction[J]. ACM Transactions on Graphics, 2007, 26(3): 22.

[6] LIU S, CHAN K C, WANG C C L. Iterative consolidation of unorganized point clouds[J]. IEEE Computer Graphics and Applications, 2012, 32(3): 70-83.

[7] 张学昌, 习俊通, 严隽琪. 基于点云数据的复杂型面数字化检测技术研究[J]. 计算机集成制造系统, 2005, 11(5): 727-731.

[8] 罗先波, 钟约先, 李仁举. 三维扫描系统中的数据配准技术[J]. 清华大学学报(自然科学版), 2004, 44(8): 1104-1106.

[9] 梅元刚, 何玉庆. 低维特征空间中基于旋转图像的三维环境模型配准方法[J]. 中国科学: 技术科学, 2014, 108: 18.

[10] AIGER D, MITRA N J, COHER-OR D. 4-points congruent sets for robust pairwise surface registration[J]. ACM Transactions on Graphics, 2008, 27(3): 1-10.

[11] MENG Y, ZHANG H. Registration of point clouds using sample-sphere and adaptive distance restriction[J]. The Visual Computer, 2011, 27(6-8): 543-553.

[12] GODIN G, LAURENDEAU D, BERGEVIN R. A method for the registration of attributed range images[DB/OL]. [2015-04-15]. http://www.gel.ulaval.ca/-bergvin/pdf/3dim2001.pdf.

[13] SEHGAL A, CERNEA D, MAKAVEEVA M. Real-time scale invariant 3D

range point cloud registration[DB/OL].[2015-04-28]. http://www.iurs. org/thesis/b1110220.pdf.

[14] GREENSPAN M, YURICK M. Approximate kd tree search for efficient ICP[C]//IEEE. Proceedings of the Fourth International Conference on 3D Digital Imaging and Modeling. Piscataway: IEEE, 2003: 442-448.

[15] LIU Y. Improving ICP with easy implementation for free-form surface matching[J]. Pattern Recognition, 2004, 37(2): 211-226.

[16] RUSINKIEWICZ S, LEVOY M. Efficient variants of the ICP algorithm[DB/OL]. [2018-03-15]. http://www1.cs.columbia.edu/~allen/PHOTOPAPERS/icp. szymon.pdf.

[17] TURK G, LEVOY M. Zippered polygon meshes from range images[C]// Anon. Proceedings of the 21st Annual Conference on Computer Graphics and Interactive Techniques. New York: ACM, 1994: 311-318.

[18] ZHOU H, LIU Y. Accurate integration of multi-view range images using k-means clustering[J]. Pattern Recognition, 2008, 41(1): 152-175.

[19] 史宝全. 光学三维快速检测系统中的点云融合技术研究与应用[D]. 西安：西安交通大学，2009.

[20] BERNARDINI F, MITTLEMAN J, RUSHMEIER H, et al. The ball-pivoting algorithm for surface reconstruction[J]. IEEE Transactions on Visualization and Computer Graphics, 1999, 5(4): 349-359.

[21] CURLESS B, LEVOY M. A volumetric method for building complex models from range images[DB/OL].[2018-03-22]. http://www.vision. caltech.edu/tutorial/papers/volrange.pdf.

[22] ZHOU H, LIU Y. Accurate integration of multi-view range images using k-means clustering[J]. Pattern Recognition, 2008, 41(1): 152-175.

[23] SCHALL O, BELYAEV A, SEIDEL H P. Adaptive feature-preserving non-local denoising of static and time-varying range data[J]. Computer-Aided Design, 2008, 40(6): 701-707.

[24] TAUBIN G. A signal processing approach to fair surface design[DB/OL].[2018-03-19]. http://www.cs.upc.edu/~pere/PapersWeb/SGI/Taubin.pdf.

[25] PAULY M, KOBBELT L, GROSS M. Multiresolution modeling of point-sampled geometry [R]. Zurich: Eidgenössische Technische Hochschule, Swiss Federal Institute of Technology, 2002.

[26] PAULY M, GROSS M. Spectral processing of point-sampled geometry [C]//Anon. Proceedings of the 28th Annual Conference on Computer Graphics and Interactive Techniques. New York: ACM, 2001: 379-386.

[27] FLEISHMAN S, DRORI I, COHEN-OR D. Bilateral mesh denoising[J].

ACM Transactions on Graphics,2003,22(3):950-953.

[28]ALEXA M,BEHR J,COHEN-OR D,et al. Point set surfaces[C]//IEEE. Proceedings of the Conference on Visualization,2001-10-21,San Diego, California. Washington,D.C.:IEEE Computer Society,2001:21-28.

[29]MEDEROS B,VELHO L,DE FIGUEIREDO L H. Robust smoothing of noisy point clouds[C]//Anon. Proc. SIAM Conference on Geometric Design and Computing,Seattle 2003. Brentwood:Nashboro Press,2003:405-416.

[30]FLEISHMAN S,COHEN-OR D,SILVA C T. Robust moving least-squares fitting with sharp features[J]. ACM Transactions on Graphics, 2005,24(3):544-552.

[31]JENKE P,WAND M,BOKELOH M,et al. Bayesian point cloud reconstruction[DB/OL].[2018-03-26]. https://geometry.stanford.edu/papers/jwbss-bpcr-06/jwbss-bpcr-06.pdf.

[32]杜小燕. 点云数据的光顺去噪与简化技术的研究与实现[D]. 苏州:苏州大学,2009.

[33]PAULY M,GROSS M,KOBBELT L P. Efficient simplification of point-sampled surfaces[C]//IEEE. Proceedings of the Conference on Visualization'02. Washington, D.C.:IEEE Computer Society,2002:163-170.

[34]孙肖霞,孙殿柱,李延瑞,等. 反求工程中测量数据的精简算法[J]. 机械设计与制造,2006(8):37-38.

[35]陈飞舟,陈志杨,丁展,等. 基于径向基函数的残缺点云数据修复[J]. 计算机辅助设计与图形学学报,2006,18(9):1414-1419.

[36]陈志杨,张三元,叶修梓. 点云数据中空洞区域的自动补测算法[J]. 计算机辅助设计与图形学学报,2005,17(8):1793-1797.

[37]WEYRICH T,PAULY M,KEISER R,et al. Post-processing of scanned 3D surface data[C]//ALEXA M,ROSINKIEWICZ S. Proceedings of the First Eurographics Symposium on Point-based Graphics(2004). Aire-la-Ville:Eurographics Association,2004:85-94.

[38]PARK S,GUO X,SHIN H,et al. Shape and appearance repair for incomplete point surfaces[C]//IEEE. Proceedings of the Tenth IEEE International Conference on Computer Vision. Washington,D.C.:IEEE Computer Society,2005,2:1260-1267.

[39]SHARF A,ALEXA M,COHER-OR D. Context-based surface completion [J]. ACM Transactions on Graphics,2004,23(3):878-887.

[40]夏海明. 点云数据三维表面重建方法的研究[D]. 哈尔滨:哈尔滨理工大学,2010.

[41]BOLLE R M,VEMURI B C. On three-dimensional surface reconstruction methods

[J]. IEEE Transactions on Pattern Analysis and Machine Intelligence,1991,13(1):1-13.

[42] 刘含波. 基于散乱点云数据的隐式曲面重建研究[D]. 哈尔滨:哈尔滨工业大学,2009.

[43] 钱归平. 散乱点云网格重建时及修补研究[D]. 杭州:浙江大学,2008.

[44] KAZHDAN M,BOLITHO M,HOPPE H. Poisson surface reconstruction[C]//POLTHIER K,SHEFFER A. Proceedings of the Fourth Eurographics Symposium on Geometry processing(2006). Aire-la-Ville:Eurographics Association,2006:61-70.

[45] SIBSON R. Locally equiangular triangulations[J]. The Computer Journal,1978,21(3):243-245.

[46] TSAI V J D. Delaunay triangulations in TIN creation:an overview and a linear-time algorithm[J]. International Journal of Geographical Information Science,1993,7(6):501-524.

[47] LEWIS B A,ROBINSON J S. Triangulation of planar regions with applications[J]. The Computer Journal,1978,21(4):324-332.

[48] GREEN P J,SIBSON R. Computing Dirichlet tessellations in the plane[J]. The Computer Journal,1978,21(2):168-173.

[49] BOISSONNAT J D. Geometric structures for three-dimensional shape representation[J]. ACM Transactions on Graphics,1984,3(4):266-286.

[50] CROSSNO P,ANGEL E. Spiraling edge:Fast surface reconstruction from partially organized sample points[C]//IEEE. Proceedings of the Conference on Visualization'99:Celebrating Ten Years. Washington,D.C.:IEEE Computer Society Press,1999:317-324.

[51] 李根,陈志杨,张三元,等. 基于点邻域平坦度的网格重构算法[J]. 计算机辅助设计与图形学学报,2008,20(4):482-487.

第 9 章　三角网格处理技术

点云经过三角化后可以生成三角网格模型,但是由于点云后处理不到位或者三角化算法自身限制,生成的网格模型往往会存在一些问题,它们会对后续的网格变形、贴图、渲染等产生影响。因此,需要对含有缺陷的三角网格进行一系列的后处理操作。本章主要就三角网格处理的关键技术(见图 9-1)及常用开源点云处理软件进行简单介绍。

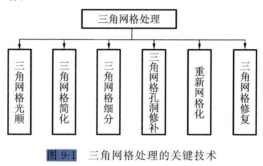

图 9-1　三角网格处理的关键技术

9.1　三角网格光顺

由于受扫描设备、扫描环境、人为因素等影响,点云三角化后生成的网格模型通常含有多种噪声,通常需要先进行光顺处理。优秀的三角网格光顺算法应该具有如下特点:①能够有效去除多种类型的噪声;②光顺处理后网格模型的收缩变形尽可能小;③光顺的同时能够有效保持网格的原始几何特征;④具有较低的时间复杂度和空间复杂度。现有的三角网格光顺算法可以分为三类:能量法、迭代法和其他方法。图 9-2 所示是对一个三角网格模型进行光顺处理的效果。

图 9-2　三角网格光顺处理效果
(a)光顺处理前;(b)光顺处理后

9.1.1 能量法

能量法的基本原理是：为三角网格模型定义一个全局能量函数，通过求解该函数并使其最小化来调整网格顶点位置，从而实现网格的光顺处理。比较常见的能量函数包括薄板能量函数和薄膜能量函数[1,2]。能量函数的选择[3,4]及能量函数的优化[5]，是能量法的研究热点。图 9-3 所示为用能量法进行三角网格光顺处理的效果。

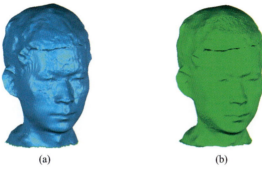

图 9-3　能量法光顺处理效果

(a)光顺处理前；(b)光顺处理后

9.1.2 迭代法

比较经典的三角网格光顺的迭代法是拉普拉斯算法[6]：通过为顶点定义拉普拉斯算子来确定顶点的调整方向，接着以一定的速率沿该方向移动，实现对网格顶点位置的调整，光顺处理效果如图 9-4 所示。此后，有学者对该算法进行了优化改进，提出了平均曲率流法[7]和 $\lambda|\mu$ 法[8]。另外，双边滤波法也属于一种迭代方法，因为它自身具有特征保持性，所以与其他迭代法相比，光顺处理后的网格特征保持效果较好[9]。

图 9-4　拉普拉斯算法光顺处理效果

(a)光顺处理前；(b)光顺处理后

9.1.3 其他方法

其他三角网格光顺方法主要是指将上述网格光顺方法进行适度组合[10],或者对现有的方法进行优化改进[11],或者将其他的数字图像特征保持去噪方法推广到网格光顺处理中[12-15]而形成的方法。例如,双边滤波法与拉普拉斯算法的组合算法,在能量函数定义中引入粗糙度度量或者对曲率进行加权处理而得到的方法,将非线性扩散方程、几何演化理论引入到网格去噪中而形成的方法。这些方法的共同点就是:在去噪的同时可尽可能有效保持网格细节特征。

9.2 三角网格简化

随着图像采集设备和计算机图像处理技术的快速发展,生成的数据量成倍增加,这会加重数据存储、传输和处理的负担,同时由于人眼视觉分辨率存在限制,完全可以采用简化模型替代原有模型来显示,因此有必要对冗余的三角网格进行简化处理。图 9-5 所示是对一个三角网格模型进行简化的效果。本节主要介绍几种常用的三角网格简化方法:顶点聚类法、几何元素删除法、重新布点法和小波分析法。

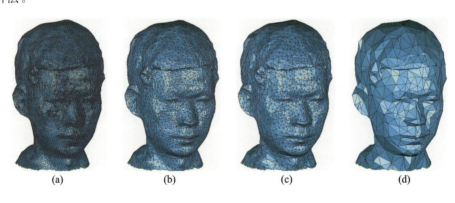

图 9-5 三角网格简化效果

(a) 三角面片数为 50 004;(b) 三角面片数为 10 004;(c) 三角面片数为 5 003;(d) 三角面片数为 997

9.2.1 顶点聚类法

顶点聚类法的原理是:首先对输入的三角网格模型建立空间包围盒,按照一定规则将包围盒划分为若干个小的立方体,然后将落在小立方体内的原始顶点删除(或称之为合并)并生成一个新的顶点,最后根据原始网格的拓扑关系,对新生成的顶点进行三角化,从而实现网格模型的简化,如图 9-6 所示。

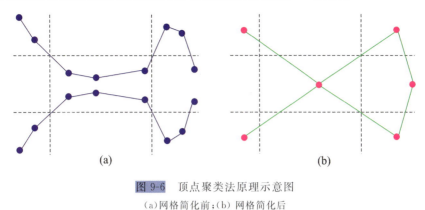

图 9-6　顶点聚类法原理示意图
(a)网格简化前;(b)网格简化后

9.2.2　几何元素删除法

几何元素删除法包括顶点删除法、边删除法和三角形删除法,它们都是通过减少几何元素(点、边、三角形)来实现网格模型的简化的。不同之处在于,顶点删除法需要对删除顶点后的孔洞区域重新进行三角化,而边删除法和三角形删除法只需要生成一个新的顶点替换被删除元素即可[16]。

几何元素删除法的基本原理如图 9-7 所示。

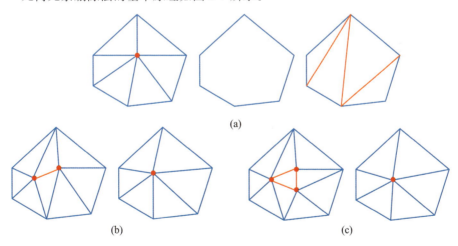

图 9-7　几何元素删除法原理示意图
(a)顶点删除法;(b)边删除法;(c)三角形删除法

9.2.3　重新布点法

重新布点法的基本原理是将用户选定数目的采样点分散布置于网格模型表

面,然后通过顶点之间的排斥力对新增采样点进行移动调节,使之分布更合理,并对原始顶点和新增顶点统一进行三角剖分,最后删除原始顶点并填充删除引起的孔洞[17]。

9.2.4 小波分析法

小波分析法的核心是建立网格的多层次细节模型(低分辨率部分和高分辨率部分),其中低分辨率部分和高分辨率部分分别对应时频空间中的低频、高频信号。而简化就是合理选取低频信号而放弃部分高频信号,来得到指定层次细节的简化模型[18]。

9.3 三角网格细分

传统的连续造型 CAD 软件中,非均匀有理 B 样条曲面往往需要通过修剪和拼接才能保证模型的平滑度。此外,对于形貌相对复杂的实体造型需求,连续造型难以通过基本图形的复合来实现模型的构造。但是,以三角网格细分为代表的具有离散特性的网格细分技术,可以改善模型在构造过程中的光滑度和接缝的平整度。

三角网格细分是曲面造型的一个分支,它通过采用一定的细分规则,在给定的初始控制网格上插入新的顶点,从而不断地细化原始的三角面片,然后重复上述细分步骤,最终可以生成一个光滑、细腻的近似三角网格模型。三角网格细分广泛应用于工程曲面造型设计、三维动画造型和医学图像重建等领域。典型三角网格细分方法包括多面体法、蝶形法、Loop 法、分段重构法、Sqrt3 法、PN 三角面片法等。图 9-8 所示是对一个网格模型进行细分后的效果。

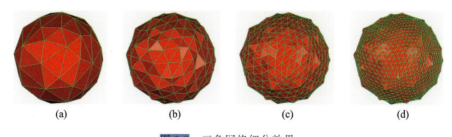

图 9-8　三角网格细分效果

(a)三角面片数为 98；(b)三角面片数为 294；(c)三角面片数为 882；(d)三角面片数为 2 646

9.3.1 多面体法

多面体法是一种相对比较简单的简化方法,它的细分原理是:通过在三角形三条边的中间位置插入一个新增的顶点,将大三角形细分为四个小三角形,按照同样的方法重复上述过程直至满足细分条件,如图 9-9 所示。

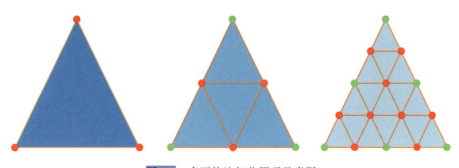

图 9-9　多面体法细分原理示意图

9.3.2　蝶形法

蝶形法与多面体法相似,也是通过在目标三角面片的每一条边上插入一个新的顶点来进行细分的,但是这个新增点是通过一个八点模板加权得到的,如图 9-10 所示[19]。随后有学者对其进行了改进,将八点模板优化为十点模板(通过所在边的邻接顶点加权得到),同时引入奇异点处理机制,使得细分后的模型更加光滑[20]。

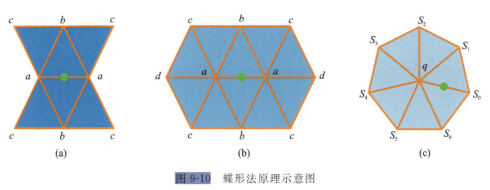

图 9-10　蝶形法原理示意图
(a) 八点模板;(b) 十点模板;(c) 奇异点模板

9.3.3　Loop 细分法

Loop 细分基本原理是:按照 1/4 三角形分裂方式,在每条边上插入一个新的顶点,将各点连接起来,从而将原始三角形细分为四个小三角形,同时重新计算细分后网格上所有顶点的位置,使得细分后的三角网格更加光顺[21]。Loop 细分效果如图 9-11 所示。

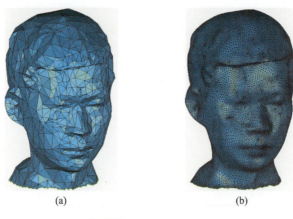

图 9-11　Loop 细分效果

(a)细分前;(b)细分后

9.3.4　分段重构与 $\sqrt{3}$ 细分法

分段重构法是在 Loop 细分法的基础上进行改进而形成的,该方法引入了尖锐边的概念,使得在细分的同时能够有效保持模型的细节特征[22]。而 $\sqrt{3}$ 细分法是通过在每个三角面片内插入一个新的顶点,将每个三角面片细分为三个小的三角面片,最后将原始三角网格的所有边进行删除,只保留细分边,来实现网格简化的[23]。

9.3.5　PN 三角形细分法

PN(point-normal)三角形细分法的基本原理是:利用一个贝塞尔(Bezier)曲面来替换一个平面三角形,而这个贝塞尔曲面可以剖分为用户指定数目的多个平面三角形,进而对低分辨率层级的网格模型进行增强处理[24]。

9.4　三角网格孔洞修补

三角网格孔洞的形成,主要有两方面原因:一方面是扫描设备精度不高、被测物体表面材质反光或扫描遮挡等因素,使生成的点云稀疏或出现局部缺失,进而导致后续点云三角化后出现孔洞;另一方面是三角化算法自身的原因,导致生成的网格出现孔洞。三角网格如果存在孔洞,不仅影响模型的完整性和可视化效果,而且对网格的后处理也有一定影响,因此,在进行后处理之前,有必要对网格中的孔洞进行修补。

现有的三角网格孔洞修补算法，按照是否直接作用于网格，可以分为：基于网格的孔洞修补法和基于体素的孔洞修补法。其中基于网格的孔洞修补法主要包括：最小面积法、曲面拟合法、波前法、能量最小化法、图像法和其他方法。图 9-12 所示是对一个网格模型中的孔洞进行修补的效果。

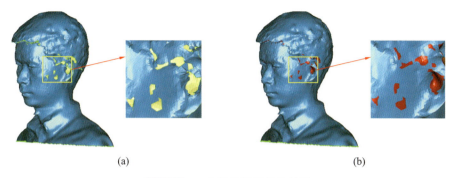

(a)　　　　　　　　　　　　　　(b)

图 9-12　三角网格孔洞修补效果

9.4.1　基于网格的孔洞修补法

1. 最小面积法

最小面积法通过改变孔洞边界点的连接顺序，来寻找使得填充三角面片面积最小的连接方案，作为孔洞填充时孔洞边界点的连接顺序。该方法的基本原理为：遍历所有孔洞边界点，每三个边界点相连构造一个三角面片，依次连接剩余孔洞边界点来构造新的三角面片；然后改变孔洞边界点的连接顺序，生成另一幅新增孔洞填充面片集，重复该过程以穷举所有连接方案；最后选择新增孔洞填充面片面积最小的连接方案，将相应的面片作为孔洞的填充面片并对其进行优化（如边交换），进而实现孔洞修补[25]。最小面积法连接方案如图 9-13 所示。

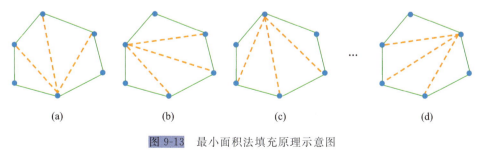

(a)　　　　　　(b)　　　　　　(c)　　　　　　(d)

图 9-13　最小面积法填充原理示意图

(a)方案 1；(b)方案 2；(c)方案 3；(d)方案 n

2. 曲面拟合法

曲面拟合法主要借助孔洞的邻域点来拟合曲面，实现孔洞填充，具体原理为：利用孔洞边界点及其邻域点，采用选定方法拟合一张曲面，通过提取曲面的等值面,或利用该曲面通过投影来调整新增填充点的位置以进行再三角化,最后实现孔洞的填充修补[26],如图 9-14 所示。常用的曲面拟合法包括:径向基函数法、移动最小二乘法、非均匀有理 B 样条曲线法。

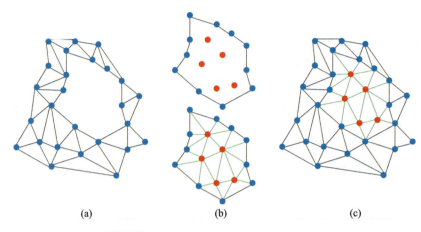

图 9-14　曲面拟合法孔洞修补原理示意图
(a)孔洞;(b)新增填充点;(c)修补后

3. 波前法

波前法是根据最小夹角来选定不同生长规则,进行孔洞填充的一种方法。首先依次计算出孔洞边界中相邻两条边的夹角,然后选择夹角最小的两条边,按照图 9-15 所示的三角形生长原则生成填充三角形,最后重复上述过程直至孔洞区域被完全填充为止[27]。目前对波前法的优化主要集中于最小角度的剖分以及新增顶点位置的确定方面。

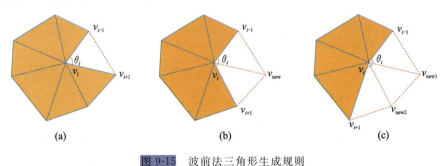

图 9-15　波前法三角形生成规则
(a) $0 < \theta_i < A$; (b) $A < \theta_i < B$; (c) $B < \theta_i < \pi$

4. 最小能量法

最小能量法通过孔洞边界顶点建立最小能量函数,利用模拟退火法求其最小值,将孔洞边界顶点投影到最佳拟合平面上(同时完成孔洞边界曲线展开),利用平面限制 Delaunay 三角化方法对平面孔洞多边形进行三角化,最后反投影至空间孔洞区域实现修补[28]。

5. 图像法

图像法主要通过降维处理，将三维孔洞修补问题转化到二维空间内进行，采用的是二维图像修复技术。首先建立一个投影平面，然后将三角网格的顶点投影至投影平面上，即得到二维投影图像，利用已有的图像复原修复方法，对投影图像进行修复（即二维补洞），最后将修补好的二维图像反投影至三维空间，完成孔洞修补[29]。

6. 其他方法

为了便于分类，将上述五种方法之外的方法统称为其他方法。下面介绍一种被称为"拓扑填充"的修复方法。它首先对孔洞边界的三角面片进行预处理，如删除奇异三角形和退化三角形；然后进行拓扑网格填充，即对一个椭圆进行二维网格化，该椭圆边缘具有与要填充孔洞相同数目的顶点，同时将此平面椭圆网格与待修补的孔洞缝合；最后采用基于线性力学模型的奇异值分解最小化原理，对填充的拓扑网格进行优化变形，使其与邻近网格的拓扑关系接近[30]。

9.4.2 基于体素的孔洞修补法

与基于网格的孔洞修补法相比，基于体素的孔洞修补法不仅可以有效处理比较复杂、面片重合和自相交的孔洞，而且能够保证输出的网格是封闭和流形的。

这类修补方法的主要原理为：首先将含有孔洞的三角网格转化成中间体数据，然后在体数据上进行孔洞填充，最后利用等值面抽取技术重新生成网格。其中以基于体素扩展的复杂曲面孔洞修补方法最具代表性[31]，它采用 VRIP（volumetric range image processing）算法来构建符号距离函数，由此定义一个相关加权函数（权值范围为 0~1），通过对加权函数与一个低通滤波器进行卷积操作以对孔洞区域进行放大，最后利用移动立方体算法进行网格重建，在重建过程中实现孔洞修补。

9.5 重新网格化

现有的三角网格模型大多是通过3D扫描生成点云再经三角化后得到的，这类网格通常存在冗余点，而且部分三角面片质量较差（如顶点分布、顶点规则性、三角面片形状等不良），加之大多数图形学算法只能接受流形网格作为输入，因此需要对原始网格的几何和拓扑关系进行处理，这个过程称为重新网格化。

针对不同应用领域，重新网格化侧重点有所不同，如网格压缩对规则性要求较高，有限元分析对顶点分布特性要求较高，而其他一些应用要求有可能相反。

因此根据不同目的,可以将现有的重新网格化方法分为拓扑规则法、几何各向同性法、几何各向异性法,以及其他方法。

本章主要就拓扑规则法和几何各向同性法做简要介绍。其中,拓扑规则法又可以分为半规则拓扑法、高度规则拓扑法、完全规则拓扑法。几何各向同性法包括平面参数化法、自适应参数化法、德劳内参数化法。图 9-16 所示是对一个三角网格模型进行重新网格化处理的效果,可以看出重新网格化前脸部的网格比较密集而且鼻根处网格大小不一,重新网格化后整体脸部网格分布均匀,三角网格近似呈正三角形。

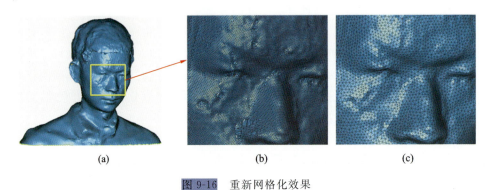

图 9-16 重新网格化效果

(a)原始网格;(b)脸部重新网格化前;(c)脸部重新网格化后

9.5.1 半规则拓扑法

半规则拓扑法的原理是:首先构造原始网格的基网格,进行从原始网格到基网格的参数化处理,然后在参数域内执行规则细分,最后将细分网格反映射至原始网格,实现网格的重新划分。对于基网格的构造可以选用 Voronoi 图法、Delaunay 三角剖分法、网格简化法等方法[32-34],而从原始网格到基网格的参数化可以选用平面参数法、球面参数化法、自适应参数法来实现[35-37]。

9.5.2 高度规则拓扑法

与半规则拓扑法不同,高度规则拓扑法是通过对网格的边进行局部操作(如边折叠、边交换、边分裂等)而非细分划分,以使大部分网格顶点规则,从而实现网格的重新划分。它的目标是使以下能量函数最小化[38]:

$$R(M) = \sum_{v \in M} (d(v_i) - d_{opt}(v_i))^2$$

式中:$d(v_i)$表示网格顶点 v_i 的度;$d_{opt}(v_i)$表示重新网格化后顶点 v_i 的度(即内部顶点为 6,边界为 4)。

9.5.3　完全规则拓扑法

完全规则拓扑法是一种比较理想的重新网格化方法,经过该方法处理后的三角网格,每个顶点的邻域三角面片个数小于或等于6,且三角面片形状接近于正三角形。它主要是采用基于几何图像的方法对原始网格进行参数化,再通过参数域规则采样、反映射等处理,实现网格重新划分的[39-41]。

9.5.4　平面参数化法

平面参数化法的原理是:首先将输入三角网格映射到二维参数域内,然后在参数域内进行规则重采样,最后再将采样结果反映射至三维空间实现重新网格化。为了降低几何失真程度以及减少特征边,可在重新网格化以前将三角网格进行分片,然后将每片局部网格进行单独映射,最后再通过拉紧操作将各片连接起来形成一个完整的模型[42,43]。

9.5.5　自适应参数化法

自适应参数化法的原理是:首先通过一种局部操作(如边折叠、边交换、顶点重定位等)对原始网格进行优化,接着利用选定的密度函数生成对应的点集,在此基础上通过迭代对点集的位置做进一步调整,其中每一次迭代都需要对顶点进行局部参数化映射和反映射处理[38,42,44,45]。其中局部操作既可以直接在原始网格的三角面片上进行,也可以在顶点的切平面上进行。

9.5.6　Delaunay 参数化法

Delaunay 参数化法也需要将原始网格先映射到二维参数空间内,在参数空间内利用 Voronoi 图或加权 Voronoi 图等方法来调整顶点的位置,然后利用 Delaunay 三角化方法对调整后的顶点进行二维 Delaunay 三角化,最后将三角化后的网格反映射到三维空间内,实现对原始网格的重新 Delaunay 网格划分[46,47]。

9.6　三角网格修复

由于受扫描设备精度、点云处理算法等因素的限制,生成的三角网格模型中通常含有两类缺陷:拓扑缺陷(见图 9-17)和几何缺陷(见图 9-18)。这些缺陷会对三角网格的后处理(如重网格化、孔洞修补、变形等)产生影响,因此有必要对缺陷网格进行修复[48]。

拓扑缺陷包括：孤立点（isolated vertex）、孤立边（isolated edge）、非流形点（non-manifold vertex）、非流形边（non-manifold edge）、法向量非一致定向（normal inconsistent orientation）等。几何缺陷包括：间隙（gap）、小洞（small hole）、退化三角形（degenerate triangle）、自相交（self-intersection）、重叠三角形（overlapping triangle）、小组件（small component）、钉状物（spike）[49]。

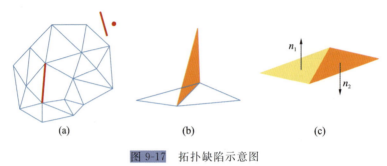

图 9-17　拓扑缺陷示意图
(a) 孤立点、孤立边；(b) 非流形边；(c) 法向量非一致定向

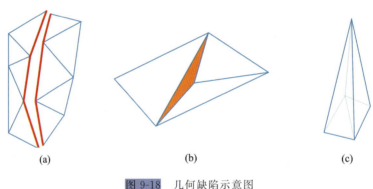

图 9-18　几何缺陷示意图
(a) 间隙；(b) 退化三角形；(c) 钉状物

9.6.1　法向量非一致定向

如果部分三角面片法向量与整体法向量方向相反，需要对这些少数三角面片的法向量进行一致定向，即使所有三角面片的法向量一致。在对法向量进行定向时，可以采用最小生成树法、贪婪优化法等进行法向量定向调整，该调整过程可以在预处理阶段完成，也可以在网格处理阶段完成[50]。

9.6.2　孤立点、孤立边和非流形边

孤立点是指没有任何元素（点、边、面）与之相连的点，孤立边定义类似。非流

形边是指与它相关联的三角面片个数大于 2 的边。对于孤立点、孤立边，可以先将它们识别出来，然后直接从三角网格中删除。对于非流形边，为了将它从非流形变为流形，可以将相对孤立的那个三角面片删除，从而使该边邻域三角面片减少为 2 个[51]。

9.6.3 非流形点

非流形点是指所连接的面片组件个数大于 2 的点。对于非流形点可以采用两种方式进行去除：各自缝合和关联缝合。

各自缝合是指将两个组件或多个组件共用的点进行分裂（分裂点具有相同的坐标，只是名义上认为是不同的点），每一个组件分配一个点，进而将非流形点转化为流形点。

关联缝合是指先将非流形点及其邻域三角面片删除，进而生成一个孔洞，再采用网格补洞的方法进行孔洞填充，最后将两个组件连接为一个组件，间接删除非流形点。

9.6.4 间隙

一个三角网格内部由于多个三角面片的缺失而出现的细长缝隙，就称为间隙。对此类缺陷可以采用缝补（增加三角面片）[52]或点融合的方法进行修复[53]。缝补就是将原有点对相连或将原有点与新增点相连，从而生成间隙类似的三角形以填充缝隙。点融合即根据某种准则建立配对点，然后将点对合并为一个点而实现填充。图 9-19 是采用缝补思想对间隙进行修复的原理示意图；图 9-20 是采用融合思想进行修复的原理示意图。

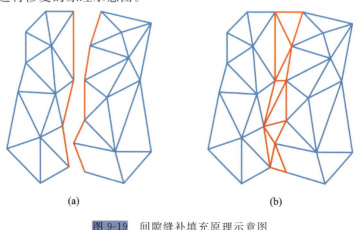

图 9-19　间隙缝补填充原理示意图
（a）缝补前；（b）缝补后

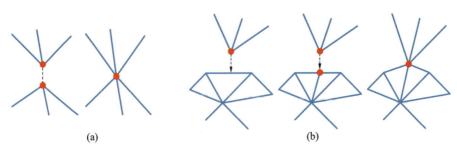

图 9-20　间隙融合填充原理示意图

(a)点-点融合；(b)点-边融合

9.6.5　退化三角形

退化三角形存在不同的类型，学者 Kobbelt 将退化三角形分为三类：帽形退化三角形(一个角接近于180°)、针形退化三角形(最长边远长于最短边)，以及混合形退化三角形(介于前两者之间)[54]，如图 9-21 所示。

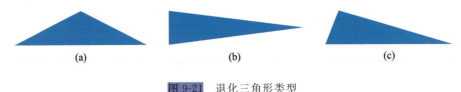

图 9-21　退化三角形类型

(a)帽形；(b)针形；(c)混合形

对于针形退化三角形，可以通过折叠最短边，进而从网格中删除该三角面片来进行处理。与针形退化三角形相比，帽形退化三角形处理起来相对复杂，如果折叠其最大角对应的边，会使其邻域三角面片变成退化三角形[55]。为此有学者提出了分裂思想：如图 9-22 所示，定义两个平面(垂直于边 BD，分别过 A 点和 C 点)，去分割两个帽形退化三角面片，最后将生成的针形退化三角形进行折叠删除，间接实现帽形退化三角形的去除。图 9-23 所示是对一个 CAD 模型(含有退化三角形)进行修复的效果。

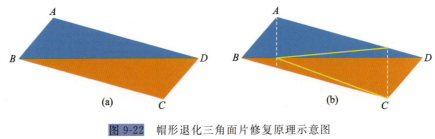

图 9-22　帽形退化三角面片修复原理示意图

(a)帽形；(b)针形

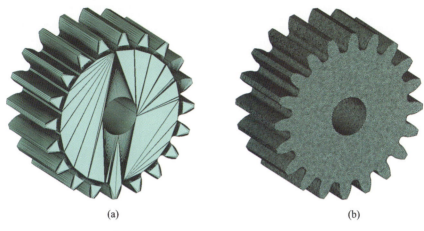

图 9-23　CAD 模型退化三角形修复效果
(a)CAD 网格模型；(b) 退化三角形修复后

9.6.6　小组件

有些情况下，生成的三角网格模型中除了网格主体外，还存在少量游离的小容量面片集，这种偏离网格主体的小面片集称为小组件。常用的修复方法是：统计面片集中面片个数，如果面片集中面片个数小于指定阈值，则判定为小组件，直接从原始网格中删除[55,56]。图 9-24 所示是对一个网格模型中的小组件进行删除修复的效果。

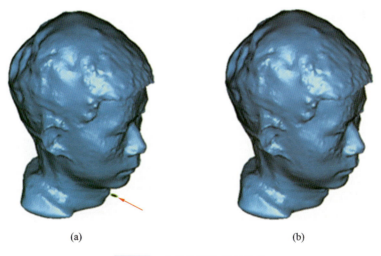

图 9-24　小组件删除修复效果
(a)修复前；(b) 修复后

9.6.7 自相交

自相交缺陷修复的方法可以分为三类:简易法、近似法和鲁棒法。简易法主要利用布尔操作对自相交缺陷进行去除。近似法利用自相交缺陷的邻域信息,对网格进行局部重建来去除缺陷。鲁棒法则通过精确的浮点计算来预测顶点坐标以去除自相交缺陷[57]。图 9-25 所示是对一个网格模型中的自相交三角面片进行修复的效果。由图 9-25(b)可以看出网格中存在自相交缺陷,该部分修复后如图 9-25(c)所示。

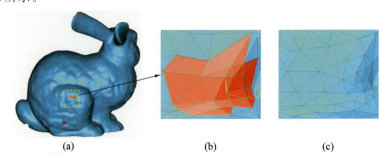

图 9-25 斯坦福兔子模型自相交缺陷修复效果
(a)原始模型;(b)自相交缺陷修复前;(c)自相交缺陷修复后

9.6.8 岛屿孔洞

岛屿孔洞是一类比较特殊的网格孔洞,对于该类网格缺陷,可以根据孔洞的大小以及复杂性,选用不同的修复方法去除。第一种方法:直接将岛屿部分删除,将岛屿孔洞变为常规封闭孔洞后再修补。第二种方法:将岛屿顶点作为隐式曲面控制点,构造覆盖岛屿孔洞的曲面,经裁剪、缝合实现修补[58]。第三种方法:手动搭桥使岛屿孔洞变为常规封闭孔洞再修补[59]。图 9-26 所示是对一个岛屿孔洞采用手动搭桥方法进行修复后的效果。

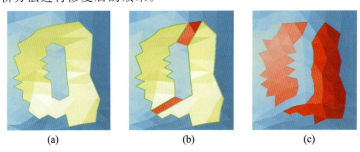

图 9-26 岛屿孔洞手动搭桥修复效果
(a)岛屿孔洞;(b)搭桥;(c)孔洞填充

9.6.9 钉状物

如果一个三角网格顶点的一环邻域三角面片中,存在某两个三角面片法向量的夹角大于指定阈值的情况,则认为该顶点为一个钉状物顶点。对钉状物缺陷的修复主要采用网格光顺的思想:将钉状物顶点向它的邻域三角面片所形成的多面体重心移动一定距离,将钉状物顶点"抹平"[60]。图 9-27 所示是对一个三角网格模型进行钉状物识别(橘红色面片)、去除的效果。

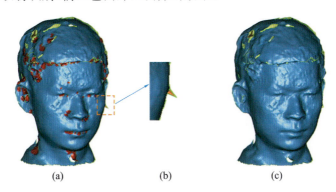

图 9-27 钉状物识别、去除效果
(a)钉状物识别(橘红色面片);(b)钉状物放大;(c)钉状物去除后

9.7 开源点云处理软件

9.7.1 PCL 点云库

1. PCL 简介

PCL(point cloud library)是由斯坦福大学的 Radu 博士等人,于 2011 年在前人研究点云的基础上,建立的大型跨平台开源 C++编程库,它包含大量与点云相关的通用算法和高效数据结构,提供了点云获取、滤波、分割、配准、检索、特征提取、识别、追踪、曲面重建、可视化等功能。PCL 核心算法库如图 9-28 所示。更多关于 PCL 的介绍,请参阅 PCL 官网。

2. PCL 使用

PCL 目前支持 Windows、Linux、Android、Mac OS X 等系统。对于它的安装和配置,官网给出了两种方式:安装包安装和源码编译安装。关于安装和配置的步骤及注意事项,读者可以参考 PCL 官网及相关资料。

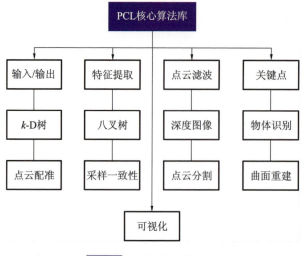

图 9-28　PCL 核心算法库

9.7.2　CloudCompare

1. CloudCompare 简介

CloudCompare 是一款免费、开源的三维点云处理软件,最初设计的目的是对两幅点云或对点云与三角网格进行比较,后来软件开发者对该软件进行了一些扩展,使其具有更多关于点云处理的功能,包括注册、采样、统计分析、自动分割、显示增强等。它包含几大核心算法库——CCLib(核心库)、qCC_db(数据结构库)、qCC_io(标准输入输出库)、qCC_gl(三维显示库)、qCC(主应用程序),支持 ASCII、ply、pcd 等主流点云输入格式。该软件的主界面如图 9-29 所示。

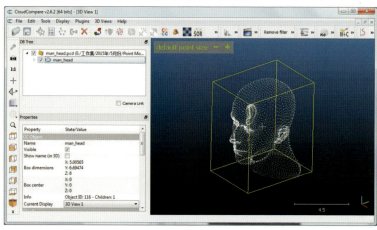

图 9-29　CloudCompare 主界面

2. CloudCompare 使用

目前，CloudCompare 支持两种安装方式：源码编译安装和 exe 程序安装，源码和 exe 程序均可以通过 CloudCompare 官网下载。如果选择源码编译安装，用户需要预先安装 Qt 软件。而对于 exe 程序安装，读者可以参考官网教程、电子版用户手册等。

9.7.3 MeshLab

MeshLab 是一款开源的点云与网格处理软件，它是由意大利比萨大学计算机系部分学生于 2005 年共同开发的。该软件具有强大的点云处理功能：重复点去除、点云三角化（包括滚球法、泊松重建法等）、点云融合、点云渲染、点云去噪（包括 Laplacian 法、Taubin 法等）、点云采样、法向量计算、几何变换和测量等，支持 ply、xyz、asc、txt 等点云格式。MeshLab 软件主界面如图 9-30 所示。

图 9-30　MeshLab 主界面

MeshLab 软件可以通过其官网下载最新源文件安装，源文件给出了编译教程；同时该软件也可以通过 exe 程序进行快速安装。目前，MeshLab 软件支持 Windows、MacOSX、Linux、Android 和 Mac OS X 等平台。

9.8　本章小结

本章主要对三角网格处理的相关内容进行了总结和介绍。首先，对三角网格处理所涉及的一些关键技术进行了分类。然后，按照三角网格光顺→三角网格简化→三角网格细分→三角网格孔洞修补→重新网格化→三角网格修复的常规三角网格处理顺序，对所涉及的概念和方法进行了分类总结，并通过一定量的示例进一步展示了三角网格处理的效果。最后，对 PCL 点云库、CloudCompare 和 MeshLab 三个开源点云处理软件进行了简要的介绍。

参考文献

[1] MORETON H P, SÉQUIN C H. Functional optimization for fair surface design[J]. ACM Siggraph Computer Graphics, 1992, 26(2):167-176.

[2] MORETON H P, SÉQUIN C H. Functional optimization for fair surface design[J]. ACM Siggraph Computer Graphics, 1992, 26(2), 167-176.

[3] HE L, SCHAEFER S. Mesh denoising via $L0$ minimization[J]. ACM Transactions on Graphics, 2013, 32(4): 1-8.

[4] 张冬梅, 刘利刚. 保特征的加权最小二乘三角网格光顺算法[J]. 计算机辅助设计与图形学学报, 2010, 22(9): 1497-1501.

[5] 张旭东, 方旭东, 陈佳舟, 等. 基于粗糙度的三维模型保细节滤波[J]. 计算机辅助设计与图形学学报, 2015, 27(12): 2323-2331.

[6] KOBBELT L, CAMPAGNA S, VORSATZ J, et al. Interactive multi-resolution modeling on arbitrary meshes[DB/OL]. [2018-03-17]. http://www.graphrcs.rwth-aachtn.de/media/papers/multi.pdf.

[7] DESBRUN M, MEYER M, SCHRÖDER P, et al. Implicit fairing of irregular meshes using diffusion and curvature flow[C]//Anon. Proceedings of the 26th Annual Conference on Computer Graphics and Interactive Techniques. New York:ACM Press, Addison-Wesley Publishing Co., 1999: 317-324.

[8] TAUBIN G. A signal processing approach to fair surface design[OB/OL]. [2018-03-12]. http://www.cs.upc.edu/~pere/Papersweb/SGI/Taubin.pdf.

[9] FLEISHMAN S, DRORI I, COHEN-OR D. Bilateral mesh denoising[J]. ACM Transactions on Graphics, 2003, 22(3): 950-953.

[10] 陈中, 段黎明, 刘璐. 保特征的三角网格均匀化光顺算法[J]. 计算机集成制造系统, 2013, 19(3): 461-467.

[11] DUTTA S, BANERJEE S, BISWAS P K, et al. Mesh denoising using multi-scale curvature-based saliency[C]//JANAHAR C V, SHAN S G. Computer Vision-

ACCV 2014 Workshops. Heidelberg: Springer International Publishing, 2014: 507-516.

[12] CLARENZ U, DIEWALD U, RUMPF M. Anisotropic geometric diffusion in surface processing[C]//IEEE. Proceedings of the Conference on Visualization'00. Los Alamitos: IEEE Computer Society Press, 2000: 397-405.

[13] BAJAJ C L, XU G. Anisotropic diffusion of surfaces and functions on surfaces[J]. ACM Transactions on Graphics, 2003, 22(1): 4-32.

[14] HILDEBRANDT K, POLTHIER K. Anisotropic filtering of non-linear surface features[J]. Computer Graphics Forum, 2004, 23(3): 391-400.

[15] WANG S, HOU T, SU Z, et al. Multi-scale anisotropic heat diffusion based on normal-driven shape representation[J]. Visual Computer, 2011, 27(6-8): 429-439.

[16] SCHROEDER W J, ZARGE J A, Lorensen W E. Decimation of triangle meshes[J]. ACM Siggraph Computer Graphics, 1992, 26(2): 65-70.

[17] TURK G. Re-tiling polygonal surfaces[J]. ACM Siggraph Computer Graphics, 1992, 26(2): 55-64.

[18] LOUNSBERY M, DE ROSE T D, Warren J. Multiresolution analysis for surfaces of arbitrary topological type[J]. ACM Transactions on Graphics, 1997, 16(1): 34-73.

[19] DYN N, LEVINE D, GREGORY J A. A butterfly subdivision scheme for surface interpolation with tension control[J]. ACM Transactions on Graphics, 1990, 9(2): 160-169.

[20] ZORIN D, SCHRÖDER P, SWELDENS W. Interpolating subdivision for meshes with arbitrary topology[C]//Anon. Proceedings of the 23rd Annual Conference on Computer Graphics and Interactive Techniques. New York: ACM, 1996: 189-192.

[21] LOOP C T. Smooth subdivision surfaces based on triangles[D]. Salt Lake City:Dept. of Mathematics,University of Utah,1987.

[22] HOPPE H, DE ROSE T, DUCHAMP T, et al. Piecewise smooth surface reconstruction[C]//Anon. Proceedings of the 21st Annual Conference on Computer Graphics and Interactive Techniques. New York: ACM, 1994: 295-302.

[23] KOBBELT L. $\sqrt{3}$-subdivision[C]//Anon. Proceedings of the 27th Annual

Conference on Computer Graphics and Interactive Techniques. New York: ACM Press, 2000: 103-112.

[24] VLACHOS A, PETERS J, BOYD C, et al. Curved PN triangles[DB/OL]. [2018-03-19]. http://www.pixelmaven.com/jason/articles/I3D01/CurvedPNTriangles.pdf.

[25] LIEPA P. Filling holes in meshes[C]//Anon. Proceedings of the 2003 Eurographics/ACM Siggraph Symposium on Geometry Processing. Aire-la-Ville:Eurographics Association, 2003:200-205.

[26] BRANCH J, PRIETO F, BOULANGER P. Automatic hole-filling of triangular meshes using local radial basis function[C]//IEEE. Proceedings of the Third International Symposium on 3D Data Processing, Visualization, and Transmission. Washington, D. C.: IEEE, Computer Society, 2006: 727-734.

[27] ZHAO, W, GAO S, LIN H, et al. A robust hole-filling algorithm for triangular mesh[J]. Visual Computer, 2007, 23(12):987-997.

[28] BRUNTON A, WUHRER S, SHU C, et al. Filling holes in triangular meshes by curve unfolding[DB/OL]. [2018-03-25]. http://people.scs.carleton.ca/~c_shu/Publications/hole_filling_curve_final.pdf.

[29] SALAMANCA S, MERCHAN P, PEREZ E, et al. Filling holes in 3D meshes using image restoration algorithms[DB/OL]. [2018-03-20]. https://www.cc.gatech.edu/conferences/3DPVT08/Program/Papers/paper184.pdf.

[30] PERNOT J P, MORARU G, VÉRON P. Repairing triangle meshes built from scanned point cloud[J]. Journal of Engineering Design, 2007, 18(5): 459-473.

[31] DAVIS J, MARSCHNER S R, GARR M, et al. Filling holes in complex surfaces using volumetric diffusion[C]//IEEE. Proceedings of the First International Symposium on 3D Data Processing Visualization and Transmission. Washington,D. C.:IEEE Computer Society, 2002:428-441.

[32] ECK M, DEROSE T, DUCHAMP T, et al. Multiresolution analysis of arbitrary meshes[DB/OL]. [2018-03-20]. https://www.stat.washington.edu/people/wxs/Siggraph-95/siggraph95.pdf.

[33] LEE A W F, SWELDENS W, SCHRÖDER P, et al. MAPS: Multiresolution adaptive parameterization of surfaces[DB/OL]. [2018-03-20]. http://www.multires.caltech.edu/pubs/maps.pdf.

[34] GUSKOV I, VIDIMCE K, SWELDENS W, et al. Normal meshes[DB/OL]. [2018-02-24]. http://www.cs.princeton.edu/courses/archive/fall03/cs526/papers/guskov00.pdf.

[35] HORMANN K, GREINER G. Quadrilateral remeshing[DB/OL]. [2018-03-22]. https://www.researchgate.net/publication/220839127_Quadrilateral_Remeshing.

[36] KOBBELT L P, VORSATZ J, LABSIK U. A shrink wrapping approach to remeshing polygonal surfaces[J]. Computer Graphics Forum, 1999, 18(3): 119-130.

[37] 彭莉, 李桂清, 熊赟晖, 等. 按曲率选取基点的多分辨率表示重构算法[J]. 计算机辅助设计与图形学学报, 2008, 20(6): 700-706.

[38] YUE W, GUO Q, ZHANG J, et al. 3D triangular mesh optimization in geometry processing for CAD[C]//Anon. Proceedings of the 2007 ACM Symposium on Solid and Physical Modeling. New York: ACM, 2007: 23-33.

[39] SANDER P V, WOOD Z J, GORTLER S J, et al. Multi-chart geometry images[C]//Anon. Proceedings of the 2003 Eurographics/ACM Siggraph Symposium on Geometry Processing. Aire-la-Ville: Eurographics Association, 2003: 146-155.

[40] GU X, GORTHER S J, HOPPE H. Geometry images[J]. ACM Transactions on Graphics, 2002, 21(3): 355-361.

[41] SHEFFER A, GOTSMAN C, DYN N. Robust spherical parameterization of triangular meshes[J]. Computing, 2004, 72(1-2): 185-193.

[42] ALLEZ P, DE VERDIRE E C, DEVILLERS O, et al. Isotropic surface remeshing[C]//IEEE. Proceedings of the International Conference on Shape Modeling and Applisation (2003). Washington, D.C.: IEEE Computer Society, 2003: 49-58.

[43] 付妍, 朱晓明, 周秉锋. 基于圆形参数域和重要性采样的三维模型网格重建[J]. 计算机学报, 2007, 30(12): 2124-2131.

[44] SURAZHSKY V, GOTSMAN C. Explicit surface remeshing[C]//Anon. Proceedings of the 2003 Eurographics/ACM Siggraph Symposium on Geometry Processing. Aire-la-Ville: Eurographics Association, 2003: 20-30.

[45] BOTSCH M, KOBBELT L. A remeshing approach to multiresolution modeling[DB/OL]. [2018-03-25]. http://www.graphics.uni-bielefeld.de/

publications/sgp04. pdf.

[46] BOISSONNAT J D, OUDOT S. Provably good sampling and meshing of surfaces[J]. Graphical Models, 2005, 67(5): 405-451.

[47] CHENG S W, DEY T K, RAMOS E A, et al. Sampling and meshing a surface with guaranteed topology and geometry[J]. SIAM Journal on Computing, 2007, 37(4): 1199-1227.

[48] GUSKOV I, WOOD Z J. Topological noise removal[C]//Anon. Proceedings of 2001 Graphics Interface(2001). Toronto: Canadian Information Processing Society, 2001:19-26.

[49] ATTENE M. An interactive and user-friendly environment for remeshing surface triangulations[DB/OL]. [2018-03-25]. http://saturno.ge.imati.cnr.it/ima/personal-old/attene/PersonalPage/Remesh/1.0/manual.pdf.

[50] BORODIN P, ZACHMANN G, KLEIN R. Consistent normal orientation for polygonal meshes[DB/OL]. [2018-03-28]. http://www.informatik.uni-bremen.de/~zach/papers/orientation_electr.pdf.

[51] GUÉZIEC A, TAUBIN G, LAZARUS F, et al. Cutting and stitching: Converting sets of polygons to manifold surfaces[J]. IEEE Transactions on Visualization and Computer Graphics, 2001, 7(2): 136-151.

[52] PATEL P S, MARCUM D L, REMOTIGUE M G. Stitching and filling: Creating conformal faceted geometry[C]//Anon. Proceedings of the 14th International Meshing Roundtable. Heidelberg:Springer, 2005: 239-256.

[53] BORODIN P, NOVOTNI M, KLEIN R. Progressive gap closing for meshrepairing[M]//VINCE J, EARNSHAW R. Advances in Modelling, Animation and Rendering. London:Springer, 2002: 201-213.

[54] BOTSCH M, KOBBELT L. A robust procedure to eliminate degenerate faces from triangle meshes[C]//ERTL T, GIROD B, NIEMANN H, et al. VMV,2001,283-290.

[55] ATTENE M, FALCIDIENO B. Remesh: An interactive environment to edit and repair triangle meshes[DB/OL]. [2018-04-05]. http://saturno.ge.imati.cnr.it/ima/personal-old/attene/PersonalPage/Remesh/Papers/smi06_paper.pdf.

[56] ROCCHINI C, CIGNONI P, GANOVELLI F, et al. The marching intersections algorithm for merging range images[J]. The Visual Computer,

2004,20(2-3):149-164.

[57] ATTENE M. Direct repair of self-intersecting meshes[J]. Graphical Models,2014,76(6):658-668.

[58] 王乾. 三角网格模型过渡与孔洞修补算法的研究及应用[D]. 南京:南京航空航天大学,2007.

[59] 袁天然. 三角网格模型光顺.简化和缝补技术的研究及应用[D]. 南京:南京航空航天大学,2007.

[60] CENTIN M,SIGNORONI A. Remesh cleaner:Conservative fixing of triangular meshes[DB/OL].[2018-04-05]. https://www.researchgate.net/publication/282973501_RameshCleaner_conservative_fix2015.

第 10 章　曲面建模技术

10.1　曲面重构

曲面重构即从点云数据或网格数据出发,建立解析曲面或自由曲面[1-3]。解析曲面是指可以用解析表达式描述的曲面,如平面、圆柱、圆锥及球面等。自由曲面是指不能用解析式进行描述的更为复杂的曲面,如图 10-1 所示的飞机及汽车模型表面就包含许多无法用解析式描述的自由曲面。曲面重构技术是 3D 反求技术中的重要分支技术。

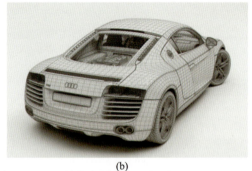

(a)　　　　　　　　　　　　　　(b)

图 10-1　曲面模型

(a)飞机模型;(b)汽车模型

10.1.1　常用曲线与曲面

1. Bezier 曲线与曲面

Bezier 曲线与曲面[4]表达方式是法国雷诺汽车公司的工程师贝塞尔(Bezier)于 1962 年发明的一种用控制多边形定义曲线和曲面的方法。Bezier 曲线由一组多边形的顶点来定义,给定空间中的 $n+1$ 个控制点,生成的 n 次 Bezier 曲线可表示为[4,5]:

$$p(u) = \sum_{i=0}^{n} B_{i,n}(u) p_i, 0 \leqslant u \leqslant 1 \tag{10-1}$$

式中：$B_{i,n}(u)=\dfrac{n}{[i!(n-i)!]}u^i(1-u)^{n-i}$ 是 Bernstein 多项式；$p_i(i=0,1,\cdots,n)$ 表示多边形的 $n+1$ 个控制点；n 为曲线的阶数；u 为参数值。

可以由 Bezier 曲线的定义扩展得到 Bezier 曲面的定义。假设在空间中给定 $m+n$ 个控制点 $p_{i,j}(i=0,1,\cdots,m;j=0,1,\cdots,n)$，则 $m\times n$ 次 Bezier 曲面可表示为

$$\boldsymbol{p}_{m,n}(u,v)=\sum_{i=0}^{n}\boldsymbol{B}_{i,m}(u)\boldsymbol{B}_{j,n}(v)p_{i,j},0\leqslant u\leqslant 1,0\leqslant v\leqslant 1 \quad (10\text{-}2)$$

式(10-2)也可表示为如下矩阵形式：

$$\boldsymbol{p}_{m,n}(u,v)=\begin{bmatrix}B_{0,n}(u) & B_{1,n}(u) & \cdots & B_{m,n}(u)\end{bmatrix}\begin{bmatrix}p_{0,0} & p_{0,1} & \cdots & p_{0,m}\\ p_{1,0} & p_{1,1} & \cdots & p_{1,m}\\ \vdots & \vdots & & \vdots \\ p_{n,0} & p_{n,1} & \cdots & p_{m,n}\end{bmatrix}\begin{bmatrix}B_{0,m}(v)\\ B_{1,m}(v)\\ \vdots \\ B_{n,m}(v)\end{bmatrix}$$

$$(10\text{-}3)$$

Bezier 曲面表达方式的出现是曲面造型领域的一个里程碑，尤其是三角域 Bezier 曲面，其构造灵活、适应性好，在散乱数据点的曲面拟合中被广泛应用。Bezier 曲面的特点如下：

(1) 控制网格的四个顶点正好是 Bezier 曲面的四个角点；

(2) 具有几何不变性、对称性及凸包性等；

(3) 每个控制点都对整体形状有影响，修改任意一个控制点都会影响整个曲线曲面的形状，所以该方法不具备局部性；

(4) 当曲线曲面形状复杂时，计算量较大；

(5) 与目前主流的 CAD/CAM 系统数据格式不同，只有转换成 NURBS 曲面格式才能与主流 CAD/CAM 系统进行数据交换。

2. B 样条曲线与曲面

为了克服 Bezier 曲线与曲面不能局部修改等缺点，1972 年 Gordon 和 Riesenfeld 等人[4-7]用 B 样条基函数代替 Bernstein 基函数，构造了 B 样条曲线与曲面。给定 $n+1$ 个控制点，生成的 k 阶 B 样条曲线可表示为：

$$p(u)=\sum_{i=0}^{n}p_i N_{i,k}(u),0\leqslant u\leqslant 1 \quad (10\text{-}4)$$

式中：$p_i(i=0,1,\cdots,n)$ 为 B 样条曲线控制顶点；$N_{i,k}(u)(i=0,1,\cdots,n)$ 为 k 次规范 B 样条基函数，其表达式为

$$\begin{cases}N_{i,1}(u)=\begin{cases}1,u_i<u<u_{i+1}\\ 0,u\leqslant u_i \text{ 或 } u\geqslant u_i+1\end{cases}\\ N_{i,k}(u)=\dfrac{u-u_i}{u_{i+k-1}-u_i}N_{i,k-1}(u)+\dfrac{u_{i+k}-u}{u_{i+k}-u_{i+1}}N_{i+1,k-1}(u)\end{cases}$$

由 B 样条曲线的定义可知，B 样条曲线是分段连续的参数曲线，修改某一控制点只会引起与该控制点相邻的局部曲线形状发生变化，其他曲线形状不受影响。同样，可以由 B 样条曲线的定义扩展得 B 样条曲面的定义。给定节点向量 $U=[u_0 \ u_1 \cdots u_{m+p}]$ 和 $V=[v_0 \ v_1 \cdots v_{n+q}]$，生成的 $p \times q$ 次 B 样条曲面表示如下：

$$p(u,v) = \sum_{i=0}^{m} \sum_{j=0}^{n} p_{i,j} N_{i,p}(u) N_{j,q}(v) \tag{10-5}$$

式中：$p_{i,j}$ 称为 B 样条曲面的特征网格；$N_{i,p}(u)$ 与 $N_{j,q}(v)$ 是 B 样条基函数。

B 样条曲面具有以下优良性质：

(1) 局部性　B 样条曲面的每个控制点只影响临近区间线段，所以改变其中的某个控制点时，只影响定义区间上的曲面形状，对其他曲面的形状不产生影响，从而方便了曲面的编辑和修改。

(2) 凸包性　B 样条曲面的部分区间位于对应控制网格的凸包内。

(3) 连续性　B 样条曲线和曲面之间能实现光滑过渡。

(4) 几何不变性　B 样条曲面的形状只与控制点和控制多边形的形状有关，而与坐标的选取没有关系。

3. NURBS 曲线与曲面

B 样条曲面虽然有很多优点，但不能精确表示抛物面外的二次曲面，只能给出其近似表示。于是，非均匀有理 B 样条（NURBS）曲线与曲面应运而生。NURBS 曲线由分段有理 B 样条多项式的基函数表示[4-7]：

$$p(u) = \frac{\sum_{i=0}^{n} \omega_i p_i N_{i,k}(u)}{\sum_{i=0}^{n} \omega_i N_{i,k}(u)}, 0 \leqslant u \leqslant 1 \tag{10-6}$$

式中：$p_i(i=0,1,\cdots,n)$ 为 B 样条曲线的控制点；$\omega_i(i=0,1,\cdots,n)$ 是控制点 p_i 的权因子；$N_{i,k}(u)$ 是在点 p_i 处的 k 次 B 样条基函数。由于 $\sum_{i=0}^{n} N_{i,k}(u)=1$，当所有权因子都为 1 时，NURBS 曲线表达式就变为 B 样条表达式。

类似地，可以将 NURBS 曲线定义推广至 NURBS 曲面，得出 NURBS 曲面的表达式：

$$p(u,v) = \frac{\sum_{i=0}^{m} \sum_{j=0}^{n} \omega_{ij} p_{ij} N_{i,p}(u) N_{j,q}(v)}{\sum_{i=0}^{m} \sum_{j=0}^{n} \omega_{ij} N_{i,p}(u) N_{j,q}(v)} \tag{10-7}$$

相对于 B 样条曲面，NURBS 曲面的主要优点是既能表达标准的解析形状，又能精确描述自由曲面。由于 NURBS 曲面能够用统一的数学形式表示解析曲面和自由曲面，同时易于控制曲线、曲面形状，因而各种主流的商业化软件都采用 NURBS 曲面作为模型造型的主要表达方式。

10.1.2 曲线和曲面插值与拟合

3D反求技术中的曲线插值流程如图10-2(a)所示,主要包括数据平滑、点数据参数化、节点向量求取、控制点计算等步骤。如图10-3(a)所示,给定一组有序的数据点(图中的五个圆点),其插值曲线为一条过所有给定点的光滑曲线(图中细实曲线)。3D反求技术中的曲线拟合流程如图10-2(b)所示,主要包括指定误差、设定控制点数目、最小二乘求解参数曲线、求出控制点到曲线的距离等步骤。如图10-3(b)所示,给定一组有序的数据点(图中的五个圆点),其拟合曲线为一条不过给定点的光滑曲线(图中细实曲线)。

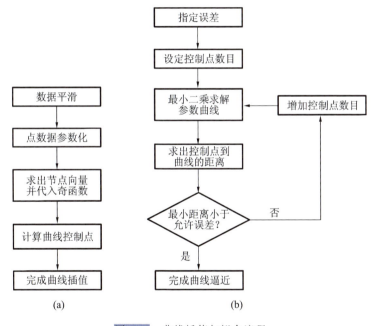

图10-2　曲线插值与拟合流程
(a)曲线插值；(b)曲线拟合

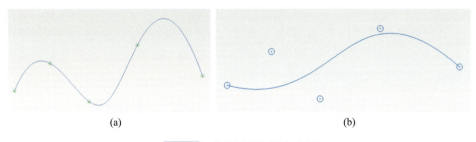

图10-3　曲线插值与拟合示例
(a)插值曲线；(b)逼近曲线

曲线插值的优点是曲线会通过所有的数据点,在给定数据点处的误差为零。其缺点是,每个数据点都是曲线的控制点,如果数据点中存在较大的误差,那么构造的曲线也会存在较大的误差[4-7]。因此,进行曲线插值前,通常需要对数据点进行平滑处理,以去除噪声。曲线拟合的优点是构造的曲线较光滑,对数据点的噪声不敏感,缺点是构造的曲线不通过给定的数据点[4-7]。

曲面插值与拟合原理与曲线插值与拟合的原理类似[4-6]。

10.1.3 曲面重构的一般流程

曲面重构是 3D 反求的最后一个步骤,是基于 3D 反求设备采集的点云数据重构出物体完整的 3D 数字模型的过程。曲面重构方法可大致分为两种:基于曲面片拟合的重构方法及点-线-面重构法[1,2]。

1. 基于曲面片拟合的重构方法

图 10-4 所示为基于曲面片拟合的曲面重构流程。基于曲面片拟合的曲面重构的具体操作方法是:首先将点云数据封装为三角网格数据,然后在三角网格域上直接拟合 NURBS 曲面;或者首先拟合 Bezier 曲面片,再转换为 NURBS 曲面。基于曲面片拟合的重构方法简单、快速,可直接在专业的逆向建模软件中完成,但曲面拟合精度相对较低,一般用于造型复杂但对曲面质量要求不高的场合,如艺术品、玩具等造型的曲面重构[1-3]。

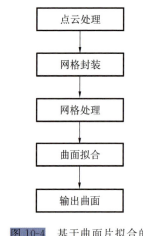

图 10-4 基于曲面片拟合的曲面重构流程图

下面以扫描的某车门点云数据为例,基于专业逆向建模软件 Geomagic Studio,介绍基于曲面片拟合的某车门重构过程。

1)点云处理阶段

点云处理即将 3D 反求设备采集的点云数据导入专业逆向建模软件 Geomagic Studio 中进行点云配准、合并、去噪、精简等操作,以获得较为光顺的点云数据。图 10-5 所示为处理后的某车门点云数据。

2)网格封装及处理阶段

点云处理完成后,采用封装功能将点云数据封装为三角网格模型,并在三角网格模型上做进一步的编辑,如孔洞的填充、钉状物删除、网格平滑打磨、网格精简等,最后获得一个表面光顺的三角网格模型,如图 10-6 所示。

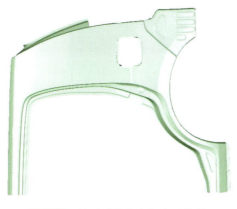
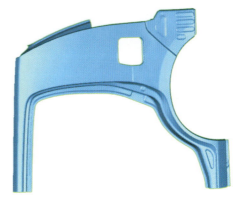

图 10-5　处理后的某车门点云数据　　　　图 10-6　处理后的某车门三角网格模型

3）曲面构造阶段

三角网格模型处理完成后，利用专业逆向建模软件 Geomagic Studio 中的"精确曲面"功能进行曲面重构：首先根据模型的结构特征将三角网格模型表面划分为一系列的区域，如图 10-7 所示，在划分区域时，要尽量沿着模型的特征进行划分。

区域划分完成后，抽取区域轮廓线，并构造曲面片。如图 10-8 所示，模型表面橘红色的线表示抽取的轮廓线，黑色的线表示最终划分的网格线（均为四边形网格）。网格划分完成后，需要进行曲面片修改，如图 10-9 所示。自动划分的网格可能存在扭曲、交叉等问题，通过 Geomagic Studio 软件中的曲面片编辑功能，可以对曲面片的顶点进行移动、增加、删除及合并等操作，从而修正不合理的网格。

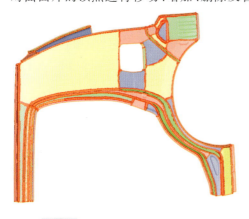
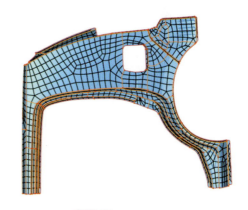

图 10-7　根据模型特征划分区域　　　　图 10-8　曲面片构造

构造网格完成后，进一步构造格栅，即在曲面片上生成 U-V 网格，如图 10-10 所示。构造 U-V 网格时，需要指定输出分辨率，分辨率越大，构造的 U-V 网格越密集。U-V 网格构造完成后，便可拟合出 NURBS 曲面，如图 10-11 所示。

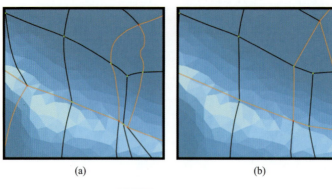

图 10-9　曲面片修改
(a)修改前；(b)修改后

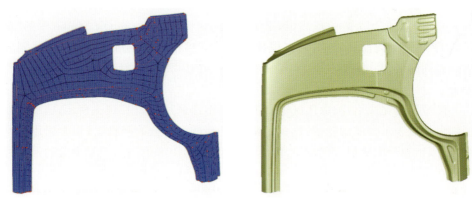

图 10-10　构造格栅　　　　　　图 10-11　最终拟合的 NURBS 曲面

由于基于曲面片拟合的重构方法是在三角网格的基础上进行曲面片拟合的，所以前期的点云处理及网格处理对最终曲面拟合的质量影响较大。

2. 点-线-面重构法

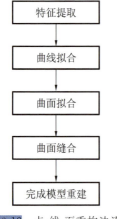

图 10-12　点-线-面重构法流程图

如图 10-12 所示，与基于曲面片拟合的重构方法不同的是，点-线-面重构法通常对点云数据进行截线处理，只利用其中少数点数据拟合曲线，再利用 CAD 软件提供的拉伸、放样、扫掠等功能完成曲面的构造。采用这种方式进行曲面重构，往往需要同时使用正向建模软件和逆向建模软件，比如使用 Geomagic Studio 进行点云处理，用 Imageware 进行点云对齐和截线，最后采用传统 CAD 软件如 UG、Pro/E 等进行曲面构造。点-线-面重构法对曲线和曲面的编辑可以达到非常精细的程度,可以在编辑的过程中掌控曲线和曲面的质量,可以构造出高质量的 A 级曲面,所以这种造型方式在对曲面质量要求高的场合如汽车领域、航天领域具有广泛的应用。

下面以一个工艺品作为案例,以 Geomagic Studio、Imageware 和 UG 作为建模环境,介绍点-线-面建模方法的一般流程。

1) 点云处理

首先将采集的点云数据导入 Geomagic Studio 进行点云预处理,对点云进行平滑处理后得到表面光顺的点云模型。如图 10-13(a)所示为工艺品点云导入示例,图 10-13(b)所示为处理后得到的点云模型。

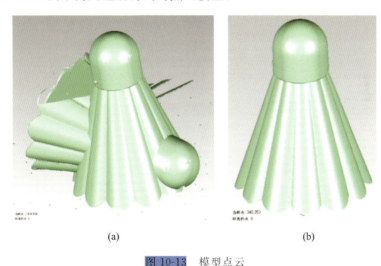

(a)　　　　　　　　　　　　　(b)

图 10-13　模型点云
(a)导入点云;(b)点云处理后

2) 模型摆正

观察模型,可以发现其顶部是一个旋转曲面,侧面由十二个旋转对称的曲面和一个底部曲面构成,为方便后面的曲面造型,需要将模型摆正,使 Z 轴与模型的旋转对称中心重合,原点位于模型顶部合适位置即可。Imageware 提供了丰富的点云对齐方式,将 Geomagic Studio 处理得到的点云数据导入 Imageware,首先将模型在视窗中摆正,如图 10-14 所示,底部平面在视窗中成为一条线且与视窗底边平行。

接下来在模型上创建一些特征。在这里选择模型顶部,创建一个与模型底面平行的圆,并过圆心作一条无限长的直线,图 10-15(a)所示为在模型上构造的特征。紧接着,在世界坐标系中构造对应特征,如图 10-15(b)中的坐标系原点、与 X 轴重合的直线与过 OXY 的平面为构造的特征。针对模型上构造的特征与世界坐标系中构造的特征,应用软件的"modify→align"命令使点云数据对齐到世界坐标系,如图 10-16 所示为最终的点云对齐效果。

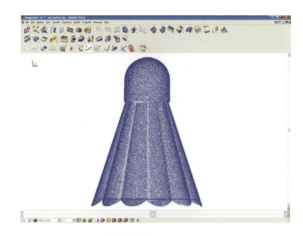

图 10-14 模型摆正

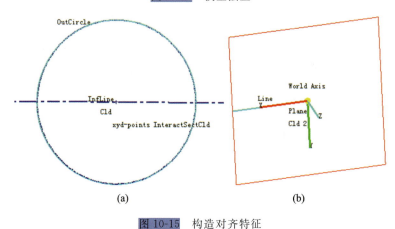

图 10-15 构造对齐特征

(a)模型上构造的特征；(b)世界坐标系中构造的特征

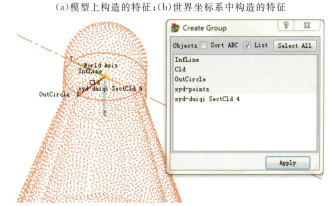

图 10-16 点云对齐

3) 特征提取

特征提取就是根据模型形状，在模型点云中提取具有代表性的特征点云的过程。例如上述案例中的点云，顶部是一个旋转曲面，下边由环形对称的十二个曲面构成，所以在完成点云坐标对齐后，利用 Imageware 中的"cross section"功能，在模型顶部进行平行剖切，间距设置为 10mm，剖切数量设置为 7，如图 10-17(a) 所示。下部的十二个曲面，由于它们是中心对称的关系，所以只需要选择其中的一个曲面，在其关键部位进行剖切，如图 10-17(b) 所示。最终得到的剖切点云如图 10-18 所示。为了方便不同特征点的选择，给环形剖切的点云和平行剖切的点云设置了不同的颜色。

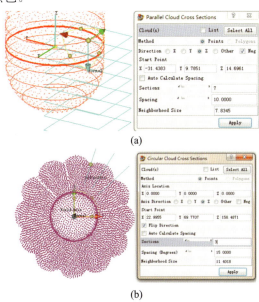

图 10-17　点云剖切

(a) 平行剖切；(b) 环形剖切

图 10-18　剖切点云

4)构造曲面模型

构造曲面选择 UG 作为工具。通过在上一步中得到的剖切点云,也就是模型特征点云,构造模型特征曲线,然后用曲线构造曲面,再将不同的曲面有机地连接起来,最终完成模型的曲面表达。为构造模型顶部曲面,首先根据顶部的剖切点云构造顶部曲线,如图 10-19 所示,用该曲线通过 UG 中的"通过网格曲线"工具构造顶部曲面,如图 10-20(a)所示。再用相似的方法,通过点构线、线构面构造侧边中心对称曲面,如图 10-20(b)所示。由于侧边曲面是中心对称的,应用环形镜像工具完成侧边曲面构造,至此便完成了模型的主体曲面构造。最后采用恰当的方法将各个曲面有机连接起来,最终完成的模型如图 10-21 所示。

图 10-19　构造顶部曲线

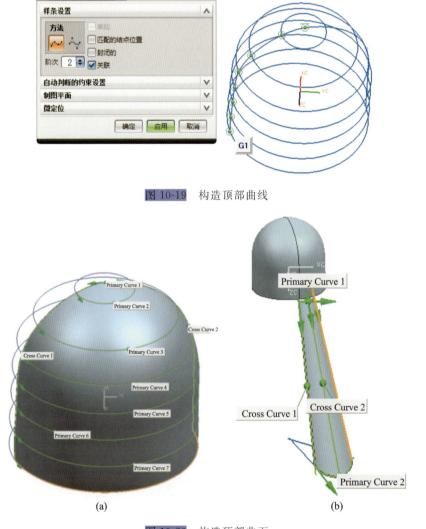

(a)　　　　　　　　　　　　　　(b)

图 10-20　构造顶部曲面

(a)顶部曲面;(b)侧边曲面

第 10 章　曲面建模技术

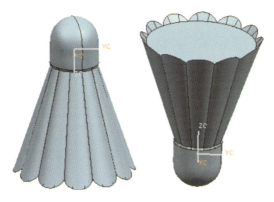

图 10-21　完成的模型

10.2　曲面品质评价

完成曲面造型后，还需要对曲面的品质进行评价。曲面品质评价指标主要包括曲面重构精度及曲面光顺性[8-15]。曲面重构精度一般通过分析重构的曲面模型与采集的点云数据之间的误差确定。曲面光顺性主要通过人的主观感受进行评价，无法进行量化。在工程实践中，通常利用计算机图形学的方法对曲面的光顺性进行检查。

10.2.1　曲面重构精度评价

在曲面建模中，精度是我们首先要追求的，只有在满足精度要求的情况下才考虑提高模型重构的效率等。曲面重构精度由重构的曲面模型与真实模型之间的误差（包括点云数据采集误差、点云数据处理误差及曲面模型重构误差）确定。由于真实模型往往是未知的，因此，在工程实践中，通常计算出采集的点云数据与重构的曲面模型之间的误差，以此来衡量模型重构精度。如图 10-22 所示，曲面重构精度通常以色温图的形式显示，即按照误差的大小，在软件中显示为不同的颜色，由此我们可以非常直观地检查曲面模型各部分的重构精度。

10.2.2　曲面光顺性评价

光顺性评价主要是衡量重构的曲面是否光滑与顺眼[8,9]。光滑即要求曲面在数学上具有连续性，顺眼即要求曲面的几何外形具有美观性。由于涉及美观性的评价，所以光顺性评价包含主观评价的成分。在工程实践中，通过制定光顺准则来对光顺性进行统一评价[8-14]。

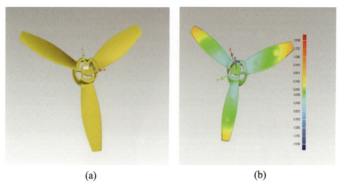

图 10-22　某风扇模型曲面重构品质评价
(a)曲面模型；(b)重构误差

1. 曲线光顺评价

曲面由曲线构成，如果要求曲面光顺，那么构成曲面的曲线也必须光顺。曲线光顺评价即根据曲线光顺准则判断曲线是否光顺。曲线的光顺准则有很多，以下几条是公认的评判准则[8-14]：

(1) G^2 连续。G^2 连续是指曲率连续。曲线的连续总共包括 G^0 至 G^3 连续。其中 G^0 连续表示位置连续，G^1 连续表示切向连续，G^2 连续表示曲率连续，G^3 连续表示曲率变化连续。

(2) 无多余拐点。要求拐点数量少于规定的数量。

(3) 曲率的变化比较均匀。光滑的曲线要求曲率变化缓和而没有突变。

在 3D 反求中，通常显示曲线的曲率梳(见图 10-23)，通过观察曲线上各个区段的曲率变化，可以判断曲线是否光顺。

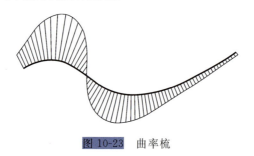

图 10-23　曲率梳

2. 曲面光顺评价

曲面光顺评价即根据曲面光顺准则判断曲面是否光顺。曲面光顺准则包括[8-11]：

(1) 曲面上的关键曲线(U、V 网格线等)光顺；

(2) 高斯曲率及平均曲率变化均匀；

(3) 主曲率在节点处的跃度和小于规定值。

目前，许多 CAD/CAM 软件都带有曲面光顺分析功能，包括曲率分析法、光照模型分析法、等高线法及线性变换法等[15-17]。

1）曲率分析法

与采用曲率梳评价曲线的光顺性类似，曲率分析法将曲面上每个点的曲率（包括平均曲率、主曲率、高斯曲率等）用不同的颜色和亮度显示出来，获得曲率云图（见图10-24），根据曲率云图的颜色分布便可直观地判断曲面的光顺性。曲率分析法是一种比较成熟的曲面光顺评价方法，许多造型软件都包含了该方法。

2）光照模型分析法

光照模型分析法主要通过绘制等照度线图、反射线图、高光线图或真实感图形来分析曲面的光顺性。如图10-25所示为某曲面的反射线图，这种黑白相间的反射线图也称为斑马线图。如果斑马线不连续就表示曲面该处没有达到G^1连续；如果斑马线连续但有尖角，则说明该处G^1连续但是没有达到G^2连续；如果出现旋涡，则在旋涡处曲率变化有拐点。

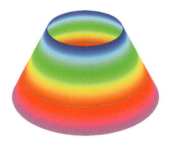
图10-24 曲率云图（平均曲率）

图10-25 斑马线图

图10-26所示是某曲面的高光线图。高光线图也属于一种简单的反射线图，曲面的不连续性在高光线图上会被放大。如果曲面是G^0连续的，则高光线图在曲面的边界处不连续；如果曲面是G^1连续的，则在高光线图上只能显示G^0连续。利用高光线图的性质，可以判断曲面是否光顺。

图10-27所示为某曲面着色模型，其具备真实感。将曲面模型渲染为具有真实感的图形，在软件中通过旋转、平移及缩放等操作，可观察曲面是否光顺。

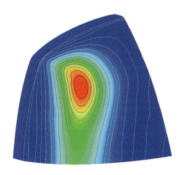
图10-26 高光线图

图10-27 曲面着色模型

10.3 常用建模软件

曲面重构过程中的点云数据处理及曲面建模等都需要在合适的建模软件中进行,只有选择合适的建模软件和建模方法,才可以使曲面重构又好又快地完成。由点云数据构建曲面模型既可在专业的逆向建模软件中进行,也可以在包含逆向建模功能模块的正向设计软件中进行。专业的逆向建模软件包括 Imageware、Geomagic Studio、CopyCAD 及 RapidForm 等。包含逆向建模功能模块的正向设计软件包括 UG、Pro/E、CATIA 及 SolidWorks 等。本节将对这些软件及其主要的功能模块做简单的介绍。

10.3.1 Imageware

专业逆向建模软件 Imageware 是最著名的逆向建模软件之一,现属于德国 Siemens PLM Software 公司。Imageware 具有强大的点云处理能力、曲面编辑能力和 A 级曲面的构建能力,广泛应用于汽车、航空航天、家电等的设计与制造领域。图 10-28 为 Imageware 13.2 的界面。Imageware 的用户主要集中在汽车、飞机及教育等领域。

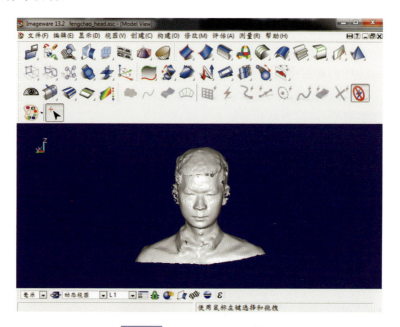

图 10-28　Imageware13.2 界面

Imageware 软件的主要功能模块如下。

1. 基础模块

基础模块提供了文件的存储、文件的导入与导出、显示控制及图层控制等功能。软件可以读取几乎所有的 CMM 数据，也可以接收激光扫描仪、机械臂等测量的数据。

2. 点处理模块

点处理模块提供了丰富的点云预处理功能，主要包括点云去噪、点云采样、多视点点云拼接、点云平滑、点云截线等功能。进行点云预处理可为后续的处理打下坚实的基础。

3. 曲线与曲面模块

该模块提供了完整的曲线与曲面构建和编辑功能。在曲面重构方面，提供了两种生成方法：第一种是将点云拟合成曲线，再将曲线拟合成曲面；第二种是将选择的点云直接拟合成曲面。在曲面构造的过程中可以主动选择生成的曲线和曲面的类型。该模块提供了完整的编辑功能，如剪切、求交等功能。

4. 检验与评估模块

完成曲面重建后，可以利用 Imageware 的检验与评估模块提供的多种曲线和曲面品质分析功能对曲面品质进行检验与评价。可以利用曲率梳来查看曲线的光顺程度，或者通过观察曲面的高斯曲率分布情况来检验曲面的光顺程度，也可以查看拟合出的曲面与点云之间的偏差等。丰富的检验和评估功能使 Imageware 可以构造出一般软件难以完成的 A 级曲面。

10.3.2 Geomagic Studio

专业逆向建模软件 Geomagic Studio 由美国 Raindrop（雨滴）软件公司研制，于 2013 年 1 月被 3D Systems 公司收购。Raindrop 软件公司除了 Geomagic Studio 外，还开发了 Geomagic Wrap、Geomagic Qualify 等软件。其中 Geomagic Studio 是应用最为广泛的逆向软件之一，具有强大的点云及三角网格处理与编辑能力。图 10-29 所示为 Geomagic Studio 2013 的界面。由于 Geomagic Studio 在点云及三角网格处理方面的强大功能，该软件被广泛应用到多个行业和领域，其用户包括世界五百强公司、医疗机构、科研机构及影视娱乐公司等。

Geomagic Studio 软件的主要功能模块包括点云处理、三维网格处理和曲面建模模块等。这些功能模块紧密相连，每个功能模块都是后续功能模块的基础。

1. 点云处理模块

该模块可对导入软件的点云数据进行全方位的处理，包括断开组件连接、去除体外孤点、点云对齐、点云去噪、点云精简及点云封装等。其中，每种处理功能

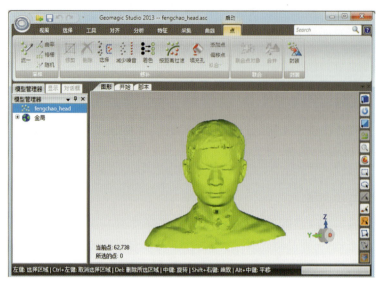

图 10-29　Geomagic Studio 2013 的界面

又有多种具体方式可供选择，如点云精简又包括基于曲率的精简方式、随机精简方式及基于栅格的精简方式等。

2. 网格处理模块

点云数据处理完成后可将其封装为三角网格模型。网格处理即对封装的三角网格模型进行编辑，该模块主要包括网格医生、网格补洞、删除钉状物、网格去噪、网格精简及重新网格化等功能。与点云处理模块类似，每种网格处理功能又提供了多种处理方式以供选择，比如网格补洞功能提供了全部填充、局部填充及桥接等多种操作方式。

3. 曲面建模

该模块主要用于将封装的三角网格模型转换成曲面模型。主要流程为：首先根据曲面的曲率变化生成轮廓线，对轮廓线进行编辑，并将模型分解为多个曲面；其次分析各个曲面以及轮廓线的性质，对轮廓线进行延伸，完成各个曲面之间的连接；最后对各个曲面进行拟合，得到完整的曲面模型。

10.3.3　RapidForm

专业逆向建模软件 RapidForm 由韩国 INUS 公司研制，于 2012 年 10 月被 3D Systems 公司收购。RapidForm 是一款强大的扫描点云数据处理软件，可以将扫描的点云数据转化为高品质的基于特征的 CAD 模型。RapidForm 将点云处理、网格编辑、曲面建模和实体建模集成为一体，可以实现面片、自由曲面和参数化实体的混合建模，建模完成后可以发送完整的特征树至其他 CAD 系统，能够与主流 CAD 软件如 Pro/E、SolidWorks 及 Autodesk Inventor 等进行无缝对接。RapidForm 主要应用于 R&D、质量检测、医学、文物及建筑等领域,其用户包括世界知名车企及电子企业等。

10.3.4　CopyCAD

专业逆向建模软件 CopyCAD 由英国 DELCAM 公司研制,后被 Autodesk 公司收购。CopyCAD 拥有强大的点云处理能力,提供了点云配准、自动三角化、交互式雕刻、光顺处理等功能。现在其所有功能已集成到 PowerShape 中,实现了逆向与正向混合设计,集三角形、曲面和实体混合造型技术于一体。CopyCAD 广泛应用于航空航天、汽车船舶、国防军工及家用电器等领域。

10.3.5　正向设计软件中的逆向建模功能

正向设计软件如 UG、SolidWorks 及 Pro/E 等都包含逆向建模功能模块。正向设计软件中的逆向建模功能并不像专业逆向建模软件那么强大,通常不包括点云与网格处理模块,只包含曲线与曲面建模功能。所以通常将正向设计软件与逆向设计软件相结合来完成曲面的重构:首先在逆向设计软件中进行点云数据的处理及选取截面线;其次将截面线导入正向设计软件中,利用其中的逆向建模功能进行曲线和曲面的构建。

1. 点云截面线

在专业逆向设计软件(如 Imageware)中对输入的点云数据进行处理,如去除孤立点、对齐、去噪及精简等。处理完成后,调整点云数据至适当位置,并应用平面来截取点云数据以获得截面线点云。

2. 曲面建模

将截面线点云导入正向设计软件,利用曲线工具进行曲线构建,再用构建的曲线构建曲面,并将不同区域的曲面用桥接、延伸的方式有机地连接在一起,最终完成模型的重构。

10.4　本章小结

本章首先介绍了几种常用的曲线和曲面的定义及 3D 反求中曲面重构的一般流程,并结合实例介绍了基于曲面片拟合的重构方法和点-线-面重构方法。其次,介绍了曲面品质的评价方法,对曲面品质评价的主要指标——曲面重构精度及曲面光顺性进行了详细的讲解。最后,简单介绍了几种常用的逆向建模软件,包括

Imageware、Geomagic Studio、RapidForm 及 CopyCAD 等。

参 考 文 献

[1] 曾华明. 逆向工程中的曲面重构技术研究[D]. 重庆:重庆大学,2004.

[2] 余国鑫. 逆向工程曲面重建技术的研究与应用[D]. 广州:广东工业大学,2008.

[3] 王正如,梁晋,王立忠. 基于逆向工程的汽车覆盖件 CAD 建模技术研究[J]. 机械设计与制造,2010(7):106-108.

[4] FARIN G. Curves and surfaces for CAGD[M]. San Francisco:Morgan Kaufmann Publishers,2003.

[5] PIEGL L. TILLER W. The NURBS book[M]. 2nd ed. Heidelberg:Springer-Verlag,1997.

[6] 朱心雄. 自由曲线曲面造型技术[M]. 北京:科学出版社,2000.

[7] 施法中. 计算机辅助几何设计与非均匀有理 B 样条[M]. 北京:高等教育出版社,2001.

[8] 姚琴. 汽车外覆盖件曲面重构技术及品质提高方法研究[D]. 重庆:重庆交通大学,2014.

[9] 高尚鹏. 汽车车身 A 级曲面光顺关键技术研究[D]. 淄博:山东理工大学,2011.

[10] 王侃昌. 基于 B 样条的自由曲线曲面光顺研究[D]. 咸阳:西北农林科技大学,2004.

[11] 章虎冬. 几何造型中自由曲线曲面光顺性研究[D]. 西安:西北工业大学,2005.

[12] FARIN G,REIN G,SPAIDIS N,et al. Fairing cubic B-spline cuvres[J]. CAGD,1987,4(1-2):91-103.

[13] HAGEN H,Variational design of smooth rational bezier curves[J]. CAGD,1991,8(91):393-399.

[14] POLIAKOFF J F. An improved algorithm for automatic fairing of non-uniform parametric cubic spline[J]. Computer-Aided Design,1995,28(1):59-66.

[15] PEOSCHL T. Detecting surface irregularities using isophotes[J]. Computer Aid Geometric Design,1984,1(2):163-816.

[16] KAUFMANN E,KALSS R. Smoothing surfaces using reflection lines for families of splines[J]. Computer-Aided Design,1988,20(6):312-316.

[17] 苏步青,刘鼎元. 计算几何[M]. 上海:上海科学技术出版社,1981.

第 11 章　3D 反求应用案例

本章将着重介绍 3D 反求技术在人体三维数据采集、大型文物与雕塑制作、零件修复、工件质量检测及医学等领域中的应用案例。

11.1　人体 3D 反求

人体 3D 反求作为一种新兴的技术，在虚拟现实、体型测量、虚拟试衣、影视游戏等领域得到了广泛的应用。三维人体扫描仪是采集三维人体数据的仪器。其按扫描仪光源的不同，可分为激光三维人体扫描仪及普通白光三维人体扫描仪；按扫描方式可分主动式和被动式三维人体扫描仪。目前较为先进的三维人体扫描仪包括德国的 Anthroscan Bodyscan 彩色三维人体扫描仪、美国的 3dMD 三维立体成像系统及西安交通大学模具与先进成形技术研究所研制的新一代三维人体扫描仪 XTBodyScan 等。如图 11-1 所示，XTBodyScan 采用主动式散斑投射的方法，测量时，人站立在测量柱中间，多测量头同步采集，可在 1 s 内获取完整的人体三维数据，从而消除人体晃动等带来的测量误差。

图 11-1　XTBodyScan 实物图

三维人体扫描仪采集的数据不能直接用于 3D 打印或激光雕刻等，需要对采集的数据进行处理。数据处理分为两个阶段：三维人体网格数据处理阶段和贴图修正阶段。下面通过一个具体案例进行详细的介绍。

1. 三维人体网格数据处理阶段

1）模型导入

将采集的三维人体网格数据导入 Geomagic Studio 软件中,如图 11-2 所示。

图 11-2　导入模型

2）删除多余三角形

网格模型中存在多余的三角形,用套索工具圈选并删除,如图 11-3 所示。

3）填充孔洞

网格模型存在许多数据缺失,需要采用填充孔命令进行孔洞填充。此外,一些部位还存在着三角形重叠的现象,需要将重叠的部分删除后再进行孔洞填充。人体模型最难处理的是耳朵、眼睛、鞋等部位,这些部位存在深孔（内部光线不足）,并存在反光或数据缺失严重等问题。反复使用删除重叠面片和填充孔命令,直到整个模型完成修复为止。最后采用网格医生功能进行检查和修复,最终处理得到的效果如图 11-4 所示。

图 11-3　删除多余三角形　　图 11-4　最终处理效果

4)文件导出

导出纹理贴图和 OBJ 网格模型,其步骤如下。

(1)导出纹理贴图,具体操作为:选择工具→进行纹理贴图→生成纹理贴图(分辨率一栏,最大纹理尺寸选择 4096 像素×4096 像素,取消勾选"创建凸起图")→应用→确定→管理纹理贴图→保存(保存类型为 BMP,文件名自定义)。

(2)在模型管理器中,选中三角形模型文件,右键保存至指定位置(文件类型选择 OBJ)。

2. 贴图修正阶段

1)文件导入

采用 ZBrush 软件进行贴图修正。在该软件界面的"Tool"栏单击"Import",找到上一步保存的 OBJ 网格模型,然后打开。按住鼠标左键,在窗口拖出人体模型,点击"Edit"进入编辑模式。导入模型后,右侧会自动出现一系列命令,通过"Move"命令移动模型,通过"Scale"命令放大或缩小模型,通过"Rotate"命令旋转模型,最后调整模型到合适位置,如图 11-5 所示。

2)纹理贴图

(1)在纹理选项中,导入保存的 BMP 格式图片。在"Texture"工具栏点击"Import",选择刚才导入的图片,单击"Flip V",调整贴图方位。如果最终贴图发生错误,可以用"Flip H""Rotate"等命令将贴图调整至正确位置再进行贴图。

(2)在"Tool"工具栏下单击"Texture Map"命令,在"Image"文件夹中选中图片,自动完成贴图,如图 11-6 所示。

图 11-5　文件导入

图 11-6　纹理贴图

3）赋予模型材质

为使模型看起来更接近真实状态，为其赋予材质。单击"Material"，选择"Chalk"，被赋予材质后的模型如图 11-7 所示。

4）贴图修正

由于扫描及后期处理等原因，部分皮肤或衣服的颜色会失真，因此需要借助 Photoshop 等软件对颜色失真部位进行修正。单击 ZBrush 软件中的命令"Document"→"ZAppLink"→"DROP NOW"（取消勾选"Fade"项），模型过渡到 Photoshop 软件中。反复使用图章工具，按住 Alt 键拾取附近的纹理，按住鼠标左键在需要调节的地方进行涂抹，将贴图的明暗度、色彩调节至一致。然后点击"文件"→"存储"，再回到 ZBrush 中。单击"Re-enter ZBrush"→"PICKUP NOW"，至此，ZBrush 中的人体模型已经是 Photoshop 中处理过的版本。Photoshop 中的图片是二维贴图，对应的是 ZBrush 中模型在某个视角下的投影，若要修改其他视角下的贴图，需要在 ZBrush 中将模型旋转一定的角度，然后再过渡到 Photoshop 中处理，重复这个过程，直到模型的所有部位完成修复为止，最后的效果如图 11-8 所示。

图 11-7　赋予材质

图 11-8　贴图修正
（a）正面；（b）背面

5）导出文件

单击"Export"，保存类型依然选择 OBJ，文件名自定义。在文件保存位置，可看到三个文件，除了 OBJ 文件外，还有 MTL 格式文件和一张 BMP 格式图片。

处理完成后，可以将三维人体数据直接输入 3D 打印机进行模型制作，也可以用内雕机将人体三维模型雕刻在水晶玻璃中，制作成具有纪念意义和科技感的人体雕像。如图 11-9 所示为人体 3D 打印模型，图 11-10 所示为人体水晶内雕模型。

三维人体数据不仅可以用来制作模型，还可以用于三维动画模型的制作、虚拟试衣人体模型的制作等。

图 11-9　人体 3D 打印模型

图 11-10　人体水晶内雕模型

11.2　3D 反求技术在大型雕塑制作中的应用

　　用传统方法制作大型雕塑时会遇到各种各样的困难,将 3D 反求技术应用到大型雕塑的制作中则可克服采用传统方法时的困难,缩短大型雕塑的制作周期。本节以图 11-11 所示大型雕塑(雕塑实物高 21.5 m)为例,详细介绍 3D 反求技术在大型雕塑制作中的应用。

图 11-11　大型雕塑

1. 雕塑模型数字化

首先,由设计师制作 2 m 高的雕塑缩比模型。其次,采用西安交通大学模具与先进成形技术研究所研制的近景工业摄影测量系统 XJTUDP 及面结构光密集点云扫描系统 XJTUOM 采集雕塑缩比模型表面的密集点云数据。具体过程如下。

1)建立全局标志点

考虑到物体表面的材质、色彩等都会对后期的扫描产生影响,所以首先使用显像剂在雕塑模型表面进行喷涂处理,同时力求喷涂均匀。待自然风干后,在雕塑模型表面粘贴间隔均匀的标志点并在雕像旁边放置比例尺。粘贴的标志点用于扫描过程中的点云拼接,比例尺用于近景工业摄影测量工程。表面处理完成的雕塑模型如图 11-12 所示。

图 11-12　雕塑扫描预处理结果

使用单反相机围绕雕塑拍摄多组灰度图像。拍摄过程中尽量保持合适的拍摄角度和拍摄距离。将拍摄得到的照片全部导入 XJTUDP 软件中，计算得到各个标志点的相对位置信息，添加比例尺后可得到各个标志点相对于世界坐标系的三维坐标，如图 11-13 所示。计算的全局标志点主要用于点云数据的拼接。

图 11-13　全局标志点

2）采集密集点云数据

鉴于扫描对象尺寸比较大，所以按照模型的复杂程度，将模型分为头部、右手部、左手部、腰部以上和腰部以下五部分，建立五个 XJTUOM 扫描工程项目，分五次进行点云数据的采集。在每次扫描前，都需要将 XJTUDP 系统计算的全局标志点导入相应的 XJTUOM 工程项目中。扫描时，将 XJTUOM 测量头对准待测雕塑模型表面（见图 11-14），每扫描一幅点云，便自动拼接至全局标志点上，如图 11-15(a) 所示。最后将五个扫描工程项目中的点云数据合并成一幅点云数据，如图 11-15(b) 所示，保存并输出。

图 11-14　扫描现场

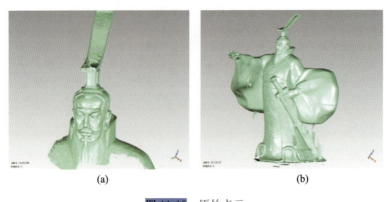

图 11-15　原始点云
(a)头部点云；(b)全身点云

3)点云数据处理

由于现场光线、模型本身色泽、设备振动等因素的影响,采集的点云数据不可避免会包含噪声,所以要对点云数据进行处理。首先要将那些明显错误的、不属于模型的背景点及杂点删除,利用 Geomagic Studio 软件中的"体外孤点"模块来选取并删除那些远离主体点云的噪声点；其次对点云数据进行融合处理,消除重叠区域的冗余数据及分层。最后对点云数据进行光顺及精简等处理,获得单层、光顺、分布均匀的点云数据模型,如图 11-16 所示。

图 11-16　点云数据处理结果
(a)正面；(b)背面

4)点云数据封装

将处理后的点云数据模型转换为三角网格模型。利用 Geomagic Studio 软件中的封装功能对点云数据进行三角化处理。如图 11-17 所示,封装后的网格模型上存在许多孔洞和钉状物。首先,使用网格医生功能进行全局检查,并对其中的缺陷进行修补。其次,采用网格补洞功能填充孔洞。最后,应用平滑功能将三角网格模型处理成光顺的网格模型,如图 11-18 所示。

第 11 章　3D 反求应用案例

图 11-17　封装结果

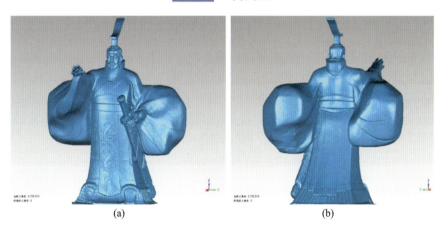

(a)　　　　　　　　　　　　　　(b)

图 11-18　三角网格模型处理结果

(a) 正面；(b) 背面

2. 模型切片

在上述处理过程中，雕塑模型都是缩比模型，而实际要建造的雕塑要大很多，所以首先在软件中将模型放大至 20m 的高度。在制作大型雕塑时需要雕塑每个层面的轮廓信息。为此，需要对雕塑网格模型进行切片。首先，进行坐标变换，将雕塑底面作为世界坐标系的 OXY 平面，将垂直于地面并过鼻尖的方向作为世界坐标系的 Z 轴方向。其次，利用截线功能对雕塑网格模型进行等间隔剖切。截面线越密集，特征也会越精细。考虑到头部和手部的细节特征较多，所以这两个部位截面线的剖切间隔为 20 mm，如图 11-19 所示；身体其他部位的剖切间隔为 100 mm，整体的截面线如图 11-20 所示。

3. 工程图输出

为方便后期的加工制造，将剖切截面线输入 AutoCAD，建立多个图层，并以剖切截面线的 Z 坐标命名，将每条剖切截面线移至相应的图层中。最后分图层进

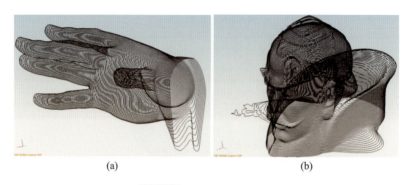

图 11-19　部分剖切截面线

（a）手部；（b）头部

图 11-20　整体剖切截面线

行数据输出,得到可用于工程加工的二维图样,并根据 Z 坐标进行单独命名。如图 11-21 所示为 $Z=13\,500$ mm 时的截面线形状。

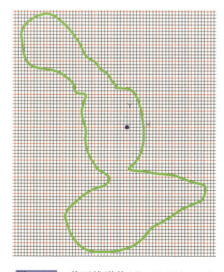

图 11-21　截面线形状（$Z=13\,500$ mm）

4. 雕塑制作

根据工程图样逐层制造各个截面,综合考虑雕塑形状、重量等因素逐层搭建钢架、安装各个截面。经过专业人员上大泥、塑形、修改细节等过程完成等比雕塑模型的制作,最后翻模铸造便得到高达 21.5 m 的铸铜雕塑。

11.3 3D 反求技术在零件修复中的应用

在机械制造的过程中,机械零部件会不可避免地产生磨损、腐蚀、断裂等失效,对于贵重的、急需修复的零部件,快速恢复其使用功能显得格外重要。近年来,3D 反求技术及 3D 打印技术的迅速发展使得零件快速个性化修复成为可能。3D 反求技术与 3D 打印技术相结合对失效零件快速修复流程如下:

(1) 对损坏的机械零件进行表面数字化处理,获取零件的点云数据;

(2) 利用损坏零件点云或者完整的 CAD 模型来构造目标模型点云,将损坏零件点云与目标模型点云对齐后求解缺失部分点云数据;

(3) 对缺失部分点云数据进行去噪、精简及三角化等处理,将处理后的点云保存为 STL 文件;

(4) 将 STL 文件输入 3D 打印机,对失效零件进行 3D 打印修复。

下面以某断齿齿轮为例做较为详细的介绍。

1. 齿轮数字化

1) 点云数据采集

因为缺损零件最终是要进行 3D 打印修复的,所以缺失部分模型的坐标系与 3D 打印机的坐标系要统一,为此,在采集零件的外形数据时,要将零件固定在 3D 打印机的工作台上,直至打印修复完成才能移动零件,如图 11-22 所示。

图 11-22 紧固零件

为了实现点云数据的自动拼接,扫描前在工作台上的合适位置粘贴标志点。然后用面结构光密集点云扫描系统 XJTUOM 从不同角度进行扫描,如图 11-23 所示,采集失效齿轮表面的三维点云数据,尤其是断齿及其附近区域的点云数据。

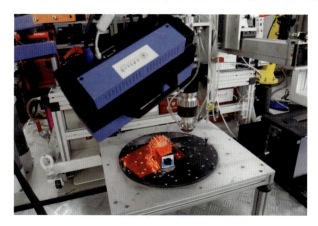

图 11-23　扫描现场

2)点云数据处理

将断齿点云数据导入 Geomagic Studio 中,如图 11-24 所示。在点处理阶段,应用"联结点对象"功能将多幅点云合并为一幅点云。接下来采用"断开组建连接""体外孤点""减少噪声"等操作将断齿模型中的冗余及杂点去除,并对点云数据进行光顺处理。最后将点云封装成三角网格模型。

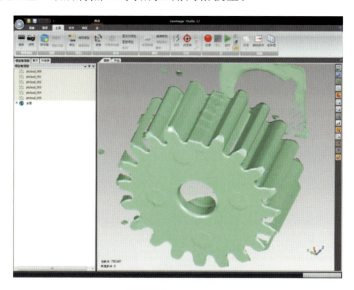

图 11-24　导入数据

2. 缺损部分点云数据求解

将标准齿轮 CAD 模型导入 Geomagic Studio,如图 11-25 所示。

第 11 章 3D 反求应用案例

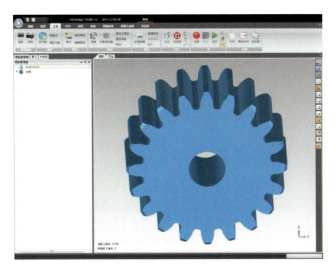

图 11-25　标准齿轮

点击 Geomagic Studio 中"对齐"工具栏下的"手动注册"功能,首先将断齿网格模型和标准齿轮模型旋转至同一方位,在两个模型大致相同的地方选取多个点完成粗配准,如图 11-26 所示。

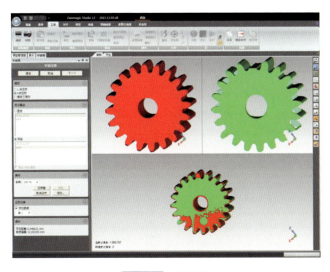

图 11-26　粗配准

根据粗配准结果,采用西安交通大学模具与先进成形技术研究所研制的智能解算系统,计算出断齿缺失部分的网格模型,如图 11-27 所示。

3. 3D 打印修复

将解算得到的断齿模型保存为 STL 文件,并输入 3D 打印机中,进行 3D 打印修复(见图 11-28),最终修复完成的齿轮如图 11-29 所示。

255

图 11-27　断齿缺失部分模型

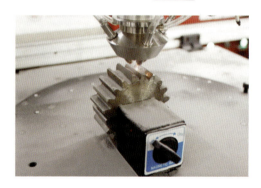

图 11-28　3D 打印修复

图 11-29　修复完成的齿轮

11.4　3D 反求技术在产品质量检测中的应用

在机械制造等领域,产品加工制造质量检测是非常重要的一环。3D 反求技术可以为产品质量检测提供数据支持。本节将以某大型模具为例,详细介绍 3D 反求技术在产品加工制造质量检测中的应用。

1. 大型模具数字化

要检测制造出的模具与原始设计的 CAD 模型是否一致,首先要获取模具的外形轮廓数据,也就是对模具进行数字化。考虑到模具自身体型大、重量大、移动不便等特征,采用近景工业摄影测量系统 XJTUDP 和面结构光密集点云扫描系统 XJTUOM 相结合的方法完成大型模具数字化。

由于模具本身是铁质的,为避免表面反光、色泽等因素的影响,首先采用显像剂对模具进行喷涂。其次,在模具表面粘贴间隔均匀的标志点,这些标志点将作为 XJTUOM 系统自动拼接的基准,所以在粘贴时应力求均匀。最后在模具旁边放置高精度比例尺。准备完成的模具如图 11-30 所示。

图 11-30　模具实物

用单反相机围绕模具拍摄多幅照片,在拍摄时尽量保证每张照片的拍摄距离一致,而且相邻照片应该有多个公共标志点。将拍摄的照片导入近景工业摄影测量系统 XJTUDP,将解算得到标志点的三维坐标作为全局标志点,如图 11-31 所示。

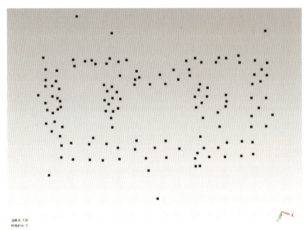

图 11-31　全局标志点

将解算得到的全局标志点导入面结构光密集点云扫描系统 XJTUOM,然后将 XJTUOM 系统的测量头对准模具型面,采集密集点云数据。扫描完成后,将点云数据导入 Geomagic Studio,对扫描点云数据进行处理。采用手动的方式将不属于模型的背景点删除,采用软件的"体外孤点"功能选中并删除不属于主体点云的噪声点。再对点云数据进行融合、光顺及精简等处理,获得单层、光顺、完整的点云模型，如图 11-32 所示。

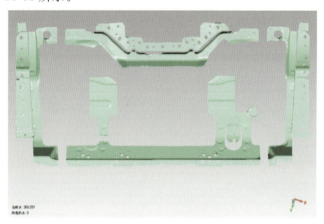

图 11-32　点云模型

2. 检测比对

将处理后的模具点云模型保存输出，并导入 Geomagic Qualify 软件。同时，将模具的初始设计 CAD 模型也导入 Geomagic Qualify 软件，如图 11-33 所示。

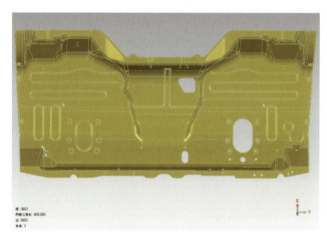

图 11-33　模具 CAD 模型

利用 Geomagic Qualify 中的手动对齐功能将模具点云数据及其 CAD 模型进行粗匹配，粗匹配完成后进行全局注册(精匹配)。匹配完成后，点击软件中的"3D 比对"功能，将上下最大偏差设置为 1 mm，模具合格的范围为 ±0.5 mm，点击"应用"按钮，可以得到模具的全局比对云图。此外，还可以查看任一位置点数据的偏差值，如图 11-34 所示。图中，绿色部分为比对合格的部分，红色和蓝色为比对不合格部分。可以看到，该模具绝大部分区域都与原始设计意图符合，不合格的部分主要分布在模具的拐角处。

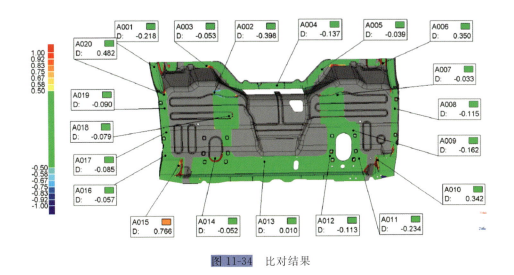

图 11-34　比对结果

11.5　3D反求技术在医学上的应用

3D反求技术在整形、关节外科和口腔科等领域得到了广泛应用。通过CT、MRI等设备获取人体目标区域的断层图像，应用专业软件处理得到完整的三维数字模型，并将数字模型(STL格式)输入3D打印机，制造缺损部位假体，最后通过手术植入人体内。本节以牙齿修复为例详细讲解3D反求技术在医学上的应用。

1. 缺损牙齿数字化

牙齿是人体最为重要的器官之一，但是一些人由于先天或是后天的原因，牙齿会出现重牙、地包天、蛀虫、龅牙等缺陷。这不仅会对患者的面部表情、容貌等产生负面影响，而且会对其口腔功能、生理和心理健康产生一定程度的负面影响。如图11-35所示，某患者的下腭第二磨牙为蛀牙，产生了较为严重的缺损，需要根据该患者周围牙齿形貌来翻制出适合该患者的义齿。为实现修复义齿的个性化制作，首先采用医学影像设备获取蛀牙及周围牙齿形貌，再用专用软件制作义齿模型，最后制作义齿并进行手术。

1) 定义修复体

在标准的牙齿模型上定义蛀牙的修复体，如图11-36所示。

2) 个性化牙模取像

根据蛀牙周围牙齿形貌来制作义齿模型，如图11-37(a)所示为下腭形貌，图11-37(b)所示为上腭形貌，图11-37(c)所示为侧面形貌。根据测量得到的牙齿形貌来确定义齿底面、侧面及腭面的形状。

3) 义齿精修

确定了义齿整体大致形貌后，医生可以根据经验等对修复模型进行精细调

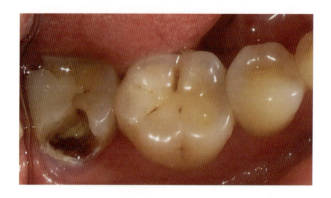

图 11-35　龋牙患者

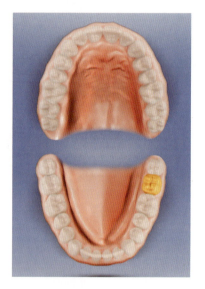

图 11-36　定义修复体

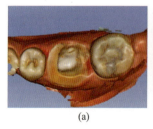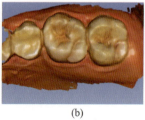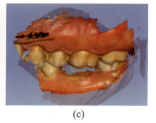

图 11-37　周围牙齿形貌
(a)下腭；(b)上腭；(c)侧面

整,使得牙齿表面更为光滑,尽量使制作出的义齿模型精致、美观,并对制作的义齿模型进行精度分析,以科学的方式查看哪些部分还不完善,这样一边进行精度分析,一边对牙模做精细调整,直到分析结果合适,即完成义齿模型制作。图 11-38(a)所示为义齿底部形貌,图 11-38(b)所示为最终制作完成的义齿模型。

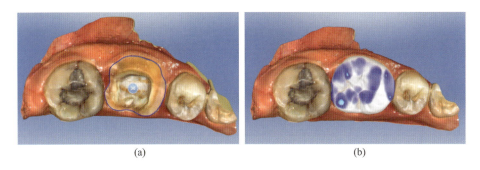

图 11-38　义齿模型
(a)义齿底部;(b)义齿模型

2. 缺损牙齿修复

将制作的义齿模型输入 3D 打印机,制作义齿。然后通过手术将制作的义齿安装在蛀牙之上,再对牙齿、牙龈等进行清洗,消毒后便完成蛀牙修复。如图11-39所示为该患者个性化牙齿修复效果,可以看出修复后的牙齿洁白、光滑、完整,与修复前相比较,其外形上发生了巨大的改观。

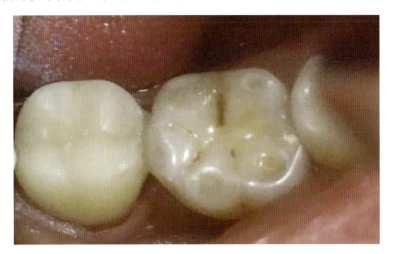

图 11-39　蛀牙完成修复

11.6　本章小结

本章介绍了 3D 反求技术的应用案例,涉及人体三维数据采集、大型文物与雕塑制作、零件修复、工件质量检测及临床医学等。全尺寸 3D 人体快速反求技术基于双目立体视觉，多组相机同时采集图像并解算出人体点云，为个性化人体3D打印、虚拟试衣等提供数据。3D反求技术用于大型雕塑制作时，首先获取缩比模型数据，在计算机中放大至真实比例后对模型进行剖切，分层逐步完成大型雕塑制作，可简化制作流程、缩短制作周期。零件3D打印修复为个性化零件修复提供了一种可实施方案，获取缺损零件的缺失模型，可以直接在缺失模型上进行修复打印或者先制作缺失模型再通过黏合等方法完成修复。获取大型工件点云数据，并用采集的点云数据与设计模型比对得到全局误差分布云图，可方便地进行工件的质量检测。此外，在医学领域，3D反求技术在制作可植入假体（例如个性化牙齿）等方面已经取得了一定的应用成果。